图解 工程

ENGINEERING
PROCUREMENT
CONSTRUCTION

解 总承包

李超　邹田　朴正焕／编著

与 示范文本指南
实务案例解析

DEMONSTRATION TEXT GUIDE
AND PRACTICE CASE ANALYSIS

法律出版社 | LAW PRESS

行业点评专家简介

黄细丁

总包之声创办人，混沌大学创新辅导员，数字总包、总包强国微课堂产品经理，编著《工程总承包政策梳理与解读》与《工程总承包政策精要》。

点评案例：

案例二、案例七、案例八、案例十、案例十五、案例十六、案例十七、案例十九、案例二十、案例二十七、案例三十四

衡　乔

衡乔（笔名衡臣），广州衡臣工程管理有限公司董事长，"总包之声"联合发起人，从事工程总承包15年，多次获得工程设计、工程咨询、工程总承包国家级奖，全国安康杯优胜班组奖、全国QC质量小组一等奖、电力行业"优秀项目经理"。

点评案例：

案例三、案例五、案例十二、案例十三、案例二十一、案例二十四、案例二十五、案例二十六、案例二十八、案例三十一、案例三十四

黎宝贵

黄河勘测规划设计研究院有限公司工程总承包事业部四级工程师，注册一级建造师，注册造价、咨询、监理工程师，第十四届IPMP优秀国际项目经理，公司优秀项目经理，"总包之声"联合发起人/总编辑。

点评案例：

案例一、案例四、案例六、案例九、案例十一、案例十四、案例十八、案例二十二、案例二十三、案例二十九、案例三十、案例三十二、案例三十三

目 录

第一章　工程总承包概述

第二章　工程总承包合同示范文本解析

第三章　工程总承包司法案例解析

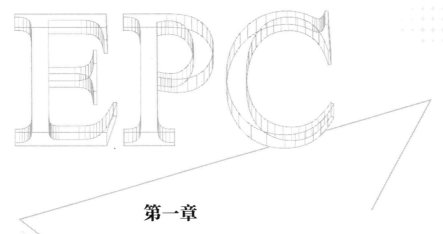

第一章

工程总承包概述

第一节　工程总承包的定义与类型

一、定义

依据《房屋建筑和市政基础设施项目工程总承包管理办法》[①]第 3 条的规定,"工程总承包,是指承包单位按照与建设单位签订的合同,对工程设计、采购、施工或者设计、施工等阶段实行总承包,并对工程的质量、安全、工期和造价等全面负责的工程建设组织实施方式"。

二、定义的演化过程

表 1 - 1　工程总承包定义演化过程

时间	文件名称	具体定义
2003 年 2 月 13 日	《关于培育发展工程总承包和工程项目管理企业的指导意见》	从事工程总承包的企业受业主委托,按照合同约定对工程项目的勘察、设计、采购、施工、试运行(竣工验收)等实行全过程或若干阶段的承包
2018 年 1 月 1 日	《建设项目工程总承包管理规范》(GB/T 50358—2017)	依据合同约定,对建设项目的设计、采购、施工和试运行实行全过程或若干阶段的承包

---

① 《房屋建筑和市政基础设施项目工程总承包管理办法》由住房和城乡建设部和国家发展改革委于 2019 年 12 月 23 日发布,2020 年 3 月 1 日实施。

续表

时间	文件名称	具体定义
2020 年 3 月 1 日	《房屋建筑和市政基础设施项目工程总承包管理办法》	承包单位按照与建设单位签订的合同,对工程设计、采购、施工或者设计、施工等阶段实行总承包,并对工程的质量、安全、工期和造价等全面负责的工程建设组织实施方式

总结表 1 - 1 定义的变化过程我们发现,工程总承包的定义有如下重大变化:

1. 将勘察阶段工作在工程总承包的承包内容中去掉;①

2. 列举性的定义了设计 + 采购 + 施工模式(EPC 模式)和设计 + 施工模式(DB 模式)为典型的工程总承包模式,也是目前我国《房屋建筑和市政基础设施项目工程总承包管理办法》中认可的两种法定模式;

3. 明确了工程总承包单位对工程的质量、安全、工期和造价等全面负责。

三、工程总承包的模式类型

依据工程总承包单位承担的内容进行区分,工程总承包存在如图 1 - 1 所示的常规类型和衍生类型:

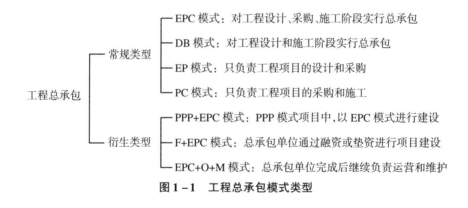

图 1 - 1　工程总承包模式类型

① 我们认为 2021 年 5 月 1 日实施的《上海市建设项目工程总承包管理办法》第 2 条中定义的工程总承包明确了施工总承包(可含勘察)与上述定义的主流理念并不冲突,上海市管理办法中的勘察并非与施工总承包阶段相并行的勘察阶段,而是包含在施工总承包阶段的勘察工作。

　　通过前述《房屋建筑和市政基础设施项目工程总承包管理办法》第 3 条对工程总承包的定义，我们可知，目前从国家层面倡导常规类型中的 EPC 模式和 DB 模式，这也反映出工程总承包的价值和意义所在，即通过设计与施工的融合来解决目前施工与设计存在较大偏差的不科学建设方式。

第二节　工程总承包法律规范的演化发展过程

梳理工程总承包领域的相关规范性文件,我们将过往历程分解为四个重要阶段(见图1-2):

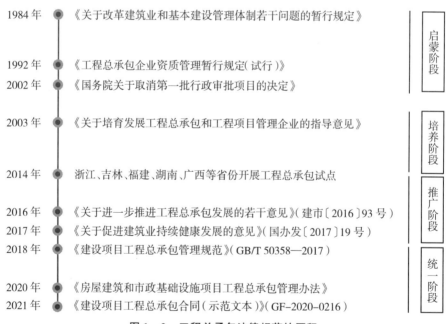

1984年	《关于改革建筑业和基本建设管理体制若干问题的暂行规定》	启蒙阶段
1992年	《工程总承包企业资质管理暂行规定(试行)》	
2002年	《国务院关于取消第一批行政审批项目的决定》	
2003年	《关于培育发展工程总承包和工程项目管理企业的指导意见》	培养阶段
2014年	浙江、吉林、福建、湖南、广西等省份开展工程总承包试点	推广阶段
2016年	《关于进一步推进工程总承包发展的若干意见》(建市〔2016〕93号)	
2017年	《关于促进建筑业持续健康发展的意见》(国办发〔2017〕19号)	
2018年	《建设项目工程总承包管理规范》(GB/T 50358—2017)	统一阶段
2020年	《房屋建筑和市政基础设施项目工程总承包管理办法》	
2021年	《建设项目工程总承包合同(示范文本)》(GF-2020-0216)	

图1-2　工程总承包法律规范的历程

1. 1984年至2002年为启蒙阶段;

2. 2003年至2014年为能力培养阶段;

3. 2014年至2017年为推广阶段(在推广期间全国各试点城市和省份都颁

布了一些地方规范文件①）；

4. 2018 年以后为统一阶段，自 2018 年 1 月 1 日《建设项目工程总承包管理规范》（GB/T 50358—2017）颁布并实施后，拉开了全国层面的规范统一适用阶段。国家层面密集颁布了统一适用的规范文件，如 2020 年 3 月 1 日实施的《房屋建筑和市政基础设施项目工程总承包管理办法》和 2021 年 1 月 1 日发布实施的适用于房屋建筑和市政基础设施项目《建设项目工程总承包合同（示范文本）》（GF－2020－0216）②更是说明工程总承包建设模式开始统一进入微观调整运行阶段。

---

① 　住房城乡建设部办公厅 2016 年 5 月 6 日印发《关于同意上海等 7 省市开展总承包试点工作的函》吉林、福建、湖南、广西、四川、上海、重庆 7 个省市被确定为工程总承包试点省市，上述省市随后颁布了工程总承包领域的规范性文件。

② 　本书中下文会多次引用该文本，为了便于读者区分新旧示范文本，我们将 2021 年 1 月 1 日实施的《建设项目工程总承包合同（示范文本）》（GF－2020－0216）在本书中简称为 2020 版《示范文本》，相对而言 2011 年实施的《建设项目工程总承包合同（示范文本）》（GF－2011－0216）则称为 2011 版《示范文本》。

第三节 工程总承包流程图解
（以 EPC 模式为例）

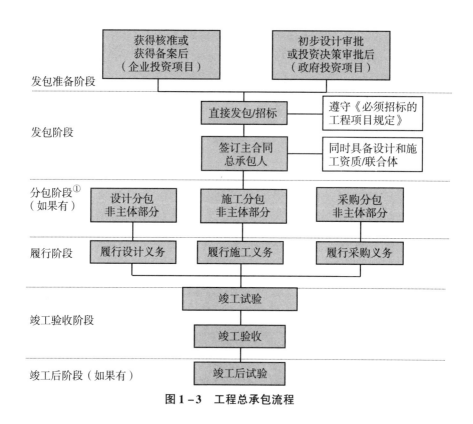

图 1-3 工程总承包流程

---

① 从目前《房屋建筑和市政基础设施项目工程总承包管理办法》的规定和 2021 年 5 月 1 日实施的《上海市建设项目工程总承包管理办法》及其他各地规定来看，目前大多数地方（深圳属于特例）要求总承包人须同时具备双资质（或采用联合体形式），因此分包阶段可能不存在而由总承包人自行完成，即使存在分包也应该只是非主体（非主要工作内容）的分包。

第四节　各地工程总承包领域管理办法汇总及分析

在住房和城乡建设部和国家发展改革委 2020 年 3 月 1 日施行《房屋建筑和市政基础设施项目工程总承包管理办法》后，全国部分省市颁布了一系列工程总承包领域重要规范性文件①（见表 1 - 2），各地文件在工程总承包企业的资质要求，发承包方式规定，联合体规范方面都体现出一定的地方特色。

表 1 - 2　各地工程总承包领域管理办法汇总

省/市	文件名称	实施时间	有效期
浙江省	《关于进一步推进我省房屋建筑和市政基础设施项目工程总承包发展的实施意见》	2021 年 3 月 1 日	未设定
深圳市	《关于进一步完善建设工程招标投标制度的若干措施》	2020 年 3 月 1 日	5 年
深圳市	《关于进一步规范 EPC 项目发承包活动的通知》	2020 年 12 月 31 日	未设定
湖北省	《湖北省房屋建筑和市政基础设施项目工程总承包管理实施办法》	2021 年 1 月 28 日	未设定

---

① 2016 年 5 月至 2020 年 3 月，全国各地住建部门也颁布了很多工程总承包领域的规范性文件，在此不一一列举，各位读者感兴趣可以关注"总包之声"微信公众号平台获取《总包政策小红书》或参见《工程总承包政策精要》一书。

续表

省/市	文件名称	实施时间	有效期
江苏省	《关于推进房屋建筑和市政基础设施项目工程总承包发展实施意见的通知》	2020 年 8 月 23 日	未设定
	《江苏省房屋建筑和市政基础设施项目工程总承包计价规则(试行)》	2020 年 10 月 26 日	未设定
四川省	《房屋建筑和市政基础设施项目工程总承包管理办法》	2020 年 7 月 1 日	5 年
甘肃省	《甘肃省房屋建筑和市政基础设施项目工程总承包招标评标定标办法》	2020 年 4 月 15 日	2 年
辽宁省	《辽宁省房屋建筑和市政基础设施项目工程总承包管理实施细则》	2020 年 10 月 1 日	未设定
吉林省	《关于规范房屋建筑和市政基础设施项目工程总承包管理的通知》	2020 年 4 月 14 日	未设定
山东省	《贯彻〈房屋建筑和市政基础设施项目工程总承包管理办法〉十条措施》	2020 年 7 月 13 日	未设定
上海市	《上海市建设项目工程总承包管理办法》	2021 年 5 月 1 日	5 年

上述文件中下列省市的一些具体规定比较细致深入,且存在一定程度上的特别之处,为便于理解和掌握,我们分别进行归纳和总结。

1. 浙江省《关于进一步推进我省房屋建筑和市政基础设施项目工程总承包发展的实施意见》2021 年 3 月 1 日实施。(见表 1-3)

表 1-3 浙江省特别规定

具体环节	特别规定
发包环节	采用工程总承包方式的政府投资项目、国有资金占控股的项目,除法律、法规另有规定外,原则上应当在初步设计审批完成后进行工程总承包项目发包
资质要求	工程总承包单位应当同时具有与工程规模相适应的工程设计资质和施工资质,或者由具有相应资质的设计单位和施工单位组成联合体
招标控制价	政府投资、国有资金占控股的工程总承包项目,应设置招标控制价作为投标的最高限价

续表

具体环节	特别规定
评标方法	工程总承包项目评标一般采用综合评估法,其中报价评分权重不宜低于50%。探索推进评定分离方法
价格形式	工程总承包合同宜采用总价合同,确因工程项目特殊、条件复杂等因素难以确定项目总价的,可采用单价合同、成本加酬金合同。 采用工程总承包的政府投资项目,除国家政策调整、价格上涨、地质条件发生重大变化等原因外,合同总价不予调整,调整后的合同总价原则上不得超过经核定的投资概算
分包控制 (暂估价招标)	工程总承包项目由一家工程总承包单位承包的,工程总承包单位应当自行完成主体工程的施工图设计和施工业务(不含钢结构)。 工程总承包单位可以采用直接发包的方式进行分包。但以暂估价形式达到国家规定规模标准的,应当依法招标;按照合同约定或经建设单位同意,可由工程总承包单位作为招标人依法开展招标。 施工分包单位除建筑劳务分包外,不得再分包;设计分包单位不得再分包
规范联合体	以联合体方式招标的工程总承包项目,提倡由一家设计单位和一家施工单位组成联合体。联合体各方应当按照联合体协议分别自行完成主体工程的施工图设计和施工业务

2.深圳市《关于进一步完善建设工程招标投标制度的若干措施》2020年3月1日实施;《关于进一步规范EPC项目发承包活动的通知》2020年12月31日实施。(见表1-4)

表1-4　深圳市特别规定

具体环节	特别规定
竞价方式	设计—采购—施工总承包(EPC)项目招标应当明确建设项目的建设规模、使用功能、建设和交付标准、工期要求和服务需求。招标人应当谨慎采用基于概算下浮率的方式竞价,可以采用总价包干、单位经济指标包干等计价方式,并应当在招标文件中明确引导合理价格的工程定价方法和结算原则
分阶段招标	设计—采购—施工总承包(EPC)项目招标,在坚持"公开、公平、公正"原则基础上,可以结合实际采用分阶段方式公开招标,实现择优和合理价格。 第一阶段,投标人按招标文件要求提交设计(技术)方案,招标人优选不少于3个入围设计(技术)方案投标人并组织优化形成最终设计(技术)方案; 第二阶段,由第一阶段入围设计(技术)方案投标人在此基础上按要求提交初步设计成果文件并报价,招标人优选中标人

续表

具体环节	特别规定
资质要求 (单资质要求)	设计—采购—施工总承包(EPC)项目招标可以按下列方式之一设置投标人资格条件: 具备与招标工程规模相适应的工程设计资质(工程设计专项资质和事务所资质除外)或施工总承包资质。 《关于进一步规范 EPC 项目发承包活动的通知》 1.对于依法必须进行招标的项目,招标人有控股的施工、服务企业,或者被该施工、服务企业控股,且该企业资格条件符合1号文第二十二条规定的,招标人可根据相关规定申请将 EPC 项目直接发包给该企业实施。 2.按照上述方式确定总承包单位的 EPC 项目,总承包单位不具备工程规模相适应的工程设计或施工总承包资质的,总承包单位应当在建设工程交易服务平台通过公开招标方式择优确定符合资质要求的单位承担相应工程任务,否则视为规避招标
分包控制	设计—采购—施工总承包(EPC)项目实施时,承担勘察、设计、施工任务的单位应当具有相应的资质条件。设计—采购—施工总承包(EPC)项目承包人可以自行决定承包范围内招标时已定价项目(包括勘察、设计、施工等任务)的分包单位,但总承包合同另有约定的除外
规范联合体	《关于进一步规范 EPC 项目发承包活动的通知》 3.采用联合体方式承接 EPC 项目的,项目负责人可以是联合体单位中任一方工作人员。EPC 项目的施工项目经理应当为承担施工任务单位的注册建造师。EPC 项目的项目负责人、施工项目经理不得同时在两个或两个以上工程项目担任项目负责人、施工项目经理

3.《湖北省房屋建筑和市政基础设施项目工程总承包管理实施办法》2021年1月28日实施。(见表1-5)

表1-5　湖北省特别规定

具体环节	特别规定
发包环节	工程总承包项目建设单位应当在发包前完成项目审批、核准或者备案程序。采用工程总承包方式的企业投资项目,应当在核准或者备案后进行工程总承包项目发包。采用工程总承包方式的政府投资项目,原则上应当在初步设计审批完成后进行工程总承包项目发包
资质要求	应当同时具有与工程规模相适应的工程设计资质和施工资质,或者由具有相应资质的设计单位和施工单位组成联合体; 工程总承包项目的代建单位、项目管理单位、监理单位、造价咨询单位、招标代理单位。设计单位和施工单位组成联合体的,政府投资项目招标人公开已经完成的项目建议书、可行性研究报告、初步设计文件的,上述文件编制单位及其评估单位可以参与该工程总承包项目的投标,经依法评标、定标,成为工程总承包单位

续表

具体环节	特别规定
项目经理	工程总承包项目经理应当具备下列条件:工程总承包项目经理满足相应条件的,可以兼任本项目施工负责人或设计负责人,但不得同时担任其他工程项目的工程总承包项目经理或施工工程总承包项目经理(含施工总承包工程、专业承包工程)。工程总承包单位为联合体的,工程总承包项目经理应由联合体牵头单位的人员担任
分包控制(暂估价招标)	工程总承包单位可以采用直接发包的方式进行分包。但以暂估价形式依法必须进行招标的项目范围且达到国家规定规模标准的,应当依法招标。工程总承包单位应当按照合同约定履行工程总承包义务,自行完成项目设计、施工或项目设计、采购、施工,不得将工程总承包项目转包。工程总承包项目转包的认定,参照执行住房和城乡建设部关于建筑工程施工发包与承包违法行为认定的相关规定。 如工程总承包项目中有部分施工业务需要依法分包的,分包单位应当依法取得安全生产许可证

4.《上海市建设项目工程总承包管理办法》2021 年 5 月 1 日实施。(见表 1 - 6)

表 1-6 上海市特别规定

具体环节	特别规定
发包环节(范围可以包括勘察)	本办法所称工程总承包,是指承包单位采用设计—采购—施工总承包(可含勘察)或者设计—施工总承包(可含勘察)模式,按照风险合理分担原则与建设单位签订工程总承包合同,对工程的质量、安全、工期和造价等进行全面负责的工程建设组织实施方式。 采用工程总承包方式的政府投资项目,除下述情况外,原则上应当在初步设计批复完成后进行工程总承包项目发包: 1. 工程可行性研究报告(初步设计深度)获得批准的房屋建筑项目; 2. 工程可行性研究报告获得批准的以下项目:建设标准明确的中、小型市政基础设施、交通(不含公路)、园林绿化、水利等项目;此类项目,根据实际情况,可将勘察业务纳入工程总承包进行发包

续表

具体环节	特别规定
资质要求	工程总承包单位应当同时具有与工程规模相适应的工程设计资质(工程设计专业和事务所资质除外)和施工总承包资质,或者由具有相应资质的设计单位和施工单位组成联合体;包含勘察业务的工程总承包项目,工程总承包单位还应具有与工程规模相适应的工程勘察资质或者与具备相应资质的勘察单位组成联合体。 代建单位、全过程工程咨询单位(或项目管理单位)、监理单位、造价咨询单位、招标代理单位或者与前述单位有控股或者被控股关系的机构或单位不可参与投标。 但政府投资项目的项目建议书、可行性研究报告、初步设计文件编制单位及其评估单位,一般不得成为该项目的工程总承包单位。政府投资项目招标人在发布招标文件时,如公开已经完成并审批通过的全部成果资料(包括项目建议书、可行性研究报告、初步设计文件,格式要求为原始格式电子文件),上述单位可以参与该工程总承包项目的投标
规范联合体	由勘察单位(可含)、设计单位和施工单位组成联合体的,应当根据项目的特点、复杂程度和承担能力,合理确定牵头单位;其中,勘察单位不得作为工程总承包的牵头单位; 工程总承包单位为联合体的,工程总承包项目经理应由联合体牵头单位的人员担任
评标方法	工程总承包评标宜采用综合评估法,工程总承包招标评标办法由市住房城乡建设管理委另行修订。评标委员会由建设单位代表和有关技术、经济等方面的专家组成,总人数为不少于 9 人的单数
分包控制 (暂估价招标)	工程总承包单位可根据法律、法规规定和合同约定将其承包工程范围内的非主体工作分包给具有相应资质的分包单位。工程总承包单位可以采用直接发包的方式进行分包。工程总承包单位对承包工程进行分包的,应当征得建设单位同意。 以暂估价形式包括在总承包范围内的项目范围且达到国家规定规模标准的,应当依法招标。工程总承包暂估价招标应当由建设单位,或者工程总承包单位,或者建设单位和工程总承包单位联合体作为招标人。建设单位在工程总承包招标文件中,应当明确暂估价工程的招标主体以及双方的权利义务。 工程总承包单位不得将工程总承包项目进行转包,不得将工程总承包项目工程主体结构的勘察、设计、施工业务分包给其他单位
投标截止时间	依法必须进行招标的工程总承包项目,自招标文件开始发售之日起至投标人提交投标文件截止时间止,可行性研究(初步设计深度)批复或者初步设计批复完成后进行发包的工程总承包项目,最短不得少于 30 日;其余工程总承包项目,最短不得少于 45 日

具体环节	特别规定
结算审核	采用固定总价合同的工程总承包项目在计价结算和竣工决算审核时,仅对符合工程总承包合同约定的变更调整部分进行审核,对工程总承包合同中的固定总价包干部分不再另行审核

5.《辽宁省房屋建筑和市政基础设施项目工程总承包管理实施细则》2020年10月1日实施。(见表1-7)

表1-7　辽宁省特别规定

具体环节	特别规定
发包环节	采用工程总承包方式的政府投资的房屋建筑和市政公用工程项目,原则上应当在初步设计审批完成后进行工程总承包项目发包,鼓励在可行性研究批复后即开展工程总承包发包。其中,按照国家有关规定简化报批文件和审批程序的政府投资项目,应当在完成相应的投资决策审批后进行工程总承包项目发包。 建设单位应当有满足施工所需要的资金安排。没有满足施工所需要的资金安排的,工程建设项目不得开工建设。 政府投资项目所需资金应当按照国家有关规定确保落实到位,不得由工程总承包单位或者分包单位垫资建设。政府投资项目建设投资原则上不得超过经核定的投资概算
资质要求	工程总承包单位应当同时具有与工程规模相适应的工程设计资质和施工资质,或者由具有相应资质的设计单位和施工单位组成联合体。 前款规定的"施工资质""施工单位"是指与招标项目要求相符的施工总承包资质、具有上述资质的施工单位。 招标人公开已完成的项目建议书、可行性研究报告、初步设计等文件的,编制项目可行性研究报告、工程方案设计、初步设计且具备工程设计资质、工程总承包条件的单位可以参与该工程总承包项目的投标,招标人应当在招标文件中予以明确。 工程总承包单位不得是本工程总承包项目的代建单位、项目管理单位、监理单位、造价咨询单位、招标代理单位
分包控制 (暂估价招标)	工程总承包单位可以采用直接发包的方式进行分包。属于应当依法招标范围的暂估价项目,未经单独招标或联合招标,招标人、工程总承包单位不得以总承包分包名义违法直接发包。 将工程总承包项目中的非主体结构、非关键性专业施工业务依法分包给具有相应资质的施工单位的,分包施工单位也应当依法取得安全生产许可证

续表

具体环节	特别规定
投标截止时间	招标人应当确定投标人编制投标文件所需要的合理时间。依法必须进行招标的项目,自招标文件开始发出之日起至投标人提交投标文件截止之日止,最短不得少于 20 日。技术特别复杂、功能要求特殊的大型建设项目应当合理延长投标文件编制时间
规范联合体	除技术复杂的大型房屋建筑项目,跨越铁路、公路及其桥梁、涵洞等的大型市政基础设施项目,以及对工程设计或施工有特殊要求的项目外,以联合体方式承揽的,联合体成员中工程设计、施工单位原则上不宜超过 3 家
风险分担	建设单位和工程总承包单位应当加强风险管控,公平合理地分担风险。风险分担的具体内容及范围应当在招标文件和合同中约定。不得采用无限风险、所有风险及类似语句规定计价中的风险内容及范围

　　总结国家及地方规定,成熟的工程总承包市场指导或规范性文件应该包括如下五方面内容:(1)工程总承包管理办法或实施细则;(2)建设项目工程总承包管理规范;(3)工程总承包项目计价计量规范;(4)工程总承包项目的招标评标定标办法;(5)统一适用的指导性合同范本文件。

　　2019 年 12 月 23 日住房和城乡建设部和国家发展改革委颁布了《房屋建筑和市政基础设施项目工程总承包管理办法》,实施了《建设项目工程总承包管理规范》(GB/T 50358—2017),公布了房屋建筑和市政基础设施项目《建设项目工程总承包合同(示范文本)》(GF-2020-0216),对房屋建筑和市政基础设施项目工程总承包计价计量规范进行征求意见,[①]虽然目前未了解到工程总承包项目的招标评标定标办法的制定计划,但是我们看到深圳市、甘肃省在此领域已经先行,待地方实践成熟后,相信国家层面的统一规范文件也指日可待。

---

　　① 　住房和城乡建设部在 2018 年 12 月 12 日向社会发布房屋建筑和市政基础设施项目工程总承包计价计量规范征求意见稿。

第二章

工程总承包合同示范文本解析

在这一章，我们主要探究房屋建筑和市政基础设施项目2020版《示范文本》与FIDIC条款的渊源关系，通过不同角度对2020版《示范文本》的条款进行分类，并着重以表格和图示的方式进行总结，让大家对2020版《示范文本》在结构上和重点内容上形成总体认识，然后对重点条款进行逐一解析，提示在实务过程中应该关注的要点。

第一节　2020 版《示范文本》与
FIDIC 条款的渊源

　　尽管早在 2011 年住房和城乡建设部与原工商总局即已联合发布了 2011 版《示范文本》，但当时工程总承包模式在我国刚刚蓬勃发展，缺少相关立法或政策支撑。因此很多市场主体因为缺乏工程总承包模式实施经验，在项目组织实施初期仍存在选择合同文本的问题，例如，选择适用 FIDIC①《设计采购施工（EPC）/交钥匙工程合同条件》（FIDIC 银皮书）而非 2011 版《示范文本》。

　　随着近几年国内工程总承包市场蓬勃发展，特别是 2020 年 3 月 1 日，由住房和城乡建设部和国家发展改革委联合发布的《房屋建筑和市政基础设施项目工程总承包管理办法》正式施行，我国工程总承包模式进入了国家层面快速发展的统一时代。为适应当前工程总承包市场的发展态势，同时响应我国工程"走出去""与国际接轨"，进一步提升我国工程实施能力的大政方针，2020 年 11 月 25 日住房和城乡建设部、市场监管总局制定了 2020 版《示范文本》，以期成为我国市场主体在当前形势下可选择的通用合同文本。2020 版《示范文本》除融合过往工程合同示范文本的条款与适用经验外，最大的特色在于广泛吸收国际工程中通行的合同条件，特别是国际上影

---

　　① FIDIC 是"国际咨询工程师联合会"的法文缩写，它是一个非官方机构，其宗旨是通过编制高水平的标准文件，召开研讨会，传播工程信息，从而推动全球工程咨询行业的发展。作为一个著名的国际组织，FIDIC 最广为人知的就是其编制的适用于国际承包市场的工程合同条件（文本），近年来，FIDIC 合同在国际上得到了更为广泛的应用，尤其是在中东、东南亚、欧洲、非洲等地区的国际项目上更为明显，世界银行等多个开发银行贷款项目也大都强制或推荐使用 FIDIC 合同范本，FIDIC 合同范本的影响力与权威性可见一斑。

响力最大的 FIDIC 合同条件。

在 1999 年之前，FIDIC 合同条件是从 ICE（英国土木工程师协会，The Institution of Civil Engineers）合同演变而来，直至 1999 年 FIDIC 合同条件重新调整编写体系才开始跳出 ICE 框架形成现有 FIDIC 合同体系。1999 版 FIDIC 合同体系包括：(1)《施工合同条件》(Conditions of Contract for Construction，简称 FIDIC 红皮书)；(2)《生产设备与设计—建造合同条件》(Conditions of Contract for Plant and Design-Build，简称 FIDIC 黄皮书)；(3)《设计—采购—施工与交钥匙项目合同条件》(Conditions of Contract for EPC/Turnkey Projects，简称 FIDIC 银皮书)；(4)《简明合同格式》(Short Form of Contract，简称 FIDIC 绿皮书)。2017 年 FIDIC 根据合同用户反馈及相关工程实施经验、司法裁判对红皮书、黄皮书、银皮书进行修订形成了 2017 版，从三个合同范本适用条件来看，2017 版在整体构架上并没有根本上的变化，但微观层面进行了一定修改和大量的内容增加。对于四本合同条件的关系，一般而言 FIDIC 红皮书是最广泛应用的合同范本，奠定了 FIDIC 施工条款的根基；FIDIC 黄皮书是在红皮书基础上，针对机电设备项目、其他基础设施项目进行调整与适用的合同范本。FIDIC 黄皮书模式下，业主只负责编制项目纲要（业主要求）和生产设备性能要求，承包商负责大部分设计工作和全部施工安装工作，并由工程师来监督设备的制造、安装和施工，风险分担均衡；FIDIC 银皮书主要针对私人投资项目，如 BOT 项目，风险大部分由承包商承担；FIDIC 绿皮书适用于合同金额小、工期短的项目。

2020 版《示范文本》所体现出的内容与黄皮书更为接近。为更好地理解 2020 版《示范文本》条款内容，我们为此梳理了 2020 版《示范文本》一些重要条款与 FIDIC 合同条件之间的渊源，以供参考（见表 2 - 1）。

表 2 - 1　2020 版《示范文本》条款与 FIDIC 文本渊源对照

示范文本条款		FIDIC 渊源	FIDIC 条款说明
第1条 一般约定	1.1 词语定义和解释	1.1 定义 (Definitions)	1. FIDIC 黄皮书合同文件没有"规范"与"图纸",而增加了"业主的要求""承包人建议书""合同协议书补遗",对应示范文本 1.1.1 合同内容中《发包人要求》、承包人建议书、其他合同文件。 2. FIDIC 黄皮书业主的要求 (Employer's Requirements)这一文件包含的主要内容有工程的目的、工程范围、工程设计的技术标准等。 3. FIDIC 黄皮书承包商的建议书 (Contractor's Proposal)指承包商编写的投标技术方案,包括设计、施工和采购等工作安排计划。2017 版黄皮书明确定义其为组成投标书一部分的文件。 4. 工程师(Engineer)是一个比较特殊的角色,既可以理解为自然人,也可以理解为法人咨询公司。在我国当前的工程项目中,工程师为监理公司,二者在功能上基本相同
	1.5 合同文件的优先顺序	1.5 文件的优先次序 (Priority of Documents)	FIDIC 合同文件顺序与示范文本相比略有差异。二者前三项文件优先次序相同,但示范文本将《发包人要求》的优先性置于合同通用条款之上与专用合同条款并列。此外 FIDIC 黄皮书合同文件顺位中明细表优于承包人建议书,与示范文本不同,体现 FIDIC 黄皮书业主编制文件优先于承包商编制文件的特点
	1. 12《发包人要求》和基础资料中的错误	1.9 业主的要求中的错误 (Errors in the Employer's Requirements)	FIDIC 黄皮书约定,如承包商认为业主的要求存在问题,可以进行索赔,但须证明承包商在约定的时限与节点进行了审核,即证明"业主的要求"中出现的错误即使是一个有经验的承包商认真核查也无法发现

续表

示范文本条款		FIDIC 渊源	FIDIC 条款说明
第2条 发包人	2.2 提供施工现场和工作条件	2.1 进入现场的权利(Right of Access to the Site)	标题虽为进入现场的权利,实际是指业主向承包商提供现场的义务。包括向承包商提供现场、有关设施、设备等,以及提供的方式与时间,否则业主须赔偿承包商损失
	2.3 提供基础资料	2.5 现场数据与参照项(Site Data and Items of R)	业主在基准日期前后所掌握的一切现场数据,都必须提供给承包商,这些数据包括现场地形、地下条件、水文气象条件、环境条件等
	2.5 支付合同价款	2.4 业主的资金安排(Employer's Financial Arrangements)	业主应遵守合同约定的业主融资安排的义务。如承包商收到的变更指令单项超过中标合同额的 10% 或累计超过 30%,或者没有按约定及时收到付款,或发现业主对其资金安排做了重大变化但没有发通知给承包商,则承包商有权要求业主在 28 天内提供合理证据,证明业主的资金安排能满足项目正常的支付要求
第3条 发包人的管理	3.3 工程师	3.1 工程师的职责和权利(Engineer's Duties and Authority)	1. 工程师应被赋予其管理合同所需要的一切必要权力; 2. 若工程师是法人实体,则应任命和授权为自然人,以工程师的名义展开工作,工程师应将该自然人的任命和撤回及时通知合同双方,合同双方收到通知后才生效; 3. 工程师应具备与开展工作所匹配的资格、经验和能力,并流利使用合同规定的主导语言; 4. 工程师根据"协商或决定"行使其商定或决定的权力时,无须取得业主的同意
	3.5 指示	3.3 工程师的指令(Instructions of the Engineers)	1. 工程师一般应以书面形式签发指令,必要时,工程师也可以发出口头指令。口头指令下,承包商应在接到口头指令后规定时间内,主动将自己记录的口头指令以书面形式报告给工程师,要求工程师确认,如果工程师两个工作日内不答复,则承包商记录的口头指令即被认为工程师的书面指令。 2. 若工程师或其授权代表等签发指令时说明了该指令构成变更,则按后面的变更条款处理

续表

示范文本条款	FIDIC 渊源	FIDIC 条款说明
3.6 商定或确定	3.7 商定或决定（Agreement or Determinations）	1. 工程师根据本款的规定去商定或确定任何事宜或索赔时，他应保持中立，不能代表业主行事； 2. 工程师可以与业主和承包商一起磋商或单独磋商，他应鼓励双方对话，努力达成一致意见； 3. 未在规定期限内协商成功，工程师应按规定启动"确定"程序； 4. 任何一方对工程师决定不满，应将异议意见在 28 天内发送对方并抄送工程师； 5. 工程师决定对双方有拘束力，除非按合同约定或【争议解决】条款的规定被修改的
3.7 会议	3.8 会议（Meetings）	1. 工程师或承包商可以相互要求彼此参加管理会议，讨论实施工程过程中未来工作安排或其他事宜； 2. 工程师应当对此类会议进行记录，并提供给与会各方和业主； 3. 在此类会议和会议记录中所约定各方的行动责任应符合合同的规定
第 4 条承包人	4.1 承包人的一般义务	4.1 承包商的一般义务（Contractor's General Obligations）	示范文本与 1999 版红皮书内容基本对应
	4.2 履约担保	4.2 履约担保（Performance Security）	2017 版红皮书对该条款分为三个子条款，分别约定承包商提交履约保证的义务，包括提供履约保证的方式、期限以及金额的调整；履约保证什么条件下退还；业主根据履约保证在哪些情形下有权索赔

续表

示范文本条款	FIDIC 渊源	FIDIC 条款说明
4.3 工程总承包项目经理	4.3 承包商的代表（Contractor's Representative）	1. 承包商代表应有资格、经验并在工程涉及的主要专业有技术能力； 2. 若承包商代表被撤销或未能就职，则承包商应提交新的人选，若工程师收到提交人选后28天未回复反对，则视为接受了该人选； 3. 若承包商代表出现意外，则承包商应立即任命一个临时的替代人员，代为行使职责，待工程师确认后转为正式代表或重新任命正式代表
4.5 分包	4.4 分包商（Subcontractors）	1. 承包商不得将整个工程分包出去； 2. 承包商应为分包商的一切行为和过失负责； 3. 承包商的材料供货商以及合同已经指明的分包商无须经过工程师同意； 4. 其他分包商则需经过工程师的同意； 5. 承包商应提前通知工程师分包商计划及开始分包工作的日期
4.8 不可预见的困难	4.12 不可预见的外界条件（Unforeseeable Physical Conditions）	示范文本与 FIDIC 合同内容基本一致
4.9 工程质量管理	4.9 质量管理与符合性验证体系（Quality Management and Compliance Verification Systems）	1. 质量管理体系应包括承包商的各项工作程序，从而保证工程、货物、工艺、试验相关的通知，沟通记录、承包商的文件等能够被检查跟踪； 2. 工程师对质量体系进行审查，发现问题可要求承包商修订质量管理程序； 3. 承包商没有执行质量管理程序，可以责令承包商改正

续表

示范文本条款		FIDIC 渊源	FIDIC 条款说明
第5条 设计	5.1 承包人的设计义务	2017 版黄皮书 5.1 一般设计义务（General Design Obligations）	1. 承包商应实施工程设计并对设计负责； 2. 承包商设计人员应具备相应资格、经验、能力等； 3. 承包商保证，在履约证书签发前，其相关设计人员/设计分包商在所有合理时间随时可以参加与工程师和业主的现场内外的讨论
	5.2 承包人文件审查	2017 版黄皮书 5.2 承包商的文件（Contractor's Documents）	本款详细规定了承包商的文件编制的管理程序，可分为三个方面：(1)承包商的文件编制；(2)工程师对此类文件的审核程序；(3)承包商依据审核通过的文件进行施工
	5.3 培训	2017 版黄皮书 5.5 培训（Training）	示范条款与 FIDIC 合同条件基本一致
	5.4 竣工文件	2017 版黄皮书 5.6 竣工记录（As-built Records）	规定了承包商编制和提交竣工文件内容
	5.5 操作和维修手册	2017 版黄皮书 5.7 操作维修手册（Operation and Maintenance Manuals）	本款核心内容是规定承包商提交工程操作维护手册的视角；此外操作维护手册的内容应详细得足够业主在今后运行和维修工程时使用
	5.6 承包人文件错误	2017 版黄皮书 5.8 设计错误（Design Error）	承包商应承担设计文件及设计修改的责任。如果因业主要求错误导致设计错误的，承包商有可能进行索赔

续表

示范文本条款		FIDIC 渊源	FIDIC 条款说明
第6条 材料、 工程设备	6.1 实施方法	7.1 实施方式 （Manner of Execution）	与 FIDIC 合同条件基本一致
	6.3 样品	7.2 样品 （Samples）	承包商在将材料用于工程之前,应向工程师提交有关材料的样品和资料
	6.4 质量检查	7.3 检查 （Inspection）	1.业主的人员进入现场或有关场所检查工程的权力,同时规定承包人有义务协助业主的人员进行检查; 2.检查隐蔽工程的
第8条 工期和 进度	8.1 开始工作	8.1 开工 （Commencement of Work）	1.工程师至少应提前 7 天将开工日期通知承包商; 2.除专用条款另有约定外,开工日期应在承包商收到中标函后 42 天内; 3.承包商应尽可能合理快速地实施工程,以恰当的速度施工,不得拖延
	8.4 项目进度计划	8.3 进度计划 （Programme）	本款规定了何时提交进度计划以及编制进度计划的原则,该计划实际上是投标时的进度计划具体化。进度计划分为初始进度计划、修订的进度计划、正式进度计划。对于进度计划的编制也给出了更高的要求,包括工作事项、详细程度、工序逻辑关系等
	8.6 提前预警	8.4 预警 （Advance Warning）	与示范文本内容大体一致
	8.7 工期延误	8.5 竣工时间的延长（Extension of Time for Completion）	1.索赔工期的原因包括:(1)发生工程变更或某些工作量有重大变化;(2)本合同条件中提到的赋予承包商索赔权的原因;(3)异常不利的气候条件;(4)由于疾病或政府当局导致无法预见的人员、物品的短缺;(5)业主方或其在现场的其他承包商造成的延误、妨碍或阻止。 2.承包商应向工程师发出索赔通知

示范文本条款		FIDIC 渊源	FIDIC 条款说明
	8.9 暂停工作	8.9 业主的暂停（Employer's Suspension）8.10 业主暂停的后果（Employer's Consequence of Suspension）8.12 持续的暂停（Prolonged Suspension）	1. 工程师随时可以指示承包商暂停工程,暂停期间承包商应保护好工程,避免遗失; 2. 如果承包商因暂停工作以及复工招致了费用损失和工期延误,他可以按索赔程序通知工程师,提出索赔; 3. 因承包商原因出现的暂停,承包商无权获得费用和工期补偿; 4. 对于持续的暂停,示范文本内容与 FIDIC 合同条件基本保持一致
	8.10 复工	8.13 复工（Resumption of Work）	示范文本内容与 FIDIC 合同条件基本保持一致
第9条竣工试验	9.1 竣工试验的义务	9.1 承包人的义务（Contractor's Obligations）	本款规定了承包商在竣工检验时的义务,开始检验的前提条件,检验结果评定应考虑的特殊情况等
	9.2 延误的试验	9.2 延误的检验（Delayed Tests）	本款对业主和承包商延误竣工检验的情况分别作了规定,如因业主延误检验,则按第 7.4 款【检验】和第 10.3 款【对竣工检验的干扰】处理,承包商有权提出工期与费用索赔;如因承包商原因延误,工程师可要求承包商指定时间内重新检验,否则业主可自行检验
	9.3 重新试验	9.3 重新试验（Retesting）	与示范文本内容大体一致
	9.4 未能通过竣工试验	9.4 未能通过竣工检验（Failure to Pass Tests on Completion）	若工程仍通不过重新检验,工程师有权采取下列方式之一解决: 1. 下达指令,按第 9.3 款再次竣工检验; 2. 如发现工程出现的问题使得整个或部分、区段工程基本对业主无使用价值,按第 11.4 款规定执行; 3. 如果业主要求工程师签发接收证书,则工程师可以照搬。 按第三种方法执行时,承包商应继续履行合同义务,并对合同价格进行扣减

示范文本条款		FIDIC 渊源	FIDIC 条款说明
第 10 条 验收和 工程接收	10.3 工程的 接收	10.1 工程和区段 的接收（Taking Over of the Works and Sec）	当工程达到下列五项条件，即认为业主接收了工程： 1.工程已按照合同竣工，并通过竣工检验； 2.对承包商按第4.4款【承包商的文件】中提交的竣工记录没有给出反对通知； 3.对承包商按第4.4款【承包商的文件】中提交的操作维护手册没有给出反对通知； 4.承包商根据第4.5款【培训】完成了合同要求的培训工作； 5.根据本款签发了接收证书或被视为签发了接收证书。 当承包商提交接收申请28天内，工程师仍不答复，若工程达到上述前四个条件，则被视为工程已在工程师收到承包商的申请通知后的第14天竣工，且被视为已签发了接收证书
第 11 条 缺陷责任 与保修	11.3 缺陷调查	11.8 承包商调查 （Contractor to Search）	根据本款规定，承包商须根据工程师要求调查质量问题起因，如承包商不按时进行检验，业主方可自行调查，但应将日期通知给承包商，承包商可以自费参加，若调查结果认定属于承包商责任，则业主可就调查费向承包商提出索赔
	11.4 缺陷修复后的进一步试验	11.6 进一步的检验（Further Test）	与示范文本内容大体一致
	11.5 承包人出入权	11.7 接收后的进入权（Right of Access after Taking Over）	1.在签发履约证书28天前，只要是为了履行本款规定的义务的合理需要，承包商有权进入工程； 2.业主基于安保等原因，可对承包人的进入权进行合理限制
	11.6 缺陷责任期终止证书	11.9 履约证书（Performance Certificate）	1.只有当工程师向承包商签发了履约证书，才能认为承包商义务已完成； 2.履约证书应载明承包商完成其合同义务的日期； 3.本款具体约定了下发履约证书期限、条件、程序等

续表

示范文本条款		FIDIC 渊源	FIDIC 条款说明
第12条 竣工后试验	12.1 竣工后试验的程序	2017 版黄皮书 12.1 竣工后检验的程序（Procedure for Test After Completion）	根据本款内容，竣工后检验由业主负责，包括提供需要的人员和物品，以及负责程序方面的安排。承包商处于协助地位，并根据业主要求确定其是否参加检验。如业主要求其参加而其未参加，视为对业主自行检验结果的认可。业主必须将检验时间通知承包商
	12.2 延误的试验	2017 版黄皮书 12.2 延误的检验（Delayed Tests）	示范文本内容与 FIDIC 合同条件基本保持一致
	12.3 重新试验	2017 版黄皮书 12.3 重新试验（Retesting）	
	12.4 未能通过竣工后试验	12.4 未能通过竣工后检验（Failure to Pass Test After Completion）	
第13条 变更与调整	13.1 发包人变更权	13.1 变更权（Right to Vary）	1. 业主通过工程师可以在项目实施期间对工程进行变更，并给出了变更的范围，承包人不得自行对工程进行变更； 2. 承包商在特定情形下可质疑工程师变更指令
	13.2 承包人的合理化建议	13.2 价值工程（Value Engineering）	1. 如果承包商认为自己的建议能够使得工程缩短工期，降低工程实施、维护或运营之成本，提高项目竣工后的效率、价值或其他利益，承包商可提出建议； 2. 是否采纳建议完全取决于业主，承包商不得耽误进行中的工作； 3. 变更导致的收益分配、费用、工期延误等按约定执行

续表

示范文本条款		FIDIC 渊源	FIDIC 条款说明
	13.3 变更程序	13.3 变更程序（Variation Procedure）	
	13.5 暂列金额	13.4 暂列金额（Provisional Sums）	
	13.6 计日工	13.5 计日工（Daywork）	
	13.7 法律变化引起的调整	13.6 因立法变动而调整（Adjustment for Changes in Legislation）	示范文本内容与 FIDIC 合同条件基本保持一致
	13.8 市场价格波动引起的调整	13.7 因费用波动而调整（Adjustment for Changes in Cost）	
第14条合同价格与支付	14.1 合同价格形式	2017 版黄皮书 14.1 合同价格（Contract Price）	
	14.2 预付款	14.2 预付款（Advance Payment）	
	14.4 付款计划表	14.4 支付表（Schedule of Payment）	

续表

示范文本条款		FIDIC 渊源	FIDIC 条款说明
第 16 条合同解除	16.1 由发包人解除合同	15.2 因承包商违约而提出终止（Termination for Contractor's Defaults） 15.3 因承包商违约而终止后的计价（Valuation after Termination for Contractor's Default） 15.4 因承包商违约而终止后的支付（Payment after Termination for Contractor's Default）	1. 下列情况,业主有权发出终止意向通知: (1)未遵守第 15.1 款【整改通知】、第 3.7 款【工程师的职责和权力】中有约束力的商定或决定或 DAAB 有约束力的裁定,且此类行为已构成对其合同义务的严重违约; (2)放弃工程或公然表明不再履行合同义务; (3)没有恰当理由而不按照第 8 条【开工、延误及暂停】开工,或者当合同数据中规定了最高拖期赔偿费时,承包商的延误工期已达到该最高限额; (4)收到工程师根据第 7.5 款【缺陷与拒收】和第 7.6 款【补救工作】给出的拒收通知和指令的 28 天内,没有正当理由拒不履行通知和指令的要求; (5)没有遵守第 4.2 款【履约保证】的规定; (6)违反第 5.1 款【分包商】或第 1.6 款【转让】,擅自分包工程,或者转让合同; (7)根据适用法律,承包商处于破产或清算等类似情形,或若承包商为联营体,某一联营体成员出现了上述情况,且其他成员没有立即向业主确认,出问题的成员的合同义务仍会根据第 1.1.4 款【共同的及各自的责任】得以履行; (8)被发现在工程或合同方面存在腐败、欺诈、勾结、强制用工等情形,且有合理证据。 2. 终止合同后,承包商应立即:(1)遵守本款下终止通知中包含的合理指令,将分包合同转让给业主并保护好工程相关的人员生命和财产安全;(2)将业主需要的货物、所有承包商的文件以及承包商负责的那部分设计文件提交给工程师;(3)撤离现场,若承包商不撤离,业主有权强行驱逐。 3. 在工程师根据第 3.7 款【商定或决定】作商定或决定时,在计算时间限制时,合同终止日期应为开始计算时间限制的开始日期,承包商的工作计价应参照第 14.13 款【最终支付证书签发】给出应支付款、减扣款、应付金额,但不应该包括承包商的不合格的工作的价值。 4. 从终止合同后工程师估价的工程款中扣除业主的索赔、损失等费用后向承包商支付余款

续表

示范文本条款		FIDIC 渊源	FIDIC 条款说明
16.2 由承包人解除合同		16.2 承包商提出终止（Termination by Employer） 16.3 终止后承包商的义务（Contractor's Obligations after Termination） 16.4 承包商终止后的支付（Payment after Contractor's Termination）	示范文本内容与 FIDIC 合同条件基本保持一致
第 17 条 不可抗力		第 18 条 特别事件（Exceptional Event）	特别事件与不可抗力定义基本一致，示范文本对本款结构上与 FIDIC 合同条件一致（均为 6 款，且标题相同），但具体内容示范文本除借鉴部分程序性内容外，对于不可抗力的约定以我国现行法律为主
第 19 条 索赔		第 20 条 业主的索赔与承包商的索赔（Employer's Claim and Contractor's Claim）	示范文本借鉴了 FIDIC 合同文件关于索赔程序、期限、情形等内容，但条款结构设定上不同于 FIDIC 合同文件
第 20 条 争议解决	20.3 争议评审	第 21 条 争议与仲裁（Disputes and Arbitration）	本款规定了 DAAB 的组成（DAAB 即争议避免与裁定委员会的缩写）、避免争议的机制、进行 DAAB 裁定的程序、效力等内容。并进一步约定若 DAAB 裁定未能解决争议时相应机制与后果

第二节　2020版《示范文本》结构图示

一、总体结构图示

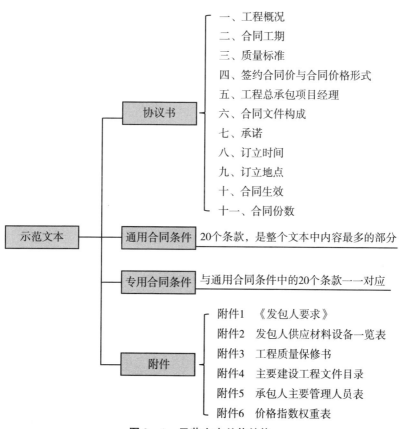

图 2-1　示范文本总体结构

二、通用合同条件重点关注图(第1条至第6条)

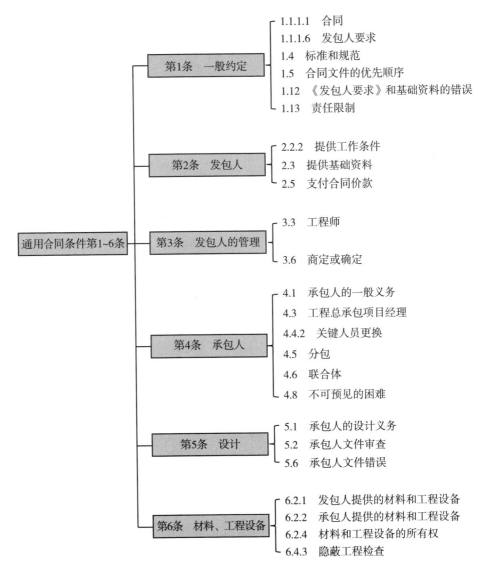

图2-2 通用合同条件重点关注图

三、通用合同条件重点关注图(第7条至第12条)

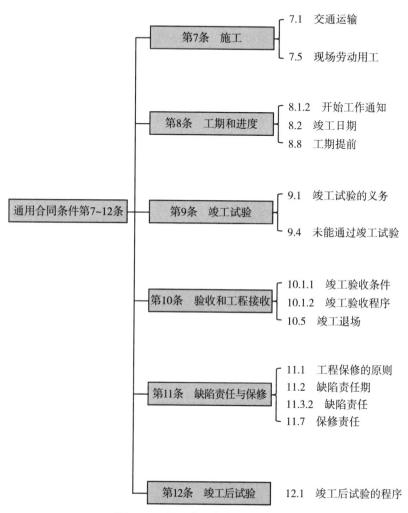

图2-3　通用合同条件重点关注图

四、通用合同条件重点关注图(第13条至第20条)

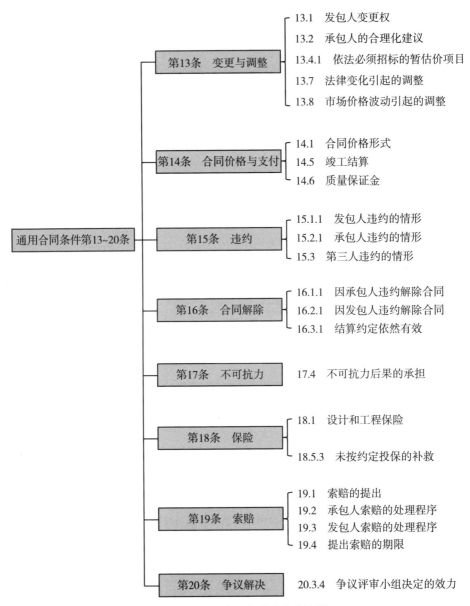

图 2−4　通用合同条件重点关注图

五、可在专用合同条件中另行约定的条款分布

表 2-2 可在专用合同条件中另行约定的条款分布

所在条款	可另行约定的内容
1.4.4	对于超工程标准的费用可以在专用条件中另行约定
1.5	对于合同组成文件解释的优先顺序可以另行约定
1.6.2	发包人可以在专用合同条件中约定承包人应提供的文件类型和内容
1.6.4	承包人在现场是否提供文件可以在专用合同条件中约定
1.10.1、1.10.2	发包人和承包人可以就双方为工程编制的文件的知识产权进行另行约定
1.10.4	承包人使用的专利、专有技术、商业软件、技术秘密的使用费是否已包含在签约合同价中可以另行约定
1.14	如果项目采用建筑信息模型技术（BIM），双方可以在专用条件中约定使用费用和协调其他各方使用的承担主体
2.5.2	发包人可以在专用合同条件中约定对资金安排计划进行调整时是否通知承包人
3.6.2	关于商定的期限可以由双方在专用合同条件中另行约定
3.7.1、3.7.2	参加会议的通知及参加会议的记录保存主体可以由双方另行约定
4.1	对于承包人的一般义务可以由双方另行约定
4.4.1	承包人向工程师提交项目管理机构以及人员安排的报告的时间和内容可以另行约定
4.4.3	承包人的现场管理关键人员在岗的要求和离开岗位的程序可以另行约定
4.7.1	承包人对基于发包人提交的基础资料所做出的解释和推断负责可以双方另行约定
5.2.1	发包人对承包人文件审查期限可以另行约定
5.4.3、5.5.3	除专用合同条件另有约定外，在工程师收到上述文件前，不应认为工程已根据第 10.1 款［竣工验收］和第 10.2 款［单位/区段工程的验收］的约定完成验收，可以另行约定

续表

所在条款	可另行约定的内容
6.2.1	发包人提供的材料和工程设备验收后,由谁负责接收、运输和保管可以另行约定
6.2.2	发包人可以对是否指定生产商和材料商在专用条件中另行约定
6.4.3	隐蔽工程的检验程序和要求可以由双方在专用条件中约定
7.1.1	是否由发包人取得出入施工现场所需的批准手续和全部权利及费用承担可以双方另行约定
7.1.2	场外交通设施的技术参数和具体条件的提供主体及无法提供时的技术承担可以由双方另行约定
7.1.3	施工所需的临时道路和交通设施的修建和维护是否由承包人承担可以另行约定,场内交通与场外交通的边界由双方在专用条件中约定
7.2.1	修建临时设施的费用以及修建临时设施需要临时占地的申请主体及费用承担可以另行约定
7.3	超出《发包人要求》所列内容的情况下不可预见的现场合作和条件产生的费用双方可以另行约定
7.4.1	承包人应根据国家测绘基准、测绘系统和工程测量技术规范还是其他规范或者按发包人要求进行防线提供施工控制网资料可以由双方另行约定
7.9.1	发包人是否应在承包人进场前将施工临时用水、用电等接至约定的节点位置,以及临时用水用电的费用承担可以由双方另行约定
7.10	承包人的现场安保义务与他人共同合法占有施工现场是否发生减免双方可以另行约定
8.1.2	因发包人原因造成实际现场施工日期迟于计划现场施工日期的时间和后果可以双方另行约定
8.2	工程的竣工日期的认定标准双方可以另行约定
8.3.2	承包人是否需要提交项目实施计划及提交日前和提交后的修改意见反馈日前双方可以另行约定
8.4.1	工程师对承包人的项目进度计划的提交后修改的期限可以另行约定

续表

所在条款	可另行约定的内容
8.4.3	工程师应在收到修订的项目进度计划的审批期限双方可以另行约定
10.1.2	承包人申请竣工验收的程序双方可以另行约定;发包人不按约定组织竣工验收、颁发工程接收证书的逾期违约责任可以另行约定
10.4.1	竣工验收后是否提交工程质量保证金和是否颁发验收证书可以另行约定
10.5.3	缺陷责任期满时,承包人的人员和施工设备是否全部撤离施工现场或何时撤离双方可以另行约定
11.6	缺陷责任期终止证书是否适用双方可以另行约定
12.1.2	是否由发包人组织和实施竣工后试验双方可以另行约定
13.2.2	工程师在收到承包人提交的合理化建议后的处理程序和时限可以约定
13.3.3.1	变更估价的处理原则可以双方另行约定
13.4.1	依法必须招标的暂估价项目的招标程序和方式及主体双方可以另行约定
13.4.2	不属于依法必须招标的暂估价项目的协商和估价程序以及发包人和承包人权利义务关系可以另行约定
13.5	暂列金额的使用方式和程序及用于项目可以双方另行约定
14.1.1、14.1.2	合同价格形式及调整方式可以双方另行约定
14.2.1	预付款的支付方式和扣回比例可以双方另行约定
14.2.2	发包人在支付预付款前承包人是否应提供预付款担保及担保的方式双方可以另行约定
14.3.1	承包人对工程进度付款申请的时限和程序双方可以另行约定
14.3.2	发包人对承包人进度付款审核和支付程序和时限可以另行约定,发包人完成审核后的支付期限和未按期支付的责任双方可另行约定
14.4.1、14.4.2	付款计划表的编制要求和内容双方可以另行约定

所在条款	可另行约定的内容
14.5.1、14.5.2	竣工结算申请的时限和竣工结算申请单的内容及发包人审批时限,发包人在签发竣工付款证书后的付款期限和未付款的责任双方可以另行约定,承包人对发包人签认的竣工付款证书有异议的处理方式双方可以另行约定
14.6.1	承包人提供质量保证金的方式及额度双方可以另行约定,如不约定则按提交工程质量保证担保的方式进行
14.6.2	双方约定采用预留相应比例的工程款方式提供质量保证金的,质量保证金的预留方式及预留质量保证金逾期返还的责任双方可以另行约定
14.7.1	最终结清申请单的申请条件和期限及列明费用和内容可以双方另行约定
14.7.2	最终结清证书的颁发条件和期限及最终结清证书颁发后的付款期限和违约责任可以另行约定
15.1.1	发包人违约的情形可以另行约定
15.1.3	发包人违约的责任承担方式和计算方法双方可以另行约定
15.2.1	承包人违约的情形双方可以另行约定
15.2.2	承包人违约后发包人通知改正的期限可以另行约定
15.2.3	承包人违约责任的承担方式和计算方法双方可以另行约定
16.1.1	因承包人违约解除合同的情形和发出正式解除通知的程序双方可以另行约定
16.2.1	因发包人违约解除合同的情形和发出正式解除通知的程序双方可以另行约定
17.6	因不可抗力解除合同后对发包人在商定或确定相关款项后的支付期限双方可以另行约定
18.1	设计和工程保险及第三者责任险如何投保、是否投保双方可以另行约定
18.3	货物保险是否投保及如何投保双方可以另行约定
18.5.4	变更除工伤保险之外的保险合同时是否需要通知对方双方可以另行约定

续表

所在条款	可另行约定的内容
20.3.1	争议评审员的确定期限及评审员报酬的承担方式双方可以另行约定
20.3.2	争议评审小组的协助或非正式讨论发包人和承包人是否必须参加双方可以另行约定

第三节　2020版《示范文本》重点
条文解析及实务关注

2020版《示范文本》条文繁多,仅通用合同条件中就包括20条,每个通用合同条件项下又包含一些具体条文。相较于2011版《示范文本》,此次2020版《示范文本》主要新增核心内容包括:

1. 细化"工程总承包项目经理"职责。

2020版《示范文本》将"项目经理"调整为"工程总承包项目经理",并对"工程总承包项目经理"上岗资格、更换和授权、职责履行等内容进行了细化明确。

2. 增设承包人"关键人员"。

2020版《示范文本》提出了承包人"关键人员"的定义,即"发包人及承包人一致认为对工程建设起重要作用的承包人主要管理人员或技术人员"。对于"关键人员"承包人需要将其"名单""注册执业资格"等证明提交工程师以取得同意。并对"关键人员"的任命或更换进行约束。

3. 平衡了因"基础资料错误导致的风险"承担。

2011版《示范文本》中对于发包人提供的"基础资料错误导致的风险"主要由承包人负担,而2020版《示范文本》对此进行了调整,其风险分担方式与《建设工程质量管理条例》所规定相一致。(见表2-3)

表2-3　2011版、2020版"基础资料错误导致的风险"分担方式对比

2011版《示范文本》	2020版《示范文本》
资料中的短缺、遗漏、错误、疑问,承包人应在收到发包人提供的上述资料后15日内向发包人提出进一步的要求。因承包人未能在上述时间内提出要求而发生的损失由承包人自行承担	《发包人要求》或其提供的基础资料中的错误导致承包人增加费用和(或)工期延误的,发包人应承担由此增加的费用和(或)工期延误,并向承包人支付合理利润

4. 大幅增加并细化"联合体"相关内容。

2011 版《示范文本》仅就"联合体"的概念进行了说明,而在实际工程中因联合体内部之间的权利义务关系引发的矛盾却屡见不鲜。2020 版《示范文本》就联合体有关的"履约担保"、"发票开具"、"资格"、"连带责任"以及"将联合体协议列入总承包合同附件"都进行了约定。

5. 重新设定"签约合同价"和"合同价格"两个定义体系,并据此应用于不同的场景和条款。(见表 2 - 4)

表 2 - 4　2011 版、2020 版初始价格、结算价格对比

2011 版《示范文本》	2020 版《示范文本》
初始价格 = "合同价格"	初始价格 = "签约合同价"
结算价格 = "合同总价"	结算价格 = "合同价格"

2020 版《示范文本》将上述两个性质的价格在如下条款中具体定义:

1.1.5.1　签约合同价是指发包人和承包人在合同协议书中确定的总金额,包括暂估价及暂列金额等。

1.1.5.2　合同价格是指发包人用于支付承包人按照合同约定完成承包范围内全部工作的金额,包括合同履行过程中按合同约定发生的价格变化。

基于上述定义,在涉及初始价格时适用"签约合同价"这一定义,涉及结算价格情形时适用"合同价格"这一定义,新示范文本均针对不同情况进行了区分适用。

6. 增加了"争议评审"规则。

2020 版《示范文本》新增设了"争议评审"规则。即"合同当事人在专用合同条件中约定采取争议评审方式及评审规则解决争议的",并就"争议评审"规则进行了明确。

另外,2020 版《示范文本》作为指导文本,其适用的承包方式更趋近于 DB(Design-Build)模式,而非 EPC(Engineering-Procurement-Construc)模式。主要理由如下:

1. 2020 版《示范文本》中没有关于承包人采购的条款和内容。

2. 2020 版《示范文本》设置的管理模式更适合 DB 模式。

在管理模式上,2020 版《示范文本》引入了工程师制度,这与"EPC"模式下的"发包人""承包人"二元体制不同。

3.2020 版《示范文本》中设置的较为均衡的风险承担方式更适合 DB 模式。

在风险承担上,2020 版《示范文本》基于我国工程总承包现阶段市场情况,采用了发包人与承包人相对而言较为均等的风险承担模式,这与 EPC 模式中承包人承担大部分风险的模式也不相同。

因此,如果发包、承包双方理解了 EPC 模式且意愿采用 EPC 模式进行组织建设时,需要对 2020 版《示范文本》作较大范围调整才能使用。

一、通用合同条件重点关注条款(第 1 条至第 6 条)

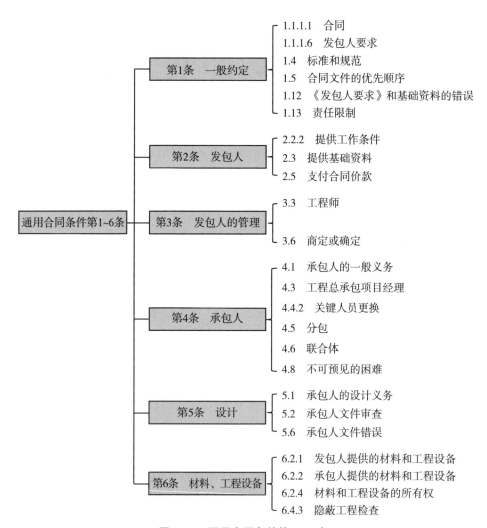

图 2-5　通用合同条件第 1~6 条

第1条　一般约定

◆ **1.1.1.1　合同**

【范本原文】

1.1.1.1　合同:是指根据法律规定和合同当事人约定具有约束力的文件,构成合同的文件包括合同协议书、中标通知书(如果有)、投标函及其附录(如果有)、专用合同条件及其附件、通用合同条件、《发包人要求》、承包人建议书、价格清单以及双方约定的其他合同文件。

【条文解析】

合同是民事主体之间设立、变更、终止民事法律关系的协议。其中包含发包、承包双方对本次合作目的及双方权利义务等重要协商议定事项。《民法典》规定:"依法成立的合同,对合同双方具有约束力。"即当发包、承包双方的合同依法成立时,发包、承包双方就要根据成立的合同行使各自的权利、履行各自的义务,并为之接受相应的限制,承担相应的责任。

对于合同主体而言,合同是一把"双刃剑"。既是获得权利的依据,也可能是面临风险、遭受损失的重要原因。懂得行使权利,重视合同风险的合同一方,往往在履约过程中以及争议解决过程中占据优势。合同风险管控中很重要的一环就是合同的组成。只有在掌握了全部合同组成内容时,才有可能对合同进行全面的风险管控。否则,不论对已有的合同事项进行多么细致的风险审查,都是不全面的。

2020版《示范文本》在1.1.1.1中首先就明确了构成合同的文件包括如下内容:合同协议书、中标通知书(如果有)、投标函及其附录(如果有)、专用合同条件及其附件、通用合同条件、《发包人要求》、承包人建议书、价格清单以及双方约定的其他合同文件。此处关于合同的组成内容与第一部分合同协议书中第6条合同文件构成相一致,使得2020版《示范文本》上下呼应,整体协调统一。对于合同构成中的合同协议书、专用合同条件、通用合同条件等内容往往不会被忽视,但其他构成部分,如中标通知书及相关附件如《发包人要求》投标函及其附录、价格清单等文件往往被忽视,或在以往情况下认为约定不明,不构成合同组成部分进而发生诉讼。

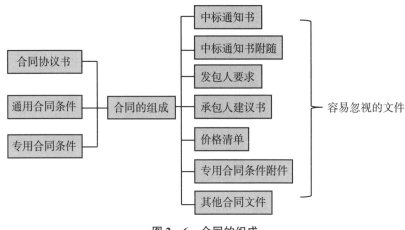

图 2-6 合同的组成

◆ **1.1.1.6 《发包人要求》**

【范本原文】

1.1.1.6 《发包人要求》:指构成合同文件组成部分的名为《发包人要求》的文件,其中列明工程的目的、范围、设计与其他技术标准和要求,以及合同双方当事人约定对其所作的修改或补充。

【条文解析】

工程总承包是承包人按照发包人要求进行设计、施工。其中的发包人的"要求"就体现在《发包人要求》中。与传统的施工总承包相对比,工程中承包中的"要求"就类似于施工总承包中的"图纸",是整个工程项目能否竣工验收的重要参考"标准"是否符合发包人实现工程目的的重要体现,是合同目的的重要载体,从这一角度出发发包人要求是合同组成的重要法律文件,不可忽视。

需要注意的是,此处的《发包人要求》应当与工程项目进行中的发包人新提出的"要求"进行区别。《发包人要求》是发包人在订立合同之初最开始的需求,承包人也是根据这个需求进行报价,并通过磋商后形成了签约合同价。而在合同履行过程中,发包人通过"指令""联系单"等形式提出的"要求"有可能构成工程的变更,会影响合同价格,因此要把《发包人要求》和发包人"要求"区分对待。承包人要有能力区分哪些新"要求"属于超出合同订立时的《发包人要求》,也要求承包人要在收到《发包人要求》时对其内容进行细致评审,对那些不明确和范围不明晰的发包人要求提出明确的意见,以避免手续变更产生的纠纷。

◆ 1.4　标准和规范

【范本原文】

1.4.1　适用于工程的国家标准、行业标准、工程所在地的地方性标准,以及相应的规范、规程等,合同当事人有特别要求的,应在专用合同条件中约定。

1.4.2　发包人要求使用国外标准、规范的,发包人负责提供原文版本和中文译本,并在专用合同条件中约定提供标准规范的名称、份数和时间。

1.4.3　没有相应成文规定的标准、规范时,由发包人在专用合同条件中约定的时间向承包人列明技术要求,承包人按约定的时间和技术要求提出实施方法,经发包人认可后执行。承包人需要对实施方法进行研发试验的,或须对项目人员进行特殊培训及其有特殊要求的,除签约合同价已包含此项费用外,双方应另行订立协议作为合同附件,其费用由发包人承担。

1.4.4　发包人对于工程的技术标准、功能要求高于或严于现行国家、行业或地方标准的,应当在《发包人要求》中予以明确。除专用合同条件另有约定外,应视为承包人在订立合同前已充分预见前述技术标准和功能要求的复杂程度,签约合同价中已包含由此产生的费用。

【条文解析】

《示范文本》中规范和标准经整理后,可视化如图2-7所示:

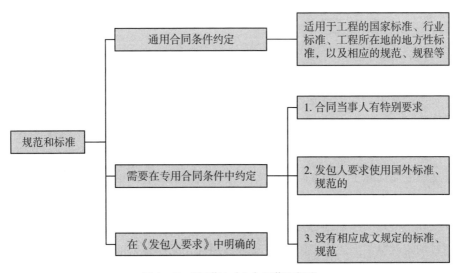

图2-7　《示范文本》中规范和标准

另外,关于"没有成文规范"和"发包人要求高于国家标准和行业标准"时各方应注意,是否在签约合同价格中包括相关费用。如果包括相关费用则承包人无法再主张进行调整。

◆ **1.5 合同文件的优先顺序**

【范本原文】

组成合同的各项文件应互相解释,互为说明。除专用合同条件另有约定外,解释合同文件的优先顺序如下:

(1)合同协议书;

(2)中标通知书(如果有);

(3)投标函及投标函附录(如果有);

(4)专用合同条件及《发包人要求》等附件;

(5)通用合同条件;

(6)承包人建议书;

(7)价格清单;

(8)双方约定的其他合同文件。

上述各项合同文件包括合同当事人就该项合同文件所作出的补充和修改,属于同一类内容的文件,应以最新签署的为准。

在合同订立及履行过程中形成的与合同有关的文件均构成合同文件组成部分,并根据其性质确定优先解释顺序。

【条文解析】

如前所述工程总承包主合同的组成文件较多,在签订和起草的过程中不同文件之间的内容约定难免会存在一些冲突或不一致之处,当这样的情形发生时,合同文件的优先适用顺序对定分止争就显得格外重要,需要注意的是在各文件优先适用顺序上,中标通知书(如果有)和投标函及投标函附录(如果有)的适用顺序优先于专用合同条件及《发包人要求》等附件,这样的顺序往往与通常理解会存在不一致,所以需要引起注意;虽然上述规定能在一定程度上解决冲突和不一致的问题,但实践中的情况往往很复杂,比如在专用合同条件中又通过约定调整了上述优先顺序,使得在适用优先顺序条款前就需要先判别哪个优先顺序的约定更为优先。

另外,需要注意在同一优先顺序下的文件之间是否还存在优先顺序,比如当专用合同条件和《发包人要求》不一致时,比如当投标函和投标函附录(如果有)不一致时,是否还存在优先的规则,目前示范文本并未给出指导,发承包双方可以在专用合同条件中细化约定。

◆ 1.12　《发包人要求》和基础资料中的错误

【范本原文】

承包人应尽早认真阅读、复核《发包人要求》以及其提供的基础资料,发现错误的,应及时书面通知发包人补正。发包人作相应修改的,按照第13条[变更与调整]的约定处理。《发包人要求》或其提供的基础资料中的错误导致承包人增加费用和(或)工期延误的,发包人应承担由此增加的费用和(或)工期延误,并向承包人支付合理利润。

【条文解析】

2020版《示范文本》相较于2011版《示范文本》对于承包人更为有利。

首先,本条规定承包人发现《发包人要求》中的错误后及时通知发包人即可,而没有设置通知的具体期限。而2011版《示范文本》中则规定了"对这些资料中的短缺、遗漏、错误、疑问,承包人应在收到发包人提供的上述资料后15日内向发包人提出进一步的要求",即对承包人有15天的复核期限限制。

其次,明确了当《发包人要求》或其提供的基础资料中的错误导致承包人增加费用和(或)工期延误的,发包人应承担由此增加的费用和(或)工期延误,并向承包人支付合理利润。此类风险共担的模式更符合目前国内培育工程总承包的市场,当然也对发包人提出了更高的要求,至少应再次警醒发包人在制定《发包人要求》时应避免错误。

最后,需要特别注意,当承包人发现错误问题时,通知的应当是发包人,而非发包人的"工程师"。

◆ 1.13　责任限制

【范本原文】

承包人对发包人的赔偿责任不应超过专用合同条件约定的赔偿最高限额。若专用合同条件未约定,则承包人对发包人的赔偿责任不应超过签约合同价。但对于因欺诈、犯罪、故意、重大过失、人身伤害等不当行为造成的损失,赔偿的责任限度不受上述最高限额的限制。

【条文解析】

《房屋建筑和市政基础设施项目工程总承包管理办法》第4条规定："工程总承包活动应当遵循合法、公平、诚实守信的原则，合理分担风险，保证工程质量和安全，节约能源，保护生态环境，不得损害社会公共利益和他人的合法权益。"

对于工程总承包而言，承包人需要对工程项目承担更多的风险。为了避免风险无限扩大，合理分担风险，2020版《示范文本》设置了发包、承包双方可在专用合同条件中约定承包人赔偿的最高限额。即使在专用合同条件中没有约定，2020版《示范文本》也设置了承包人对发包人的赔偿责任不应超过签约合同价，这里采用的参照标准是"签约合同价"而不是"合同价格"，一定程度上使承包人风险控制在承包人可遇见的范围内，有利于工程总承包模式的推广及市场的建设。

【实务关注】

1.项目合同管理部门要全面掌握合同的各个组成部分，做到"不漏一项"。

2.发包、承包单位均应制定全面的合同管理流程，合同风险评估机制；发包人和承包人都应该重视《发包人要求》的明确性和范围标准。

3.承包人更应关注当发包人的要求规范高于国家或地方标准时，承包人的报价是否能够覆盖上述更高标准，并按约完成。

4.当各个组成文件之间发生内容约定冲突或不一致时，要研读关于合同组成的优先适用顺序，做到有理有据地解决问题和纷争。

第2条　发包人

◆ 2.2.2　提供工作条件

【范本原文】

发包人应按专用合同条件约定向承包人提供工作条件。专用合同条件对此没有约定的，发包人应负责提供开展本合同相关工作所需要的条件，包括：

（1）将施工用水、电力、通讯线路等施工所必需的条件接至施工现场内；

（2）保证向承包人提供正常施工所需要的进入施工现场的交通条件；

（3）协调处理施工现场周围地下管线和邻近建筑物、构筑物、古树名木、文物、化石及坟墓等的保护工作，并承担相关费用；

（4）对工程现场临近发包人正在使用、运行或由发包人用于生产的建筑物、构筑物、生产装置、设施、设备等，设置隔离设施，竖立禁止入内、禁止动火的明显标志，并以书面形式通知承包人须遵守的安全规定和位置范围；

（5）按照专用合同条件约定应提供的其他设施和条件。

【条文解析】

移交施工场地，一直是建筑工程领域的重要关注事项。除前述条文2.2.3所提及发包人在不能按约提供施工现场、施工条件时承担的责任外，《民法典》第803条也规定："发包人未按照约定的时间和要求提供原材料、设备、场地、资金、技术资料的，承包人可以顺延工程日期，并有权请求赔偿停工、窝工等损失。"

对于提供工作条件，首先要注意的是条文2.2.2适用的前提是专用合同条件对"提供工作条件没有约定"。同时，除非专用合同条件对条文2.2.2约定内容进行修改或调整，即使专用合同条件未约定有关条文2.2.2事项，我们认为发包人也应按照该条文提供工作条件。此处应注意：（1）需要在专用合同条件中约定移交时间；（2）如果承包人未按照4.2【履约担保】提供担保的，则发包人可以作为逾期移交场地的抗辩理由。

◆ 2.3　提供基础资料

【范本原文】

发包人应按专用合同条件和《发包人要求》中的约定向承包人提供施工现场及工程实施所必需的毗邻区域内的供水、排水、供电、供气、供热、通信、广播电视等地上、地下管线和设施资料，气象和水文观测资料，地质勘察资料，相邻建筑物、构筑物和地下工程等有关基础资料，并根据第1.12款[《发包人要求》和基础资料中的错误]承担基础资料错误造成的责任。按照法律规定确需在开工后方能提供的基础资料，发包人应尽其努力及时地在相应工程实施前的合理期限内提供，合理期限应以不影响承包人的正常履约为限。因发包人原因未能在合理期限内提供相应基础资料的，由发包人承担由此增加的费用和延误的工期。

【条文解析】

对于发包人应提供的基础资料内容，《房屋建筑和市政基础设施项目工程总承包管理办法》第9条规定："建设单位应当根据招标项目的特点和需要编制工程总承包项目招标文件，主要包括以下内容：……（五）建设单位提供的资料和条件，包括发包前完成的水文地质、工程地质、地形等勘察资料，以及可行性研究报告、方案设计文件或者初步设计文件等。"

《建设工程安全管理条例》第6条第1款规定，"建设单位应当向施工单位提供施工现场及毗邻区域内供水、排水、供电、供气、供热、通信、广播电视等地下管线资料，气象和水文观测资料，相邻建筑物和构筑物、地下工程的有关资料，并保证资料的真实、准确、完整。"

除上述法律明确规定提供的基础资料外，本条更多地参考了《施工总承包（示范文本）》2.4.3提供基础资料的内容，"发包人应当在移交施工现场前向承包人提供施工现场及工程施工所必需的毗邻区域内供水、排水、供电、供气、供热、通信、广播电视等地下管线资料，气象和水文观测资料，地质勘察资料，相邻建筑物、构筑物和地下工程等有关基础资料，并对所提供资料的真实性、准确性和完整性负责"。

根据法律及合同要求，在施工开始前，建设单位应当向施工单位提供有关资料。所谓施工现场及毗邻区域，是指施工单位从事工程建设活动时经批准占用的施工现场。除施工现场的有关资料外，还应当提供毗邻区域内的资料，这主要是考虑到施工活动有可能涉及周边一些地区，而且地下管线是相互连接，不可分割的，实践中经常由于施工造成地下管线的破坏，造成人员伤亡和经济损失。虽然本条未具体毗邻区域的范围，但在实际工作中应当明确与施工现场相连的、有共用地下管线、有相邻建筑物和构筑物和地下工程的区域，都包含在这个范围之中。所谓地下管线，包括供水、排水、供电、供气、供热、通信、广播电视等管线，资料包括线路管道在地下的走向及其地下埋设深度等数据。同时，建设单位还应当提供气象和水文观测资料，这也是考虑到施工周期比较长，大部分时间又是露天作业，受气候条件的影响相当大，在不同的季节和天气下，对施工安全需要采取不同的措施，涉及的安全生产费用也是不同的；同样地，水文观测资料对施工安全也是至关重要的，不同的水文条件下，采取的措施和所需要的费用都是不同的。本条还明确了建设单位应当提供相邻建筑物和构筑物、地下工程的有关资料，这是从实践中发生事故的教训中总结出来的。

建设单位必须保证资料的真实、准确、完整。所谓真实，就是指建设单位是通过合法途径取得的,不是伪造、篡改的。所谓准确,是指资料的科学性,能够反映实际情况,数据精度能够满足施工的需要。当然这种数据精度是相对而言的,是根据目前科学技术水平,依据现行的技术规范得出的相对精确的数据资料。所谓完整,是指这些资料齐全,满足施工作业的需要。[①]

需要注意的是,2020 版《示范文本》对于基础资料错误的归责采用了与 FIDIC 银皮书完全相反的归责原则。

《FIDIC 银皮书》第 2.5 款规定:"雇主应在基准日期之前,向承包商提供其拥有的关于现场地形、地下、水文、气候和环境条件方面的所有有关数据资料。雇主在基准日期之后得到的所有此类资料,也应及时交给承包商。原始测量控制点、线路和基准点(本条件下的有关资料)应在雇主的要求中详细说明。除第 5.1 款【设计义务一般要求】规定的情况以外,雇主对这些数据和/或有关资料的准确性、充分性或完整性不承担责任。"

◆ **2.5　支付合同价款**

【范本原文】

2.5.1　发包人应按合同约定向承包人及时支付合同价款。

2.5.2　发包人应当制定资金安排计划,除专用合同条件另有约定外,如发包人拟对资金安排做任何重要变更,应将变更的详细情况通知承包人。如发生承包人收到价格大于签约合同价 10% 的变更指示或累计变更的总价超过签约合同价 30% ;或承包人未能根据第 14 条[合同价格与支付]收到付款,或承包人得知发包人的资金安排发生重要变更但并未收到发包人上述重要变更通知的情况,则承包人可随时要求发包人在 28 天内补充提供能够按照合同约定支付合同价款的相应资金来源证明。

2.5.3　发包人应当向承包人提供支付担保。支付担保可以采用银行保函或担保公司担保等形式,具体由合同当事人在专用合同条件中约定。

【条文解析】

相对于承包人的主要义务是完成工程建设义务,发包人的主要合同义务是依约支付合同价款,但目前存在一些发包人通过很少的投入进行大规模开发建设的情形。在合同订立之初,发包人亦会通过承诺函、支付少量预付款来使承

---

① 援引自《建设工程安全生产管理条例条文释义》。

包人相信其有能力进行工程款支付。但随着工程的进行或者市场的波动,可能发包人自身已不具备工程款的支付能力,或者随着项目的变更发包人无法就工程变更部分履行支付义务。为此,2020版《示范文本》特别增加了发包人资金安排计划、资金担保以及特殊情况下资金来源证明条款。

对此,承包人需要注意的是,对于发包人提供的银行或者担保公司保函,要注意保函的期限、担保限额、保函承担的责任范围以及保函的生效、失效条件。接受公司担保时要求出示董事会或者股东会、股东大会决议。因为对外担保属于公司重大事项,公司章程可能对对外担保行为、担保数额进行规定。为防止保证人的对外担保行为、程序违反公司章程规定而出现相关担保合同的效力瑕疵,建议在接受保证担保时,查阅保证人的章程,并要求其出示决议内容为同意公司对外担保的董事会或者股东会、股东大会决议。

【实务关注】

1. 发包人应当按照法律规定和合同约定向承包人交付项目基础资料,并对基础资料真实、准确、完整负责;

2. 发包、承包双方应当在专用合同条件明确施工基础条件;

3. 承包人对于发包人逾期交付场地、施工条件不符合约定主张增加费用(和)或延长工期时,亦应当按照索赔条款要求执行;

4. 承包人对发包人的资金安排事项有权利提出要求或质疑。

第3条 发包人的管理

◆ 3.3 工程师

【范本原文】

3.3.1 发包人需对承包人的设计、采购、施工、服务等工作过程或过程节点实施监督管理的,有权委任工程师。工程师的名称、监督管理范围、内容和权限在专用合同条件中写明。根据国家相关法律法规规定,如本合同工程属于强制监理项目的,由工程师履行法定的监理相关职责,但发包人另行授权第三方进行监理的除外。

【条文解析】

1. 工程师不是自然人而是法人机构或组织,工程师代表才是代为行使职权的自然人。

2020 版《示范文本》新增了"工程师"的概念。根据 1.1.2.6 的定义,工程师是指在专用合同条件中指明的,受发包人委托按照法律规定和发包人的授权进行合同履行管理、工程监督管理等工作的法人或其他组织;该法人或其他组织应雇用一名具有相应执业资格和职业能力的自然人作为工程师代表,并授予其根据本合同代表工程师行事的权利。"工程师"并非常规概念中的自然人,而是法人或其他组织。

2. 工程师不同于监理,工程师涵盖的工作范围可能更广。

并且"工程师"的概念与传统施工合同中的"监理人"不同,工程师的工作范围不仅涵盖了监理人的职责,还包括了为发包人提供管理、咨询的义务。

3. 工程师可以是全过程咨询单位。

2019 年 3 月 15 日国家发展改革委和住房城乡建设部发布《关于推进全过程工程咨询服务发展的指导意见》,其中明确指出要以全过程咨询推动完善工程建设组织模式,以工程建设环节为重点推进全过程咨询。在房屋建筑、市政基础设施等工程建设中,鼓励建设单位委托咨询单位提供招标代理、勘察、设计、监理、造价、项目管理等全过程咨询服务,满足建设单位一体化服务需求,增强工程建设过程的协同性。全过程咨询单位应当以工程质量和安全为前提,帮助建设单位提高建设效率、节约建设资金。

4. 与本条相关联的,发包人同时应该关注第 3.4 款中关于工程师的任命与授权。

工程师的任命通知作为发包人的一项义务,应在下达开始工作通知前通知承包人。一般情况下,发包人均可做到该义务。但实践中有时对于工程师变更,发包人却出现未通知承包人的情况。

例如,因某种原因发包人更换了工程师,但并未告知承包人。而承包人仍按照总承包合同的约定继续向工程师履行汇报义务。又因为总承包合同约定了"工程师逾期回复视为发包人确认"的条款,则可能导致承包人向工程师汇报的内容都被视为已经发包人确认的情况,并由此导致发包人损失的发生。

◆ 3.6 商定或确定

【范本原文】

3.6.1 合同约定工程师应按照本款对任何事项进行商定或确定时,工程师应及时与合同当事人协商,尽量达成一致。工程师应将商定的结果以书面形式通知发包人和承包人,并由双方签署确认。

3.6.2　除专用合同条件另有约定外,商定的期限应为工程师收到任何一方就商定事由发出的通知后 42 天内或工程师提出并经双方同意的其他期限。未能在该期限内达成一致的,由工程师按照合同约定审慎作出公正的决定。确定的期限应为商定的期限届满后 42 天内或工程师提出并经双方同意的其他期限。工程师应将确定的结果以书面形式通知发包人和承包人,并附详细依据。

3.6.3　任何一方对工程师的确定有异议的,应在收到确定的结果后 28 天内向另一方发出书面异议通知并抄送工程师。除第 19.2 款 [承包人索赔的处理程序] 另有约定外,工程师未能在确定的期限内发出确定的结果通知的,或者任何一方发出对确定的结果有异议的通知的,则构成争议并应按照第 20 条 [争议解决] 的约定处理。如未在 28 天内发出上述通知的,工程师的确定应被视为已被双方接受并对双方具有约束力,但专用合同条件另有约定的除外。

3.6.4　在该争议解决前,双方应暂按工程师的确定执行。按照第 20 条 [争议解决] 的约定对工程师的确定作出修改的,按修改后的结果执行,由此导致承包人增加的费用和延误的工期由责任方承担。

【条文解析】

2020 版《示范文本》中涉及"商定或确定"的条款经整理如图 2 - 8 所示:

```
                  ┌─────────────────────────────────────────────────┐
                  │ 3.4.2　工程师可以授权其他人员负责执行其指派的一项或多项工 │
                  │ 作,但第 3.6 款 [商定或确定] 下的权利除外。工程师应将被授权 │
                  │ 人员的姓名及其授权范围通知承包人。被授权的人员在授权范围 │
                  │ 内发出的指示视为已得到工程师的同意,与工程师发出的指示具 │
                  │ 有同等效力。工程师撤销某项授权时,应将撤销授权的决定及时 │
                  │ 通知承包人 │
                  └─────────────────────────────────────────────────┘
┌──────────┐
│ 有关"商定或 │
│ 确定"的条文 │
└──────────┘
                  ┌─────────────────────────────────────────────────┐
                  │ 13.3.4　变更引起的工期调整因变更引起工期变化的,合同当事人 │
                  │ 均可要求调整合同工期,由合同当事人按照第 3.6 款 [商定或确定] │
                  │ 并参考工程所在地的工期定额标准确定增减工期天数 │
                  └─────────────────────────────────────────────────┘
```

13.6.1　需要采用计日工方式的，经发包人同意后，由工程师通知承包人以计日工计价方式实施相应的工作，其价款按列入价格清单或预算书中的计日工计价项目及其单价进行计算；价格清单或预算书中无相应的计日工单价的，按照合理的成本与利润构成的原则，由工程师按照第3.6款[商定或确定]确定计日工的单价

13.7.2　因法律变化引起的合同价格和工期调整，合同当事人无法达成一致的，由工程师按第3.6款[商定或确定]的约定处理

14.4.1　付款计划表的编制要求
除专用合同条件另有约定外，付款计划表按如下要求编制：
（2）实际进度与项目进度计划不一致的，合同当事人可按照第3.6款[商定或确定]修改付款计划表

16.1.3　因承包人违约解除合同后的估价、付款和结算
因承包人原因导致合同解除的，则合同当事人应在合同解除后28天内完成估价、付款和清算，并按以下约定执行：（1）合同解除后，按第3.6款[商定或确定]商定或确定承包人实际完成工作对应的合同价款，以及承包人已提供的材料、工程设备、施工设备和临时工程等的价值

17.6　因不可抗力解除合同
因单次不可抗力导致合同无法履行连续超过84天或累计超过140天的，发包人和承包人均有权解除合同。合同解除后，承包人应按照第10.5款[竣工退场]的规定进行。由双方当事人按照第3.6款[商定或确定]商定或确定发包人应支付的款项

19.2　承包人索赔的处理程序
（2）工程师应按第3.6款[商定或确定]商定或确定追加的付款和（或）延长的工期，并在收到上述索赔报告或有关索赔的进一步证明材料后及时书面告知发包人，并在42天内，将发包人书面认可的索赔处理结果答复承包人。工程师在收到索赔报告或有关索赔的进一步证明材料后的42天内不予答复的，视为认可索赔

图2-8　2020版《示范文本》中涉及"商定或确定"的条款

关于对商定确定异议的处理方式总结如图 2 -9 所示:

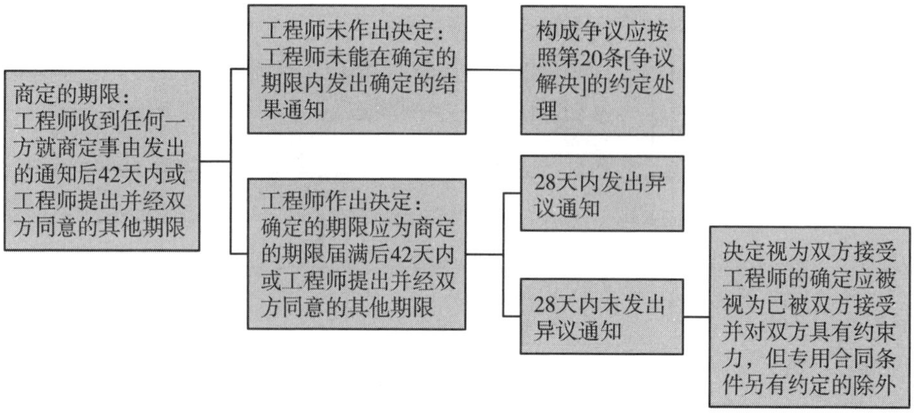

图 2 -9 2020 版《示范文本》对商定确定异议的处理方式

另外需注意,因 3.6.3 存在"如未在 28 天内发出上述通知的,工程师的确定应被视为已被双方接受并对双方具有约束力,但专用合同条件另有约定的除外"的默示条款,实践中对该类条款效力存在一定争议,但仍建议发包、承包双方如有异议及时发出异议通知。

关于 3.6.3"在该争议解决前,双方应暂按工程师的确定执行",虽然工程师作为发包人所聘用单位,但工程师在作决定时仍应作为独立第三方公允的确定结果。如果工程师确定的结果与最终争议解决的结果不一致,须按修改后的结果执行。部分观点认为,因工程师确定不准确,由此导致承包人因确定结果与修改后结果之间差额利息损失部分,由发包人承担。

【实务关注】

1. 发包、承包双方应当对工程师的职权范围进行明确约定。

2. 发包、承包双方应遵守《示范文本》中工程师的变更流程要求。

3. 重点关注适用"商定或确定"条款时的时限规定。

4. 工程师和监理单位的选择应当根据当地政策及实施的项目情况进行综合考量。如该项目属于强制监理范围内的项目则仍建议采用监理制度。

5. 发包人应明确发包人代表的授权范围。承包人应在发包人代表行使权利时,确认发包人代表是否享有该权利且有权利凭证。

6. 承包人对于不能履职尽责的发包人代表,应留存好相关证据并应及时向发包人提出撤换。

第4条　承包人

◆ 4.1　承包人的一般义务

【范本原文】

4.1　除专用合同条件另有约定外,承包人在履行合同过程中应遵守法律和工程建设标准规范,并履行以下义务:

(1)办理法律规定和合同约定由承包人办理的许可和批准,将办理结果书面报送发包人留存,并承担因承包人违反法律或合同约定给发包人造成的任何费用和损失;

(2)按合同约定完成全部工作并在缺陷责任期和保修期内承担缺陷保证责任和保修义务,对工作中的任何缺陷进行整改、完善和修补,使其满足合同约定的目的;

(3)提供合同约定的工程设备和承包人文件,以及为完成合同工作所需的劳务、材料、施工设备和其他物品,并按合同约定负责临时设施的设计、施工、运行、维护、管理和拆除;

(4)按合同约定的工作内容和进度要求,编制设计、施工的组织和实施计划,保证项目进度计划的实现,并对所有设计、施工作业和施工方法,以及全部工程的完备性和安全可靠性负责;

(5)按法律规定和合同约定采取安全文明施工、职业健康和环境保护措施,办理员工工伤保险等相关保险,确保工程及人员、材料、设备和设施的安全,防止因工程实施造成的人身伤害和财产损失;

(6)将发包人按合同约定支付的各项价款专用于合同工程,且应及时支付其雇用人员(包括建筑工人)工资,并及时向分包人支付合同价款;

(7)在进行合同约定的各项工作时,不得侵害发包人与他人使用公用道路、水源、市政管网等公共设施的权利,避免对邻近的公共设施产生干扰。

【条文解析】

依据1.1.2.3对"承包人"的定义,承包人是指与发包人订立合同协议书的当事人及取得该当事人资格的合法继受人。具体而言,工程总承包人是指按照与建设单位签订的合同,对工程设计、采购、施工或者设计、施工等阶段实行总承包,并对工程的质量、安全、工期和造价等全面负责的主体①。依据《房屋建筑和市政基础设施项目工程总承包管理办法》规定,工程总承包单位应当同时具有与工程规模相适应的工程设计资质和施工资质。应当具有相应的项目管理体系和项目管理能力、财务和风险承担能力,以及与发包工程相类似的设计、施工或者工程总承包业绩。但以下单位不可以成为承包人:工程总承包项目的代建单位、项目管理单位、监理单位、造价咨询单位、招标代理单位。政府投资项目的项目建议书、可行性研究报告、初步设计文件编制单位及其评估单位,一般不得成为该项目的工程总承包单位。政府投资项目招标人公开已经完成的项目建议书、可行性研究报告、初步设计文件的,上述单位可以参与该工程总承包项目的投标,经依法评标、定标,才可以成为工程总承包单位。

相对于 2011 版《示范文本》3.1.1、②3.1.2、③3.1.3④ 承包人义务,2020 版《示范文本》更加细化。主要体现:提出了"许可和批准"办理义务、安全文明施工、雇佣工人工资及分包费用支付以及避免公共利益干扰等要求。

其中"许可和批准"的办理责任问题,在 2020 版《示范文本》2.4.1 中对于发包人亦有规定。为避免责任不清的问题,建议发包、承包双方在专用合同条件中对具体负责工作应当予以明确。

◆ 4.3　承包人的项目经理

【范本原文】

4.3.1　工程总承包项目经理应为合同当事人所确认的人选,并在专用合同条件中明确工程总承包项目经理的姓名、注册执业资格或职称、联系方式及授权范围等事项。工程总承包项目经理应具备履行其职责所需的资格、经验和能力,并为承包人正式聘用的员工,承包人应向发包人提交工程总承包项目经理与承包人之间的劳动合同,以及承包人为工程总承包项目经理缴纳社会保险

---

① 参照《房屋建筑和市政基础设施项目工程总承包管理办法》第 3 条规定,本办法所称工程总承包,是指承包单位按照与建设单位签订的合同,对工程设计、采购、施工或者设计、施工等阶段实行总承包,并对工程的质量、安全、工期和造价等全面负责的工程建设组织实施方式。

② 3.1.1　承包人应按照合同约定的标准、规范、工程的功能、规模、考核目标和竣工日期,完成设计、采购、施工、竣工试验和(或)指导竣工后试验等工作,不得违反国家强制性标准、规范的规定。

③ 3.1.2　承包人应按合同约定,自费修复因承包人原因引起的设计、文件、设备、材料、部件、施工中存在的缺陷,或在竣工试验和竣工后试验中发现的缺陷。

④ 3.1.3　承包人应按合同约定和发包人的要求,提交相关报表。报表的类别、名称、内容、报告期、提交时间和份数,在专用条款中约定。

的有效证明。承包人不提交上述文件的,工程总承包项目经理无权履行职责,发包人有权要求更换工程总承包项目经理,由此增加的费用和(或)延误的工期由承包人承担。同时,发包人有权根据专用合同条件约定要求承包人承担违约责任。

4.3.2　承包人应按合同协议书的约定指派工程总承包项目经理,并在约定的期限内到职。工程总承包项目经理不得同时担任其他工程项目的工程总承包项目经理或施工工程总承包项目经理(含施工总承包工程、专业承包工程)。工程在现场实施的全部时间内,工程总承包项目经理每月在施工现场时间不得少于专用合同条件约定的天数。工程总承包项目经理确需离开施工现场时,应事先通知工程师,并取得发包人的书面同意。工程总承包项目经理未经批准擅自离开施工现场的,承包人应按照专用合同条件的约定承担违约责任。工程总承包项目经理的通知中应当载明临时代行其职责的人员的注册执业资格、管理经验等资料,该人员应具备履行相应职责的资格、经验和能力。

【条文解析】

本次《示范文本》参照了 FIDIC 黄皮书的相关规定,对"工程总承包项目经理"的任职资格、更换和授权、职责履行等内容进行了明确。

除满足本条要求外,对于项目经理《房屋建筑和市政基础设施项目工程总承包管理办法规定》第 20 条第 1 款规定:"工程总承包项目经理应当具备下列条件:(一)取得相应工程建设类注册执业资格,包括注册建筑师、勘察设计注册工程师、注册建造师或者注册监理工程师等;未实施注册执业资格的,取得高级专业技术职称;(二)担任过与拟建项目相类似的工程总承包项目经理、设计项目负责人、施工项目负责人或者项目总监理工程师;(三)熟悉工程技术和工程总承包项目管理知识以及相关法律法规、标准规范;(四)具有较强的组织协调能力和良好的职业道德。"

同时,工程总承包项目经理不得同时担任其他工程项目的工程总承包项目经理或施工工程总承包项目经理(含施工总承包工程、专业承包工程)。

对于项目经理的履职时间、擅自离场的违约责任都需要在专用合同条件中予以明确。对于临时代行职责的人员,本条也对代行职责人员的资格、能力提出了要求。

项目经理的权限范围须在专用合同条件中予以明确,并以此为准。如项目经理存在越权承诺事项、签订协议或进行其他越权行为时,发包人应要求承包人、项目经理提供授权材料,避免无权代理导致纠纷产生。

与本条相关的 4.3.3 和 4.3.4 同样需要关注需要更换项目经理的流程。(见图 2 – 10)

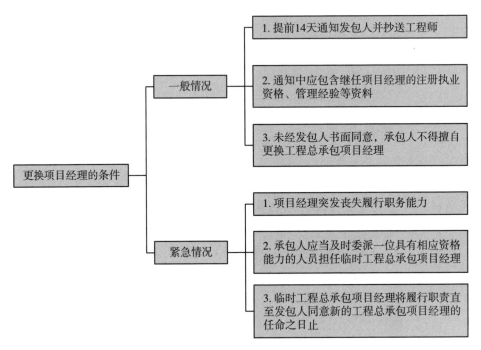

图 2 – 10　更换项目经理的条件

◆　**4.4.2　关键人员更换**

【范本原文】

承包人派驻到施工现场的关键人员应相对稳定。承包人更换关键人员时,应提前14天将继任关键人员信息及相关证明文件提交给工程师,并由工程师报发包人征求同意。在发包人未予以书面回复期间内,关键人员将继续履行其职务。关键人员突发丧失履行职务能力的,承包人应当及时委派一位具有相应资格能力的人员临时继任该关键人员职位,履行该关键人员职责,临时继任关键人员将履行职责直至发包人同意新的关键人员任命之日止。承包人擅自更换关键人员,应按照专用合同条件约定承担违约责任。

工程师对于承包人关键人员的资格或能力有异议的,承包人应提供资料证明被质疑人员有能力完成其岗位工作或不存在工程师所质疑的情形。工程师指示撤换不能按照合同约定履行职责及义务的主要施工管理人员的,承包人应当撤换。承包人无正当理由拒绝撤换的,应按照专用合同条件的约定承担违约责任。

【条文解析】

关键人员的确定需发包、承包双方在专用合同条件中予以明确。一般而言,《示范文本》1.1.2.8 设计负责人、1.1.2.9 采购负责人、1.1.2.10 施工负责人属于关键人员。关于承包人的关键人员问题,经整合如图 2 – 11 所示。

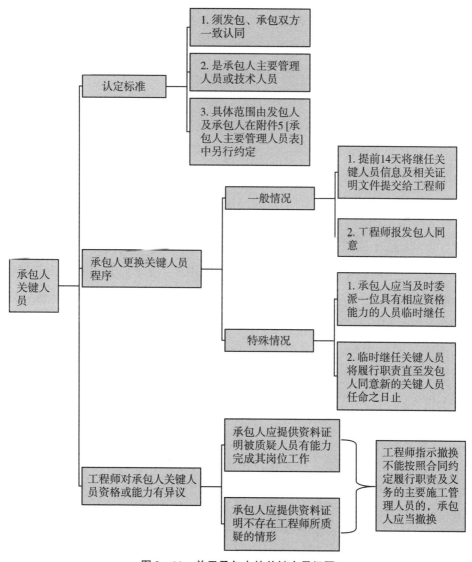

图 2 – 11 关于承包人的关键人员问题

另须注意,对于承包人擅自更换、拒绝撤换关键人员,或关键人员未经工程师或发包人同意擅自离开施工现场的违约责任应在专用合同条件中进行约定。

对于《示范文本》附件五承包人主要管理人员表中的相关内容,承包人应当详细填写。因为对于发包人而言,一般情况下无法知悉承包人各个关键人员。当出现停工、窝工问题时,对于未在施工现场的关键人员的工资,发包人通常不予认同,而承包人也较难证明相关人员服务于案涉项目。为避免此类问题发生,建议承包人详细填写。

◆ 4.5 分包

【范本原文】

4.5.1 一般约定

承包人不得将其承包的全部工程转包给第三人,或将其承包的全部工程支解后以分包的名义转包给第三人。承包人不得将法律或专用合同条件中禁止分包的工作事项分包给第三人,不得以劳务分包的名义转包或违法分包工程。

4.5.2 分包的确定

承包人应按照专用合同条件约定对工作事项进行分包,确定分包人。

专用合同条件未列出的分包事项,承包人可在工程实施阶段分批分期就分包事项向发包人提交申请,发包人在接到分包事项申请后的 14 天内,予以批准或提出意见。未经发包人同意,承包人不得将提出的拟分包事项对外分包。发包人未能在 14 天内批准亦未提出意见的,承包人有权将提出的拟分包事项对外分包,但应在分包人确定后通知发包人。

4.5.3 分包人资质

分包人应符合国家法律规定的资质等级,否则不能作为分包人。承包人有义务对分包人的资质进行审查。

【条文解析】

《建筑法》第 29 条第 1 款规定:"建筑工程总承包单位可以将承包工程中的部分工程发包给具有相应资质条件的分包单位;但是,除总承包合同中约定的分包外,必须经建设单位认可。施工总承包的,建筑工程主体结构的施工必须由总承包单位自行完成。"

《房屋建筑和市政基础设施项目工程总承包管理办法》第 21 条规定:"工程

总承包单位可以采用直接发包的方式进行分包。但以暂估价形式包括在总承包范围内的工程、货物、服务分包时,属于依法必须进行招标的项目范围且达到国家规定规模标准的,应当依法招标。"

住房城乡建设部《关于进一步推进工程总承包发展的若干意见》规定:工程总承包项目严禁转包和违法分包。工程总承包企业应当加强对分包的管理,不得将工程总承包项目转包,也不得将工程总承包项目中设计和施工业务一并或者分别分包给其他单位。工程总承包企业自行实施设计的,不得将工程总承包项目工程主体部分的设计业务分包给其他单位。工程总承包企业自行实施施工的,不得将工程总承包项目工程主体结构的施工业务分包给其他单位。

根据前述规定,工程总承包人虽然可以对承包工程进行分包,但对于分包的事项还是有一定限制的。

首先,根据《建筑法》规定总承包单位分包的前提是经过发包单位认可;

其次,根据《关于进一步推进工程总承包发展的若干意见》规定,总承包单位不得将承包范围内的设计、施工全部或主体部分工程分包;

再次,根据《房屋建筑和市政基础设施项目工程总承包管理办法》以暂估价形式包括在总承包范围内的工程、货物、服务分包时,须经过招投标程序,不得直接进行分包;

最后,分包人须具备与分包工程相适应的资质等级,否则不能作为分包人。

2017 版 FIDIC 黄皮书明确可指定分包,但基于我国《房屋建筑和市政基础设施工程施工分包管理办法》规定建设单位不得直接指定分包工程承包人。因此,2020 版《示范文本》并未将指定分包的情形列入其中。

在《示范文本》中承包人想要进行分包,须发包、承包双方在专用合同条件中对分包事项进行约定,承包人才可就约定事项进行分包。但若在专用合同条件没有约定的情况下,承包人也并非绝对不可以分包。承包人可在工程实施阶段分批分期就分包事项向发包人提交申请,根据发包人反馈情况,可分为:

- 发包人在收到申请后 14 天内,发包人作出同意分包意见的,承包人可以进行分包;

- 发包人在收到申请后 14 天内,发包人作出不同意分包意见的,承包人不可以进行分包;

- 发包人在收到申请后 14 天内,发包人未批准也未作出意见的,承包人可以进行分包。

原则上发包人禁止向分包人支付合同价款，但是对于生效的法律文书要求发包人向分包人支付分包合同价款的除外。发包人将款项支付给分包人后，还需书面通知承包人。

鉴于工程总承包项目的特征及承包人的地位性质及合同相对性的法律规制，当分包人出现工作逾期或质量、人员出现问题时，承包人需要对分包人造成的违约责任以及损失负责。同时，承包人和分包人就分包工作向发包人承担连带责任。

◆ 4.6 联合体

【范本原文】

4.6.1 经发包人同意，以联合体方式承包工程的，联合体各方应共同与发包人订立合同协议书。联合体各方应为履行合同向发包人承担连带责任。

4.6.2 承包人应在专用合同条件中明确联合体各成员的分工、费用收取、发票开具等事项。联合体各成员分工承担的工作内容必须与适用法律规定的该成员的资质资格相适应，并应具有相应的项目管理体系和项目管理能力，且不应根据其就承包工作的分工而减免对发包人的任何合同责任。

4.6.3 联合体协议经发包人确认后作为合同附件。在履行合同过程中，未经发包人同意，不得变更联合体成员和其负责的工作范围，或者修改联合体协议中与本合同履行相关的内容。

【条文解析】

本条明确，以联合体方式承包工程的，首先需要有发包人同意才可以。其中，"联合体各方应共同与发包人订立合同协议书"，即工程总承包中的承包人处并非只有牵头人，而是要将联合体各方都列明，由联合体各方共同在工程总承包协议书中盖章确认（授权牵头人除外）。

同时，本条对于联合体向发包人承担连带责任的问题也予以明确。就该连带责任，《房屋建筑和市政基础设施项目工程总承包管理办法》第10条第2款规定："联合体各方应当共同与建设单位签订工程总承包合同，就工程总承包项目承担连带责任。"但是对于联合体项下的分包人是否承担连带责任，2020版《示范文本》及《房屋建筑和市政基础设施项目工程总承包管理办法》都未列明，因此对于联合体项下的分包人是否承担连带责任应担在联合体协议中列明。但这种列明能否得到人民法院认可,尚存在争议。

联合体的分工、费用收取、发票开具问题在 2011 版《示范文本》中并未涉及,因此在实务中时常会出现联合体内部权责分判不明、发包人是向牵头人还是向联合体内部各单位支付费用以及谁向发包人开具发票的问题。2020 版《示范文本》在通用合同条件中要求发、承包双方对此须进行明确,并将明确的事项列入专用合同条件中。同时本条也对联合体内部分工进行了限制,不准许联合体内部随意分工。当联合体成员承担的工作内容需要具备相应的资质资格时联合体成员应该具备相应资质,且须具备承担工作所需的管理体系和管理能力。为避免分工后责任推诿问题,本条明确联合体内部就项目的分工安排不减免联合体成员对发包人承担的合同责任,即仍须承担连带责任。

◆ 4.8　不可预见的困难

【范本原文】

4.8　不可预见的困难是指有经验的承包人在施工现场遇到的不可预见的自然物质条件、非自然的物质障碍和污染物,包括地表以下物质条件和水文条件以及专用合同条件约定的其他情形,但不包括气候条件。

承包人遇到不可预见的困难时,应采取克服不可预见的困难的合理措施继续施工,并及时通知工程师并抄送发包人。通知应载明不可预见的困难的内容、承包人认为不可预见的理由以及承包人制定的处理方案。工程师应当及时发出指示,指示构成变更的,按第 13 条[变更与调整]约定执行。承包人因采取合理措施而增加的费用和(或)延误的工期由发包人承担。

【条文解析】

首先,不可预见的困难不属于因发包人提供基础资料错误而出现的错误预见的情况;其次,不可预见的困难不属于不可抗力范畴。那么对于这一类情况,如果直接认定属于承包人应当预见而由承包人承担全部责任,对于现阶段工程总承包的承包人而言无疑要求过高,责任过重,也不利于工程总承包的推广。

需要注意的是,本条不可预见困难的认定标准是“有经验的承包人”也不可预见,而非普通人的不可预见。因此,承包人在向发包人发送的通知中应载明,承包人作为一个有经验的承包人也无法预见该种困难的理由。如果该理由成立,则该风险由发包人承担。如果该理由不成立,那么由此产生的费用和延误的工期则转而由承包人承担。

【实务关注】

1.承包人对于分包人具有协调和管理义务,承包人和分包人就分包工作向发包人承担连带责任。

2.原则上发包人禁止向分包人支付合同价款,但是对于生效的法律文书要求发包人向分包人支付分包合同价款的除外。

3.因采用联合体承接总承包工程在实施过程中存在一定弊端,因此应在招标时确认是否准予联合体形式进行投标。

4.承包人组成联合体时,须注意"两个以上不同资质等级的单位实行联合共同承包的,应当按照资质等级低的单位的业务许可范围承揽工程"。

5.联合体内部对于结算、付款以及责任分判事项应当在联合体协议中予以明确。

6.应当明确"不可预见的困难"和"不可抗力"的区别,并根据实际情况按照合同约定处理。

第5条　设计

◆　5.1　承包人的设计义务

【范本原文】

5.1.1　设计义务的一般要求

承包人应当按照法律规定,国家、行业和地方的规范和标准,以及《发包人要求》和合同约定完成设计工作和设计相关的其他服务,并对工程的设计负责。承包人应根据工程实施的需要及时向发包人和工程师说明设计文件的意图,解释设计文件。

5.1.2　对设计人员的要求

承包人应保证其或其设计分包人的设计资质在合同有效期内满足法律法规、行业标准或合同约定的相关要求,并指派符合法律法规、行业标准或合同约定的资质要求并具有从事设计所必需的经验与能力的的设计人员完成设计工作。承包人应保证其设计人员(包括分包人的设计人员)在合同期限内,都能按时参加发包人或工程师组织的工作会议。

5.1.3　法律和标准的变化

除合同另有约定外,承包人完成设计工作所应遵守的法律规定,以及国家、行业和地方的规范和标准,均应视为在基准日期适用的版本。基准日期之后,前述版本发生重大变化,或者有新的法律,以及国家、行业和地方的规范和标准实施的,承包人应向工程师提出遵守新规定的建议。发包人或其委托的工程师应在收到建议后 7 天内发出是否遵守新规定的指示。如果该项建议构成变更的,按照第 13.2 款[承包人的合理化建议]的约定执行。

在基准日期之后,因国家颁布新的强制性规范、标准导致承包人的费用变化的,发包人应合理调整合同价格;导致工期延误的,发包人应合理延长工期。

【条文解析】

本条为承包人履行设计义务的一般要求,如果《发包人要求》或合同专用条件中发包人对于设计有特殊要求,则承包人需要按照《发包人要求》或合同专用条件中所指定的规范和标准履行设计义务。

鉴于建设工程设计领域对设计主体资质的硬性要求,本条特别明确约定,承包人或其设计分包人在合同有效期内须持续性地满足法律、行业标准或合同约定的相关资质要求。虽然该要求未明确列入《示范文本》16.1.1(合同解除条款)当中,但如果承包人或其设计分包人在合同有效期内丧失了法律、行业标准或合同约定的资质要求,发包人仍可以提出解除合同的要求。《民法典》第 563条第 1 款规定:"有下列情形之一的,当事人可以解除合同:……(四)当事人一方迟延履行债务或者有其他违约行为致使不能实现合同目的。"

因设计工作遵循的规范和标准可能在设计工作履行过程中发生变化,因此本条特别约定,承包人完成的设计工作均应符合基准日期前的国家、行业和地方的规范和标准,否则承包人承担相应的违约责任。但是在基准日之后,强制性规范、标准改变,此时相应的风险责任则由发包人承担。发包人须根据承包人费用的变化合理调整价格或延长工期。另外,关于发包人对承包人文件审查的期限和程序要点如图 2 - 12 所示:

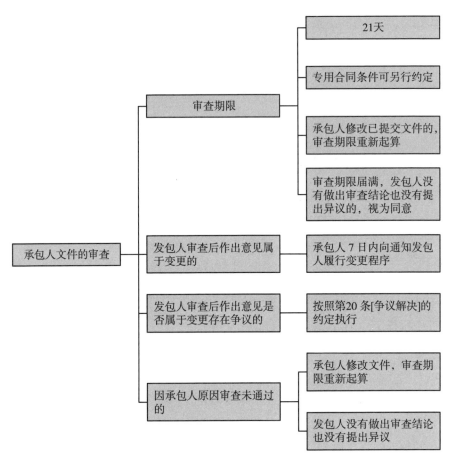

图 2 - 12　承包人文件审查的期限和程序要点

另需要说明，发包人对承包人文件的审查，主要目的是保证承包人的设计文件符合合同的规定，并非对设计的合规性、适用性进行判断，因此该审查不能作为对合同的修改或变更，不能减轻或免除承包人的责任和义务。

当以承包人文件是否需要政府有关部门或专用合同条件约定的第三方审查单位审查或批准的视角进行区分时，审查程序和要点总结如图 2 - 13 所示：

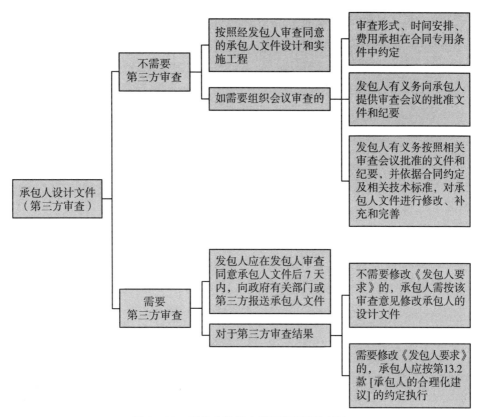

图 2 - 13　承包人设计文件审查程序和要点

【实务关注】

1. 承包人应重点关注《发包人要求》和合同约定的规范和标准；

2. 承包人丧失合同约定的履约资质时，发包人可以按照法律规定解除合同；

3. 发包人对承包人文件的审查时间一般情况下为 21 天，审查期满，发包人没有做出审查结论也没有提出异议的，视为承包人文件已获发包人同意；

4. 发包人对于承包人的文件审查后作出的意见属于变更的，承包人应当在7 日内通知发包人履行变更程序；

5. 发包、承包双方应当注意，承包人设计文件是否需要第三方审查，并按照合同约定履行相应程序。

第 6 条　材料、工程设备

◆ 6.2.1　发包人提供的材料和工程设备

【范本原文】

发包人自行供应材料、工程设备的,应在订立合同时在专用合同条件的附件《发包人供应材料设备一览表》中明确材料、工程设备的品种、规格、型号、主要参数、数量、单价、质量等级和交接地点等。

承包人应根据项目进度计划的安排,提前 28 天以书面形式通知工程师供应材料与工程设备的进场计划。承包人按照第 8.4 款[项目进度计划]约定修订项目进度计划时,需同时提交经修订后的发包人供应材料与工程设备的进场计划。发包人应按照上述进场计划,向承包人提交材料和工程设备。

发包人应在材料和工程设备到货 7 天前通知承包人,承包人应会同工程师在约定的时间内,赴交货地点共同进行验收。除专用合同条件另有约定外,发包人提供的材料和工程设备验收后,由承包人负责接收、运输和保管。

发包人需要对进场计划进行变更的,承包人不得拒绝,应根据第 13 条[变更与调整]的规定执行,并由发包人承担承包人由此增加的费用,以及引起的工期延误。承包人需要对进场计划进行变更的,应事先报请工程师批准,由此增加的费用和(或)工期延误由承包人承担。

发包人提供的材料和工程设备的规格、数量或质量不符合合同要求,或由于发包人原因发生交货日期延误及交货地点变更等情况的,发包人应承担由此增加的费用和(或)工期延误,并向承包人支付合理利润。

◆ 6.2.2　承包人提供的材料和工程设备

【范本原文】

承包人应按照专用合同条件的约定,将各项材料和工程设备的供货人及品种、技术要求、规格、数量和供货时间等报送工程师批准。承包人应向工程师提交其负责提供的材料和工程设备的质量证明文件,并根据合同约定的质量标准,对材料、工程设备质量负责。

承包人应按照已被批准的第 8.4 款[项目进度计划]规定的数量要求及时间要求,负责组织材料和工程设备采购(包括备品备件、专用工具及厂商提供的技术文件),负责运抵现场。合同约定由承包人采购的材料、工程设备,除专用合同条件另有约定外,发包人不得指定生产厂家或供应商,发包人违反本款约定指定生产厂家或供应商的,承包人有权拒绝,并由发包人承担相应责任。

对承包人提供的材料和工程设备,承包人应会同工程师进行检验和交货验收,查验材料合格证明和产品合格证书,并按合同约定和工程师指示,进行材料的抽样检验和工程设备的检验测试,检验和测试结果应提交工程师,所需费用由承包人承担。

因承包人提供的材料和工程设备不符合国家强制性标准、规范的规定或合同约定的标准、规范,所造成的质量缺陷,由承包人自费修复,竣工日期不予延长。在履行合同过程中,由于国家新颁布的强制性标准、规范,造成承包人负责提供的材料和工程设备,虽符合合同约定的标准,但不符合新颁布的强制性标准时,由承包人负责修复或重新订货,相关费用支出及导致的工期延长由发包人负责。

【条文解析】

对于工程而言,材料、设备不仅在工程整体造价中占比高,而且关乎工程整体的质量及安全。本条对发包、承包双方均提出明确要求,各自须提供的各项材料和工程设备都要符合合同要求,并且都需要另一方共同参与检验。

对于检验问题,我们认为,不论是发包人(或工程师)还是承包人对于另一方进场的材料检验合格,都不能以此来绝对地认定材料符合合同约定的质量标准。首先,不论是发包人还是承包人,其检验义务仅限于对设备、供材的外观、数量检验以及合格证明文件检验。对于设备、材料内部构造是否符合技术要求,并不具有相应检测能力不能以此种方式的认可作为设备、材料符合质量标准的依据。其次,发包人、承包人根据合同均有提供质量合格设备、材料的义务。当设备、材料实际确存在质量问题时,即便发包人参与检验也不应认定供材符合质量要求。

◆ 6.2.4 材料和工程设备的所有权

【范本原文】

除本合同另有约定外,承包人根据第 6.2.2 项[承包人提供的材料和工程设备]约定提供的材料和工程设备后,材料及工程设备的价款应列入第 14.3.1 项第(2)目的进度款金额中,发包人支付当期进度款之后,其所有权转为发包人所有(周转性材料除外);在发包人接收工程前,承包人有义务对材料和工程设备进行保管、维护和保养,未经发包人批准不得运出现场。

承包人按第6.2.2项提供的材料和工程设备，承包人应确保发包人取得无权利负担的材料及工程设备所有权，因承包人与第三人的物权争议导致的增加的费用和(或)延误的工期，由承包人承担。

【条文解析】

本条是对材料及工程设备权属及变动的规定。在工程合同履行过程中，发包人往往处于优势地位，因而在工程款支付的问题上往往处于优势。承包人经常苦于发包人不能按时结算付款，也因此常常陷于漫长的要求付款诉讼过程之中。在此种环境下，如果承包人提供的材料和设备运至现场即发生所有权转移，对于承包人而言无疑又是雪上加霜。为避免此种情况进一步恶化，2020版《示范文本》采用了设备价款支付后所有权转移的规则即"发包人支付当期进度款之后，其所有权转为发包人所有"。

本条解决的另一个问题是工程进行中，在发包、承包双方解除合同的情况下材料及工程设备的权属问题。此时双方都可能根据各自下一步商业计划、商业利益来考量所有权问题。以至于时常出现各方都主张材料所有权，抑或各方都不想主张材料所有权的情况出现。本次示范文本对此通过合同进行了明确，可尽量减少相关矛盾的发生。

◆ 6.4.3 隐蔽工程检查

【范本原文】

除专用合同条件另有约定外，工程隐蔽部位经承包人自检确认具备覆盖条件的，承包人应书面通知工程师在约定的期限内检查，通知中应载明隐蔽检查的内容、时间和地点，并应附有自检记录和必要的检查资料。

工程师应按时到场并对隐蔽工程及其施工工艺、材料和工程设备进行检查。经工程师检查确认质量符合隐蔽要求，并在验收记录上签字后，承包人才能进行覆盖。经工程师检查质量不合格的，承包人应在工程师指示的时间内完成修复，并由工程师重新检查，由此增加的费用和(或)延误的工期由承包人承担。

除专用合同条件另有约定外，工程师不能按时进行检查的，应提前向承包人提交书面延期要求，顺延时间不得超过48小时，由此导致工期延误的，工期应予以顺延，顺延超过48小时的，由此导致的工期延误及费用增加由发包人承担。工程师未按时进行检查，也未提出延期要求的，视为隐蔽工程检查合格，承包人可自行完成覆盖工作，并作相应记录报送工程师，工程师应签字确认。工程师事后对检查记录有疑问的,可按下列约定重新检查。

承包人覆盖工程隐蔽部位后,工程师对质量有疑问的,可要求承包人对已覆盖的部位进行钻孔探测或揭开重新检查,承包人应遵照执行,并在检查后重新覆盖恢复原状。经检查证明工程质量符合合同要求的,由发包人承担由此增加的费用和(或)延误的工期,并支付承包人合理的利润;经检查证明工程质量不符合合同要求的,由此增加的费用和(或)延误的工期由承包人承担。

承包人未通知工程师到场检查,私自将工程隐蔽部位覆盖的,工程师有权指示承包人钻孔探测或揭开检查,无论工程隐蔽部位质量是否合格,由此增加的费用和(或)延误的工期均由承包人承担。

【条文解析】

《民法典》第798条规定,"隐蔽工程在隐蔽以前,承包人应当通知发包人检查。发包人没有及时检查的,承包人可以顺延工程日期,并有权请求赔偿停工、窝工等损失。"

示范文本中本条可以说是对《民法典》第798条规定的细化。在《民法典》中仅仅是要求承包人通知发包人检查,但是对于通知事项并未进行详细规定。因此,《示范文本》对此进行了充分明确,承包人在通知发包人时应当在通知中列明;检查的期限、检查的内容、时间和地点,并应附有自检记录和必要的检查资料。

而现实情况是,承包人经常在通知中没有明确具体检查的时间或时限,而仅是通知发包人应当检查,此时发包人检查的时间及时限应当如何确定呢?对此我们认为,一般而言当发包人接到隐蔽工程检查时,应当及时进行检查。如果发包人在接到通知时不能及时检查,那么发包人亦可按照本条第2款规定提出顺延48小时进行检查,并且48小时通常可视为合理的准备期间。如果因特殊情况,发包人48小时内不能进行检查的,应当综合分析判断,不应直接参照本条第2款规定进行工期顺延。

实践中,经常出现的问题是发包人、监理人对于隐蔽工程是否收到了检验通知存在争议,因此我们建议承包人采用书面进行通知并留存凭证,并记录下发包人、监理人的检验过程以及拒绝签字的过程,为后续索赔做好证据准备。

【实务关注】

1. 发包人或承包人检查和检验,不免除另一方按合同约定应负的责任;

2. 2020版《示范文本》中承包人承担了更多的材料和工程设备的保管义务;

3. 做好隐蔽工程验收过程中的通知、检验过程、结果确认的相关证据搜集。

二、通用合同条件重点关注条款（第 7 条至第 12 条）

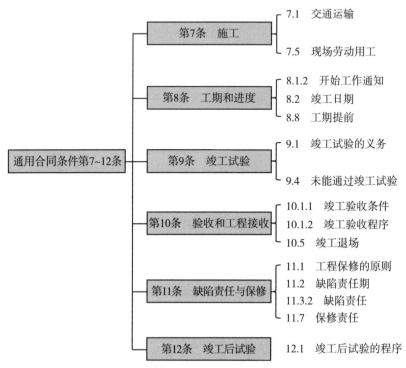

图 2－14　通用合同条件第 7～12 条

第 7 条　施工

◆ 7.1　交通运输

【范本原文】

7.1.1　出入现场的权利

除专用合同条件另有约定外，发包人应根据工程实施需要，负责取得出入施工现场所需的批准手续和全部权利，以及取得因工程实施所需修建道路、桥梁以及其他基础设施的权利，并承担相关手续费用和建设费用。承包人应协助发包人办理修建场内外道路、桥梁以及其他基础设施的手续。

7.1.2　场外交通

除专用合同条件另有约定外，发包人应提供场外交通设施的技术参数和具体条件,场外交通设施无法满足工程施工需要的,由发包人负责承担由此产生的相关费用。承包人应遵守有关交通法规,严格按照道路和桥梁的限制荷载行驶,执行有关道路限速、限行、禁止超载的规定,并配合交通管理部门的监督和检查。承包人车辆外出行驶所需的场外公共道路的通行费、养路费和税款等由承包人承担。

7.1.3　场内交通

除专用合同条件另有约定外,承包人应负责修建、维修、养护和管理施工所需的临时道路和交通设施,包括维修、养护和管理发包人提供的道路和交通设施,并承担相应费用。承包人修建的临时道路和交通设施应免费提供发包人和工程师为实现合同目的使用。场内交通与场外交通的边界由合同当事人在专用合同条件中约定。

7.1.4　超大件和超重件的运输

由承包人负责运输的超大件或超重件,应由承包人负责向交通管理部门办理申请手续,发包人给予协助。运输超大件或超重件所需的道路和桥梁临时加固改造费用和其他有关费用,由承包人承担,但专用合同条件另有约定的除外。

7.1.5　道路和桥梁的损坏责任

因承包人运输造成施工现场内外公共道路和桥梁损坏的,由承包人承担修复损坏的全部费用和可能引起的赔偿。

7.1.6　水路和航空运输

本条上述各款的内容适用于水路运输和航空运输,其中"道路"一词的涵义包括河道、航线、船闸、机场、码头、堤防以及水路或航空运输中其他相似结构物;"车辆"一词的涵义包括船舶和飞机等。

【条文解析】

对于工程中的交通运输,时常出现相关道路破损的责任承担问题。关于该问题,首先应当明确相关运输道路的修建者。2020 版《示范文本》将场内道路的修建义务给予了承包人。承包人作为工程总承包人,知悉其所需要的场内道路所需要达到的承载能力,因此如果在施工过程中承包人的相关机械设备导致道路损坏进而影响施工,则相关责任应当由承包人自行承担。但如果双方对于场内道路要求发包人提供,那么对于发包人而言则应当做好风险防范。首先,应当要求承包人明确工程所需场内道路的具体要求并且按照合同约定提前做好铺设工作。其次,为了避免损失发生,应当在道路建设完成后要求承包人进行现场检测,并就检测结果要求承包人出具书面意见。

除前述内容外，建议发包人与承包人进一步明确，在发包人提供的道路符合施工要求的情况下，如果因承包人施工造成场内道路损坏，由此产生的财产损失、工程延期损失等由承包人承担。

◆ 7.5 现场劳动用工

【范本原文】

7.5.1 承包人及其分包人招用建筑工人的，应当依法与所招用的建筑工人订立劳动合同，实行建筑工人劳动用工实名制管理，承包人应当按照有关规定开设建筑工人工资专用账户、存储工资保证金，专项用于支付和保障该工程建设项目建筑工人工资。

7.5.2 承包人应当在工程项目部配备劳资专管员，对分包单位劳动用工及工资发放实施监督管理。承包人拖欠建筑工人工资的，应当依法予以清偿。分包人拖欠建筑工人工资的，由承包人先行清偿，再依法进行追偿。因发包人未按照合同约定及时拨付工程款导致建筑工人工资拖欠的，发包人应当以未结清的工程款为限先行垫付被拖欠的建筑工人工资。合同当事人可在专用合同条件中约定具体的清偿事宜和违约责任。

7.5.3 承包人应当按照相关法律法规的要求，进行劳动用工管理和建筑工人工资支付。

【条文解析】

2020 年 5 月 1 日起《保障农民工工资支付条例》正式实施。本条所载内容，较多考虑该条例相关规定。作为国家有效保障农民工工资支付的重要举措，《保障农民工工资支付条例》对建筑工程项目中的发包、承包人作出了诸多要求。特别指出，《保障农民工工资支付条例》第 55 条规定有下列情形之一的，由人力资源社会保障行政部门、相关行业工程建设主管部门按照职责责令限期改正；逾期不改正的，责令项目停工，并处 5 万元以上 10 万元以下的罚款；情节严重的，给予施工单位限制承接新工程、降低资质等级、吊销资质证书等处罚：

1. 施工总承包单位未按规定开设或者使用农民工工资专用账户；

2. 施工总承包单位未按规定存储工资保证金或者未提供金融机构保函；

3. 施工总承包单位、分包单位未实行劳动用工实名制管理。

【实务关注】

1. 就场内道路建设义务归属发包、承包双方应结合自身情况，在合同中进行明确约定；

2. 发包、承包双方应按照《保障农民工工资支付条例》规定履行付款及保障义务；

3. 发包人就临水、临电事宜应在招标文件中要求承包人进行明确，或者是在签订合同前就该内容进行明确。

第8条　工期和进度

◆ 8.1.2　开始工作通知

【范本原文】

经发包人同意后，工程师应提前7天向承包人发出经发包人签认的开始工作通知，工期自开始工作通知中载明的开始工作日期起算。

除专用合同条件另有约定外，因发包人原因造成实际开始现场施工日期迟于计划开始现场施工日期后第84天的，承包人有权提出价格调整要求，或者解除合同。发包人应当承担由此增加的费用和（或）延误的工期，并向承包人支付合理利润。

【条文解析】

依据2020版《示范文本》1.1.4.1规定，开始工作通知：指工程师按第8.1.2项[开始工作通知]的约定通知承包人开始工作的函件。按本条约定，发包人或发包人聘用的工程师应当在开始工作前7天向承包人发出书面通知，通知承包人具体开始工作的时间。如因发包人原因造成实际开始现场施工日期迟于计划开始现场施工日期后第84天的，承包人有权提出价格调整要求或者解除合同。

上述约定看似逻辑通畅，事实清晰，但在实践过程中开工的具体日期常常产生争议，尤其是在范本条文中又同时掺杂着计划开始工作日期和实际开始工作日期，计划开始现场施工日期和实际开始现场施工日期等时间点概念，就使得简单的开工日期的确定常常存在一些争议。（见表2-5）

表2-5　2020版《示范文本》涉及的工作日期、施工日期

第1.1.4.2条　开始工作日期	计划开始工作日期
	实际开始工作日期
第1.1.4.3条　开始现场施工日期	计划开始现场施工日期
	实际开始现场施工日期

相关司法解释并未对"开始工作日""开始现场施工日期"作区分规定。当发包、承包双方就开工日期存在争议时,一般参照最高人民法院《关于审理建设工程施工合同纠纷案件适用法律问题的解释(一)》第8条规定处理。"当事人对建设工程开工日期有争议的,人民法院应当分别按照以下情形予以认定:(一)开工日期为发包人或者监理人发出的开工通知载明的开工日期;开工通知发出后,尚不具备开工条件的,以开工条件具备的时间为开工日期;因承包人原因导致开工时间推迟的,以开工通知载明的时间为开工日期。(二)承包人经发包人同意已经实际进场施工的,以实际进场施工时间为开工日期。(三)发包人或者监理人未发出开工通知,亦无相关证据证明实际开工日期的,应当综合考虑开工报告、合同、施工许可证、竣工验收报告或者竣工验收备案表等载明的时间,并结合是否具备开工条件的事实,认定开工日期。"

◆ 8.2 竣工日期

【范本原文】

承包人应在合同协议书约定的工期内完成合同工作。除专用合同条件另有约定外,工程的竣工日期以第10.1条[竣工验收]的约定为准,并在工程接收证书中写明。因发包人原因,在工程师收到承包人竣工验收申请报告42天后未进行验收的,视为验收合格,实际竣工日期以提交竣工验收申请报告的日期为准,但发包人由于不可抗力不能进行验收的除外。

【条文解析】

依据2020版《示范文本》1.1.4.4的约定,竣工日期包括计划竣工日期和实际竣工日期。计划竣工日期是指合同协议书约定的竣工日期;实际竣工日期按照第8.2款[竣工日期]的约定确定。发包、承包双方对于实际竣工日期存在争议时,一般参照最高人民法院《关于审理建设工程施工合同纠纷案件适用法律问题的解释(一)》第9条规定处理。"当事人对建设工程实际竣工日期有争议的,人民法院应当分别按照以下情形予以认定:(一)建设工程经竣工验收合格的,以竣工验收合格之日为竣工日期;(二)承包人已经提交竣工验收报告,发包人拖延验收的,以承包人提交验收报告之日为竣工日期;(三)建设工程未经竣工验收,发包人擅自使用的,以转移占有建设工程之日为竣工日期。"

另外,在实际施工过程中可能因各种原因导致工期延误和施工暂停,在第8条工期和进度中都规定了处理程序和处理方式,具体总结如图2-15、图2-16所示:

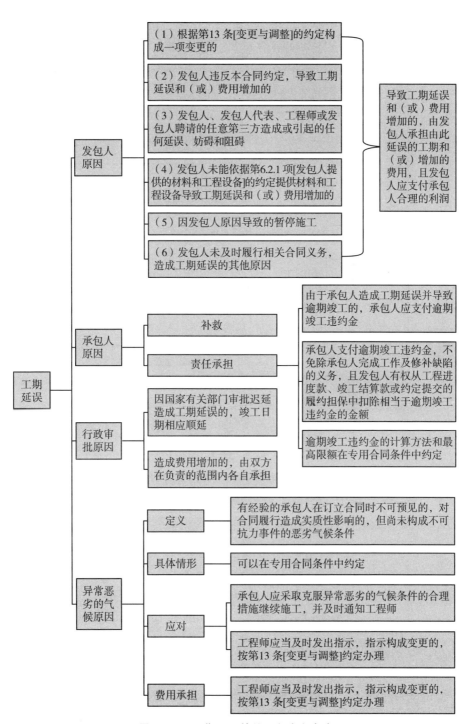

图 2-15　工期延误的处理程序和方式

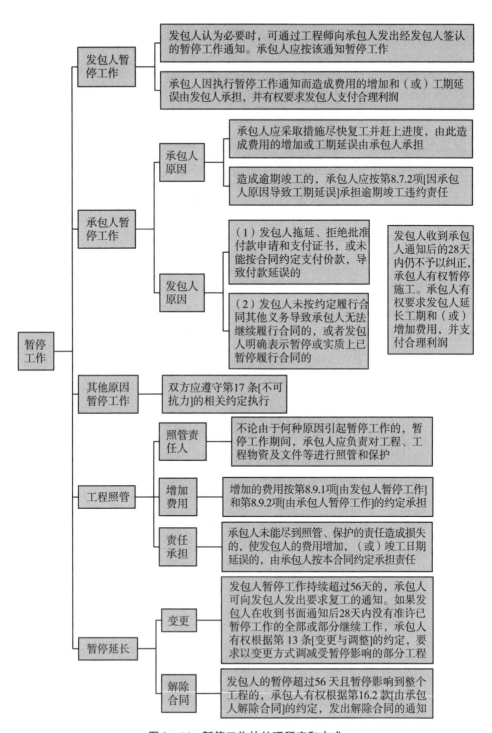

图 2–16 暂停工作的处理程序和方式

◆ 8.8　工期提前

【范本原文】

8.8.1　发包人指示承包人提前竣工且被承包人接受的,应与承包人共同协商采取加快工程进度的措施和修订项目进度计划。发包人应承担承包人由此增加的费用,增加的费用按第13条[变更与调整]的约定执行;发包人不得以任何理由要求承包人超过合理限度压缩工期。承包人有权不接受提前竣工的指示,工期按照合同约定执行。

8.8.2　承包人提出提前竣工的建议且发包人接受的,应与发包人共同协商采取加快工程进度的措施和修订项目进度计划。发包人应承担承包人由此增加的费用,增加的费用按第13条[变更与调整]的约定执行,并向承包人支付专用合同条件约定的相应奖励金。

【条文解析】

2020版《示范文本》1.1.4.5约定,工期是指在合同协议书约定的承包人完成合同工作所需的期限,包括按照合同约定所作的期限变更及按合同约定承包人有权取得的工期延长。工程总承包项目包含设计、采购、施工三项主要工作内容。从工期管理角度,2011版《示范文本》协议书第3条“主要日期”分别约定了设计开工日期、施工开工日期、工程竣工日期,并在第4条[进度计划、延误和暂停]中,分别约定了设计进度计划、采购进度计划、施工进度计划的编制和审查工作,但对发包人而言,工程总承包模式的一大优势是通过设计施工融合提高建设效率、按期交付工程成果,承包人一方负有在合同约定的期限内统筹协调完成设计、采购、施工全部工作内容的责任义务,且在国家及各地政策鼓励工程总承包项目分阶段出图,分阶段办理施工许可手续的情况下,设计、采购、施工工作相互融合交叉并行,割裂的约定项目的设计、采购、施工并不利于总体工期的管理和建设效率提高。基于上述理由,2020版《示范文本》依据工程总承包模式特征统筹项目整体工期安排,不再分别约定设计期限、施工工期和相应的进度计划。

此外,2020版《示范文本》在第2.1款[遵守法律]中明确发包人不得以任何理由,要求承包人在工程实施过程中违反法律、行政法规以及建设工程质量、安全、环保标准,任意压缩合理工期或者降低工程质量。

《房屋建筑和市政基础设施项目工程总承包管理办法》第24条第1款规

定："建设单位不得设置不合理工期，不得任意压缩合理工期。"

《建设工程质量管理条例》第 10 条第 1 款规定："建设工程发包单位不得迫使承包方以低于成本的价格竞标，不得任意压缩合理工期。"第 56 条规定："违反本条例规定，建设单位有下列行为之一的，责令改正，处 20 万元以上 50 万元以下的罚款：……（二）任意压缩合理工期的。"

从上述法律规定可知，国家对于工程质量十分重视，保障工程质量的基本条件之一就是不得任意压缩合理工期。对于什么是合理工期，《建设工程质量管理条例释义》第 10 条将其描述为："合理工期是指在正常建设条件下，采取科学合理的施工工艺和管理方法，以现行的建设行政主管部门颁布的工期定额为基础，结合项目建设的具体情况，而确定的使投资方，各参加单位均获得满意的经济效益的工期，合理工期要以工期定额为基础确定，但不一定与定额工期完全一致，可依施工条件等作适当调整，这是因为定额工期反映的是社会平均水平，是经选取的各类典型工程经分析整理后综合取得的数据，由于技术的进步，完成一个既定项目所需的时间会缩短，工期会提前。判断工期是否合理的关键是使投资方、各参建单位都获得满意的经济效益。"

综上所述，2020 版《示范文本》于本条中约定了发承包双方工期提前的流程与变更价款的内容，同时约定发包人不得以任何理由要求承包人超过合理限度压缩工期，承包人有权不接受提前竣工的指示，工期按照合同约定执行。

【实务关注】

1. 发包、承包双方应当关注实施计划、进度计划提交时间及意见回复时间，重点关注条款中的视为认可条款；

2. 当发生工期延误时，应当就工期延误原因进行判断，并根据合同约定进行归责；

3. 对于在施工过程中工期提前产生的费用、利润，发包、承包双方应当在实施前提前进行书面确定；

4. 就项目的暂停原因的不同，发包、承包双方各自承担相应的责任。但不论因何种原因暂停，承包人仍须履行工程的照管义务；

5. 发包人应按照合同约定向承包人下发开工通知；

6. 对于开工日期、竣工日期发包、承包双方存在争议时，司法审判中一般会采用最高人民法院《关于审理建设工程施工合同纠纷案件适用法律问题的解释

（一）》相关规定；

7. 发包人不得设置不合理工期，不得任意压缩合理工期，否则将受到相应的行政处罚和民事责任。

第9条　竣工试验

◆ **9.1　竣工试验的义务**

【范本原文】

9.1.1　承包人完成工程或区段工程进行竣工试验所需的作业，并根据第5.4 款[竣工文件]和第 5.5 款[操作和维修手册]提交文件后，进行竣工试验。

9.1.2　承包人应在进行竣工试验之前，至少提前 42 天向工程师提交详细的竣工试验计划，该计划应载明竣工试验的内容、地点、拟开展时间和需要发包人提供的资源条件。工程师应在收到计划后的 14 天内进行审查，并就该计划不符合合同的部分提出意见，承包人应在收到意见后的 14 天内自费对计划进行修正。工程师逾期未提出意见的，视为竣工试验计划已得到确认。除提交竣工试验计划外，承包人还应提前 21 天将可以开始进行各项竣工试验的日期通知工程师，并在该日期后的 14 天内或工程师指示的日期进行竣工试验。

【条文解析】

2020 版《示范文本》9.1.1、9.1.2 内容系工程项目完工后，进行竣工试验的条件及发起程序。与 2011 版《示范文本》相比，2020 版《示范文本》将竣工试验内容由原有的割裂式的发承包双方义务改为统一的竣工试验条件及程序，结构上更加清晰。从概念上看，竣工试验应属于冷试车或无负担试车，即竣工试验发生在竣工验收前，对于设备等进行机械性的试运转，以区别热试车或竣工后试验。

从条款内容上看，竣工试验的发起条件为：(1)承包人完成竣工试验所需作业。这里的已完工程应达到设计文件与合同约定的要求、技术标准，即工程在承包人看来已自检合格；(2)提交合同第 5.4 款约定的[竣工文件]；(3)提交合同第 5.5 款约定的[操作和维修手册]；(4)完成经发承双方认可的竣工试验计划。值得注意的是，[竣工文件]与[操作和维修手册]在通用条款中均有"按《发包人要求》执行""专用条款另有约定"的表述，即发承双方应根据项目特点于《发包人要求》或专用条款中对竣工试验的发起条件进行补充约定。

接下来的9.1.3、9.1.4约定了竣工试验的操作流程以及竣工试验结果是否达标的认定标准。条文明确将【竣工试验计划】、第6.5款[由承包人试验和检验]以及《发包人要求》、【专用合同条件】作为竣工试验操作流程的规范依据。同时约定除《发包人要求》外，承包人必须按条文约定顺序进行试验，否则将构成违约。

除此之外需要注意的是，即便产生了部分收益或产品，竣工试验并不构成发包人对于工程的接收，故发包人在此阶段无须承担【工程接收】的法律后果。对于竣工试验结果达标与否的判断，条文明确应考虑发包人使用对于竣工试验的影响，而非单纯以客观指标进行考量。

◆ 9.4 未能通过竣工试验

【范本原文】

9.4.1 因发包人原因导致竣工试验未能通过的，承包人进行竣工试验的费用由发包人承担，竣工日期相应顺延。

9.4.2 如果工程或区段工程未能通过根据第9.3款[重新试验]重新进行的竣工试验的，则：

(1)发包人有权要求承包人根据第6.6款[缺陷和修补]继续进行修补和改正，并根据第9.3款[重新试验]再次进行竣工试验；

(2)未能通过竣工试验，对工程或区段工程的操作或使用未产生实质性影响的，发包人有权要求承包人自费修复，承担因此增加的费用和误期损害赔偿责任，并赔偿发包人的相应损失；无法修复时，发包人有权扣减该部分的相应付款，同时视为通过竣工验收；

(3)未能通过竣工试验，使工程或区段工程的任何主要部分丧失了生产、使用功能时，发包人有权指令承包人更换相关部分，承包人应承担因此增加的费用和误期损害赔偿责任，并赔偿发包人的相应损失；

(4)未能通过竣工试验，使整个工程或区段工程丧失了生产、使用功能时，发包人可拒收工程或区段工程，或指令承包人重新设计、重置相关部分，承包人应承担因此增加的费用和误期损害赔偿责任，并赔偿发包人的相应损失。同时发包人有权根据第16.1款[由发包人解除合同]的约定解除合同。

【条文解析】

与2011版《示范文本》相比，2020版《示范文本》对本条内容进行了简化并删除了［竣工试验结果的争议］条款,改为按通用条款中［争议与裁决］内容处理。对于因发包人原因导致竣工试验未能通过的,承包人仅能进行工期与费用的索赔。而因承包人原因未通过竣工试验的,本条按工程损害严重程度不同分为4种情形,并对4种情形下的法律后果作出了细致的约定。对于未通过竣工试验达到第9.4.2项(4)的情形时,发包人有权按通用条款第16.1款及《民法典》第563条①的相关内容解除合同。值得注意的是,第9.4.2项(2)中的"实质性影响"的认定、(3)与(4)中如何区分"工程或区段工程的任何主要部分"与"整个工程或区段工程"关乎承包人自身权益与发包人权利的行使,如果界定不清可能导致涉诉风险。

【实务关注】

1.针对9.1.1竣工试验的发起条件,发承包双方应根据项目特点于《发包人要求》或专用条款中对竣工试验的发起条件进行补充约定。

2.出现竣工试验延误的情形时,发包人应留意承包人是否发出［竣工试验可以开始］的通知;当发包人自行组织竣工试验时,应按约将试验结果发送给承包人。

3.发承包双方应根据项目特点在专用条款中对于9.4.2项(2)中的"实质性影响"以及(3)与(4)的"工程或区段工程的任何主要部分"与"整个工程或区段工程"进行补充约定。

第10条　验收和工程接收

◆ **10.1.1　竣工验收条件**

【范本原文】

工程具备以下条件的,承包人可以申请竣工验收:

(1)除因第13条［变更与调整］导致的工程量删减和第14.5.3项［扫尾工作清单］列入缺陷责任期内完成的扫尾工程和缺陷修补工作外,合同范围内的全部单位/区段工程以及有关工作,包括合同要求的试验和竣工试验均已完成,并符合合同要求;

---

① 《民法典》第563条第1款规定:"有下列情形之一的,当事人可以解除合同:……(四)当事人一方迟延履行债务或者有其他违约行为致使不能实现合同目的。"

(2)已按合同约定编制了扫尾工作和缺陷修补工作清单以及相应实施计划;

(3)已按合同约定的内容和份数备齐竣工资料;

(4)合同约定要求在竣工验收前应完成的其他工作。

【条文解析】

本条系约定工程总承包项目竣工验收发起条件。对比2011版《示范文本》竣工验收发起条件,新示范文本将竣工后试验的内容剥离出竣工验收发起条件之中并将其明确为发包人验收合格并接收工程后,即调整了工程竣工验收阶段的顺序,将其安排为"竣工试验→竣工验收→工程接收→竣工后试验",使其更符合一般的建设工程逻辑顺序。对于建设工程竣工验收的发起条件,《建设工程质量管理条例》第16条以及《房屋建筑和市政基础设施工程竣工验收规定》第5条均作出相应规定,即建设工程竣工验收存在法定条件。实践中如果当事人约定的验收条件低于法定条件,仍以法定验收条件为准;如果当事人约定的验收条件高于法定条件,则以当事人约定为准。因此发承包双方应注意比照合同约定的验收条件与法定验收条件,如发包人对于项目有特殊要求的,应在专用条款或《发包人要求》中对竣工验收条件作出特别约定。

◆ **10.1.2 竣工验收程序**

【范本原文】

除专用合同条件另有约定外,承包人申请竣工验收的,应当按照以下程序进行:

(1)承包人向工程师报送竣工验收申请报告,工程师应在收到竣工验收申请报告后14天内完成审查并报送发包人。工程师审查后认为尚不具备竣工验收条件的,应在收到竣工验收申请报告后的14天内通知承包人,指出在颁发接收证书前承包人还需进行的工作内容。承包人完成工程师通知的全部工作内容后,应再次提交竣工验收申请报告,直至工程师同意为止。

(2)工程师同意承包人提交的竣工验收申请报告的,或工程师收到竣工验收申请报告后14天内不予答复的,视为发包人收到并同意承包人的竣工验收申请,发包人应在收到该竣工验收申请报告后的28天内进行竣工验收。工程经竣工验收合格的,以竣工验收合格之日为实际竣工日期,并在工程接收证书中载明;完成竣工验收但发包人不予签发工程接收证书的,视为竣工验收合格,以完成竣工验收之日为实际竣工日期。

（3）竣工验收不合格的，工程师应按照验收意见发出指示，要求承包人对不合格工程返工、修复或采取其他补救措施，由此增加的费用和（或）延误的工期由承包人承担。承包人在完成不合格工程的返工、修复或采取其他补救措施后，应重新提交竣工验收申请报告，并按本项约定的程序重新进行验收。

（4）因发包人原因，未在工程师收到承包人竣工验收申请报告之日起42天内完成竣工验收的，以承包人提交竣工验收申请报告之日作为工程实际竣工日期。

（5）工程未经竣工验收，发包人擅自使用的，以转移占有工程之日为实际竣工日期。

除专用合同条件另有约定外，发包人不按照本项和第10.4款［接收证书］约定组织竣工验收、颁发工程接收证书的，每逾期一天，应以签约合同价为基数，按照贷款市场报价利率（LPR）支付违约金。

【条文解析】

对于建设工程竣工验收程序，住房城乡建设部《房屋建筑和市政基础设施工程竣工验收规定》第6条①进行了较为详尽的规定，2020版《示范文本》基本沿用了上述规定中的竣工验收程序。值得注意的地方在于，《民法典》第799条第1款规定，建设工程竣工后，发包人应当根据施工图纸及说明书、国家颁发的

---

① 《房屋建筑和市政基础设施工程竣工验收规定》第6条规定："工程竣工验收应当按以下程序进行：

（一）工程完工后，施工单位向建设单位提交工程竣工报告，申请工程竣工验收。实行监理的工程，工程竣工报告须经总监理工程师签署意见。

（二）建设单位收到工程竣工报告后，对符合竣工验收要求的工程，组织勘察、设计、施工、监理等单位组成验收组，制定验收方案。对于重大工程和技术复杂工程，根据需要可邀请有关专家参加验收组。

（三）建设单位应当在工程竣工验收7个工作日前将验收的时间、地点及验收组名单书面通知负责监督该工程的工程质量监督机构。

（四）建设单位组织工程竣工验收。

1.建设、勘察、设计、施工、监理单位分别汇报工程合同履约情况和在工程建设各个环节执行法律、法规和工程建设强制性标准的情况；

2.审阅建设、勘察、设计、施工、监理单位的工程档案资料；

3.实地查验工程质量；

4.对工程勘察、设计、施工、设备安装质量和各管理环节等方面作出全面评价，形成经验收组人员签署的工程竣工验收意见。

参与工程竣工验收的建设、勘察、设计、施工、监理等各方不能形成一致意见时，应当协商提出解决的方法，待意见一致后，重新组织工程竣工验收。"

施工验收规范和质量检验标准及时进行验收,即建设工程组织竣工验收系发包人法定义务。而新示范文本赋予工程师审查及批准承包人竣工验收申请的权利,即工程师协助发包人履行部分本应由发包人承担的组织竣工验收的责任。因此工程师对于工程总承包项目的竣工验收程序至关重要。

除此之外,本条明确约定如工程未经竣工验收,发包人擅自使用的,则工程的竣工验收不受上述程序的规制,直接按转移占有工程之日为实际竣工日期。同时约定了发包人组织竣工验收、颁发工程接收证书方面的逾期违约责任。上述约定均可通过专用条款进行特别约定。

实践中有关竣工验收程序的纠纷可分为两个方面,一是承包人不配合竣工验收程序,可能导致项目无法完成竣工验收及后续的产权办理;二是发包人拖延竣工验收、不按规定组织验收或未经竣工验收擅自使用工程,相关法律责任体现在最高人民法院《关于审理建设工程施工合同纠纷案件适用法律问题的解释(一)》第14条。① 故发承包双方应根据项目特点在专用条款中对于竣工验收程序进行补充约定,并注意保留关于竣工验收过程中的往来签证、验收会议纪要等书面材料。

◆ **10.5 竣工退场**

【范本原文】

10.5.1 竣工退场

颁发工程接收证书后,承包人应对施工现场进行清理,并撤离相关人员,使得施工现场处于以下状态,直至工程师检验合格为止:

(1)施工现场内残留的垃圾已全部清除出场;

(2)临时工程已拆除,场地已按合同约定进行清理、平整或复原;

(3)按合同约定应撤离的人员、承包人提供的施工设备和剩余的材料,包括废弃的施工设备和材料,已按计划撤离施工现场;

(4)施工现场周边及其附近道路、河道的施工堆积物,已全部清理;

(5)施工现场其他竣工退场工作已全部完成。

---

① 最高人民法院《关于审理建设工程施工合同纠纷案件适用法律问题的解释(一)》第14条 建设工程未经竣工验收,发包人擅自使用后,又以使用部分质量不符合约定为由主张权利的,人民法院不予支持;但是承包人应当在建设工程的合理使用寿命内对地基基础工程和主体结构质量承担民事责任。

施工现场的竣工退场费用由承包人承担。承包人应在专用合同条件约定的期限内完成竣工退场,逾期未完成的,发包人有权出售或另行处理承包人遗留的物品,由此支出的费用由承包人承担,发包人出售承包人遗留物品所得款项在扣除必要费用后应返还承包人。

10.5.2 地表还原

承包人应按合同约定和工程师的要求恢复临时占地及清理场地,否则发包人有权委托其他人恢复或清理,所发生的费用由承包人承担。

10.5.3 人员撤离

除了经工程师同意需在缺陷责任期内继续工作和使用的人员、施工设备和临时工程外,承包人应按专用合同条件约定和工程师的要求将其余的人员、施工设备和临时工程撤离施工现场或拆除。除专用合同条件另有约定外,缺陷责任期满时,承包人的人员和施工设备应全部撤离施工现场。

【条文解析】

本条是 2020 版《示范文本》新增内容,约定工程竣工后承包人应承担现场清理、临时工程拆除、物料人员的撤离及地表还原等各项承包人退场义务,并且在合同解除条款(发包人解除、承包人解除、不可抗力解除)中进一步明确合同解除后承包人应履行的退场义务及退场的费用负担。上述约定表明,相比于 2011 版《示范文本》,新示范文本对于承包单位退场的法律后果及相关义务作出更加系统细致的规定。然而实践中,仍有一些承包单位退场问题未在示范文本中体现,如总包合同解除或无效,分包单位是否应退场以及退场费用如何负担等问题。

根据《民法典》第 807 条"发包人未按照约定支付价款的,承包人可以催告发包人在合理期限内支付价款。发包人逾期不支付的,除根据建设工程的性质不宜折价、拍卖外,承包人可以与发包人协议将该工程折价,也可以请求人民法院将该工程依法拍卖。建设工程的价款就该工程折价或者拍卖的价款优先受偿"以及第 235 条"无权占有不动产或者动产的,权利人可以请求返还原物"的规定,结合相关司法实践①可知,总包合同一旦解除,则分包合同因丧失履行基础也应一并解除,此时虽然存在发包人或总包单位违约,但分包单位无权以拒

---

① 最高人民法院(2016)最高法民再 53 号判决。

绝离场的方式进行抗辩,分包单位应当撤离现场并以其他方式(另案主张工程款或请求依法拍卖施工工程并优先受偿)主张权利。

实践中关于工程竣工撤场以及地表还原还存在这样的风险,承包人选择项目旁的某处空地作为工程临时用地,但未对该用地的法律性质进行核实。虽然承包人完好地履行了地表还原及竣工撤场的内容,但因该临时用地法律性质可能属于林地、草地等特殊用地,承包人误以为该用地属于项目红线内或普通用地而未能办理临时用地许可,此时即便完好地履行了合同约定的地表还原及撤场义务,仍会面临行政乃至刑事方面的风险。

【实务关注】

1. 如发包人对于项目有特殊要求的,应在专用条款或《发包人要求》中对竣工验收条件作出特别约定,并注意对照法定竣工验收条件。同时发承包双方应注意保留关于竣工验收过程中的往来签证、验收会议纪要等书面材料。

2. 对于未接收工程或未按约接收工程的法律后果及违约责任,由发承包双方于专用条款中另行约定。

3. 发包人应及时按约签发工程接收证书,承包人需关注工程接收证书对于自身竣工退场义务及索赔期限、范围的影响。

4. 根据项目实际情况,发承包双方应在专用条款中约定分包单位退场义务、费用及违约责任承担的内容。

5. 涉及树木、草地的项目临时用地,除按合同约定履行地表还原及撤场义务,还需对该用地的法律性质进行甄别核实,同时按规定办理临时用地使用许可。

第11条　缺陷责任与保修

◆ 11.1　工程保修的原则

【范本原文】

在工程移交发包人后,因承包人原因产生的质量缺陷,承包人应承担质量缺陷责任和保修义务。缺陷责任期届满,承包人仍应按合同约定的工程各部位保修年限承担保修义务。

【条文解析】

相比于2011版《示范文本》,2020版《示范文本》对本条内容进行大幅调整,明确承包人有权采用质量保证担保的形式提供质保金且不得同时要求提供履约担保和质保金,厘清了工程保修义务和缺陷责任,细化了缺陷责任期内的缺陷调查、缺陷责任承担、缺陷修复程序等,有利于发承包双方解决工程质量缺陷争议。考虑到实践中较容易混淆缺陷责任期和质量保修期的概念,2020 版《示范文本》第 11.1 款中明确约定"缺陷责任期届满,承包人仍应按合同约定的工程各部位保修年限承担保修义务"。

◆ 11.2 缺陷责任期

【范本原文】

缺陷责任期原则上从工程竣工验收合格之日起计算,合同当事人应在专用合同条件约定缺陷责任期的具体期限,但该期限最长不超过 24 个月。

单位/区段工程先于全部工程进行验收,经验收合格并交付使用的,该单位/区段工程缺陷责任期自单位/区段工程验收合格之日起算。因发包人原因导致工程未在合同约定期限进行验收,但工程经验收合格的,以承包人提交竣工验收报告之日起算;因发包人原因导致工程未能进行竣工验收的,在承包人提交竣工验收报告 90 天后,工程自动进入缺陷责任期;发包人未经竣工验收擅自使用工程的,缺陷责任期自工程转移占有之日起开始计算。

由于承包人原因造成某项缺陷或损坏使某项工程或工程设备不能按原定目标使用而需要再次检查、检验和修复的,发包人有权要求承包人延长该项工程或工程设备的缺陷责任期,并应在原缺陷责任期届满前发出延长通知。但缺陷责任期最长不超过 24 个月。

【条文解析】

相较于 2011 版《示范文本》对于缺陷责任期的约定,[①]2020 版《示范文本》将其定义调整为"发包人预留工程质量保证金以保证承包人履行第 11.3 款[缺陷调查]下质量缺陷责任的期限"。根据《建设工程质量保证金管理办法》(建质〔2017〕138 号)第 2 条的相关定义,工程缺陷指建设工程质量不符合工程建

---

① 2011 版《示范文本》1.1.48 缺陷责任期,指承包人按合同约定承担缺陷保修责任的期间,一般应为 12 个月。因缺陷责任的延长,最长不超过 24 个月。

设强制性标准、设计文件以及承包合同的约定。而该管理办法的第 2、8、9 条规定，①在缺陷责任期内，由承包人原因造成的缺陷，承包人应负责维修，并承担鉴定及维修费用。如承包人不维修也不承担费用，发包人可按合同约定从保证金或银行保函中扣除，费用超出保证金额的，发包人可按合同约定向承包人主张赔偿。缺陷责任期从工程通过竣工验收之日起计算，一般为 1 年，最长不超过 2 年，由发承包双方在合同中约定。

2020 版《示范文本》基本沿袭《建设工程质量保证金管理办法》对于缺陷责任期的相关规定，并着重强调缺陷责任期的起算与缺陷责任期最长不超过 24 个月。司法实践中存在一些将缺陷责任期与质量保修期相混同的做法，甚至因此突破了缺陷责任期不超过 24 个月的限制，而更多主流的实践是注意二者之间的差异并严格区分二者之间的差异，且明确二者的起算点、存续时间及质量维修责任存在重叠。

承包人缺陷责任的承担以提供质量保证金的形式实现。关于质量保证金，2020 版《示范文本》14.6.1 约定，承包人已经提供履约担保的，发包人不得同时要求承包人提供质量保证金，此外承包人提供质量保证金的方式包括：(1)提交工程质量保证担保；(2)预留相应比例的工程款；(3)双方约定的其他方式。除专用合同条件另有约定外，质量保证金原则上采用上述第 1 种方式，且承包人应在工程竣工验收合格后 7 天内，向发包人提交工程质量保证担保。上述内容表明，新示范文本明确工程总承包项目质量保证金的法律性质为履约担保，而非工程款的组成部分。实践中，部分施工主体以质量保证金属于工程价款的组

---

① 《建设工程质量保证金管理办法》第 2 条　本办法所称建设工程质量保证金（以下简称保证金）是指发包人与承包人在建设工程承包合同中约定，从应付的工程款中预留，用以保证承包人在缺陷责任期内对建设工程出现的缺陷进行维修的资金。缺陷是指建设工程质量不符合工程建设强制性标准、设计文件，以及承包合同的约定。缺陷责任期一般为 1 年，最长不超过 2 年，由发、承包双方在合同中约定。

《建设工程质量保证金管理办法》第 6 条　缺陷责任期从工程通过竣工验收之日起计。由于承包人原因导致工程无法按规定期限进行竣工验收的，缺陷责任期从实际通过竣工验收之日起计。由于发包人原因导致工程无法按规定期限进行竣工验收的，在承包人提交竣工验收报告 90 天后，工程自动进入缺陷责任期。

《建设工程质量保证金管理办法》第 9 条　缺陷责任期内，由承包人原因造成的缺陷，承包人应负责维修，并承担鉴定及维修费用。如承包人不维修也不承担费用，发包人可按合同约定从保证金或银行保函中扣除，费用超出保证金额的，发包人可按合同约定向承包人进行索赔。承包人维修并承担相应费用后，不免除对工程的损失赔偿责任。由他人原因造成的缺陷，发包人负责组织维修，承包人不承担费用，且发包人不得从保证金中扣除费用。

成部分,进而就质量保证金主张优先受偿权,根据条款内容可知这样的主张不应成立。

◆ 11.3.2　缺陷责任

【范本原文】

缺陷责任期内,由承包人原因造成的缺陷,承包人应负责维修,并承担鉴定及维修费用。如承包人不维修也不承担费用,发包人可按合同约定从质量保证金中扣除,费用超出质量保证金金额的,发包人可按合同约定向承包人进行索赔。承包人维修并承担相应费用后,不免除对工程的损失赔偿责任。发包人在使用过程中,发现已修补的缺陷部位或部件还存在质量缺陷的,承包人应负责修复,直至检验合格为止。

【条文解析】

本条系 2020 版《示范文本》新增内容。2011 版《示范文本》仅就缺陷责任期的起算时间以及缺陷责任保修金的支付进行约定,2020 版《示范文本》吸收了 2017 版施工总承包示范文本的相关约定,除上述内容外,进一步约定了发承包双方对于缺陷问题的调查、调查费用与利润的分配以及缺陷修复的程序、范围及后果。

对于工程缺陷的调查,实质上是探寻质量缺陷与工程主体行为之间的因果关系。最高人民法院《关于审理建设工程施工合同纠纷案件适用法律问题的解释(一)》第 13 条①规定了发承包双方对于工程质量缺陷应当承担过程民事责任,而《建筑法》《建设工程质量管理条例》对于施工单位的缺陷修复责任与法律后果作出进一步规定。② 实践中除发承包双方过错行为导致的质量缺陷责任外,还存在混合过错及质量缺陷与工程主体行为之间因果关系不明的情况。对

---

① 最高人民法院《关于审理建设工程施工合同纠纷案件适用法律问题的解释(一)》第 13 条　发包人具有下列情形之一,造成建设工程质量缺陷,应当承担过错责任:

(一)提供的设计有缺陷;(二)提供或者指定购买的建筑材料、建筑构配件、设备不符合强制性标准;(三)直接指定分包人分包专业工程。承包人有过错的,也应当承担相应的过错责任。

② 《建筑法》第 75 条　建筑施工企业违反本法规定,不履行保修义务或者拖延履行保修义务的,责令改正,可以处以罚款,并对在保修期内因屋顶、墙面渗漏、开裂等质量缺陷造成的损失,承担赔偿责任。

《建设工程质量管理条例》第 66 条　违反本条例规定,施工单位不履行保修义务或者拖延履行保修义务的,责令改正,处 10 万元以上 20 万元以下的罚款,并对在保修期内因质量缺陷造成的损失承担赔偿责任。

于前者,司法实践①中人民法院在查明导致质量缺陷原因的基础上,根据责任主体及其过错行为对质量缺陷发生的原因力大小确定责任分担比例。对于后者,根据《民事诉讼法》"当事人对于自己提出的主张,有责任提供证据"的规定,对于工程领域的质量缺陷问题,主张因工程质量缺陷导致权益受损应就质量缺陷与行为之间的因果关系承担举证责任,否则将承担举证不能的法律后果。②

◆ 11.7 保修责任

【范本原文】

因承包人原因导致的质量缺陷责任,由合同当事人根据有关法律规定,在专用合同条件和工程质量保修书中约定工程质量保修范围、期限和责任。

【条文解析】

2020 版《示范文本》1.1.4.7 约定,保修期是指承包人按照合同约定和法律规定对工程质量承担保修责任的期限,该期限自缺陷责任期起算之日起计算。《建设工程质量管理条例》第 39 条规定:"建设工程实行质量保修制度。建设工程承包单位在向建设单位提交工程竣工验收报告时,应当向建设单位出具质量保修书。质量保修书中应当明确建设工程的保修范围、保修期限和保修责任等。"

《建设工程质量管理条例》第 40 条规定:"在正常使用条件下,建设工程的最低保修期限为:

(一)基础设施工程、房屋建筑的地基基础工程和主体结构工程,为设计文件规定的该工程的合理使用年限;

(二)屋面防水工程、有防水要求的卫生间、房间和外墙面的防渗漏,为 5 年;

(三)供热与供冷系统,为 2 个采暖期、供冷期;

(四)电气管线、给排水管道、设备安装和装修工程,为 2 年。

---

① 最高人民法院民事判决书,(2017)最高法民申 4603 号;最高人民法院民事判决书,(2012)民提字第 20 号。

② 最高人民法院民事判决书,(2018)最高法民申 6009 号;最高人民法院民事判决书,(2012)民申字第 641 号。

其他项目的保修期限由发包方与承包方约定。

建设工程的保修期,自竣工验收合格之日起计算。"

《房屋建筑和市政基础设施项目工程总承包管理办法》第 25 条规定:"工程保修书由建设单位与工程总承包单位签署,保修期内工程总承包单位应当根据法律法规规定以及合同约定承担保修责任,工程总承包单位不得以其与分包单位之间保修责任划分而拒绝履行保修责任。"

根据上述法律规定,工程总承包单位应在法律规定和合同约定的范围内承担保修责任,并在保修期内承担保修责任。在 2020 版《示范文本》附件 3《工程质量保修书》中规定:"质量保修范围包括地基基础工程、主体结构工程,屋面防水工程、有防水要求的卫生间、房间和外墙面的防渗漏,供热与供冷系统,电气管线、给排水管道、设备安装和装修工程,以及双方约定的其他项目。"因此,发包、承包双方除在《工程质量保修书》中明确的保修范围外,还应当根据工程实际情况明晰其他保修内容。

从上述内容可知,2020 版《示范文本》借鉴了 2017 版施工总承包示范文本对于工程保修书的设定,在工程保修书中分别约定了质量保修期与缺陷责任期的内容。与第 11.1 款的内容相呼应,既肯定质量缺陷责任期和质量保修期的区别,又认可二者在起算点、存续时间及质量维修责任方面存在重叠。

关于缺陷责任期和质量保修期的区别:

1. 关于起算时间,当因发包人原因导致工程未能正常竣工验收时,根据《建设工程质量保证金管理办法》第 8 条①及最高人民法院《关于审理建设工程施工合同纠纷案件适用法律问题的解释(一)》第 17 条第 3 款的规定,自承包人提交工程竣工验收报告九十日后工程自动进入缺陷责任期。

2. 关于期限长短,《建设工程质量保证金管理办法》第 2 条规定,缺陷责任期一般为 1 年,最长不超过 2 年。而《建设工程质量管理条例》第 40 条规定的法定最低质量保修期限因工程性质与部位不同而有所区别,但其期限一般不低于 2 年。

---

① 《建设工程质量保证金管理办法》第 8 条　缺陷责任期从工程通过竣工验收之日起计。由于承包人原因导致工程无法按规定期限进行竣工验收的,缺陷责任期从实际通过竣工验收之日起计。由于发包人原因导致工程无法按规定期限进行竣工验收的,在承包人提交竣工验收报告 90 天后,工程自动进入缺陷责任期。

3.关于履约形式,缺陷责任期以预留质量保证金或其他履约担保的方式进行,而质量保修期并无法定的预留金额或其他履约担保,一般由合同双方进行约定。

4.关于承担责任的范围上,缺陷责任期针对的是工程质量不符合工程建设强制性标准、设计文件及承包合同约定的工程缺陷,而质量保修期针对建设工程保修范围内已经实际发生的质量问题。

【实务关注】

1.发承包双方对于发包人不予颁发缺陷责任期终止证书的法律后果应在专用条款中进行特别约定,以免出现因约定不明导致的履约纠纷;

2.注意区分缺陷责任期和质量保修期,二者虽然起算时间一致(二者均自竣工验收之日起算,当因发包人原因导致工程未能正常竣工验收时除外),但法定的期限长短并不一致,缺陷责任期一般为1年,最长不超过2年,而保修期则因保修的范围和项目不同而有所差别。

第12条　竣工后试验

◆ 12.1　竣工后试验的程序

【范本原文】

12.1.1　工程或区段工程被发包人接收后,在合理可行的情况下应根据合同约定尽早进行竣工后试验。

12.1.2　除专用合同条件另有约定外,发包人应提供全部电力、水、污水处理、燃料、消耗品和材料,以及全部其他仪器、协助、文件或其他信息、设备、工具、劳力,启动工程设备,并组织安排有适当资质、经验和能力的工作人员实施竣工后试验。

12.1.3　除《发包人要求》另有约定外,发包人应在合理可行的情况下尽快进行每项竣工后试验,并至少提前21天将该项竣工后试验的内容、地点和时间,以及显示其他竣工后试验拟开展时间的竣工后试验计划通知承包人。

12.1.4　发包人应根据《发包人要求》、承包人按照第5.5款[操作和维修手册]提交的文件,以及承包人被要求提供的指导进行竣工后试验。如承包人未在发包人通知的时间和地点参加竣工后试验,发包人可自行进行,该试验应被视为是承包人在场的情况下进行的,且承包人应视为认可试验数据。

12.1.5　竣工后试验的结果应由双方进行整理和评价,并应适当考虑发包人对工程或其任何部分的使用,对工程或区段工程的性能、特性和试验结果产生的影响。

【条文解析】

因 EPC 模式的工程总承包项目通常包含设计环节,承包人按《发包人要求》或合同中的约定进行设计及施工。此类项目往往要求工程完成后需达到某些性能指标,如能源的消耗与产出标准。为了检验工程竣工后是否达到了约定指标,就需要在投产后进行检验,即所谓热式车。因此 2020 版《示范文本》第 12 条"竣工后试验"条款约定只有项目需要竣工后试验时适用本条约定。

与 2011 版《示范文本》相比,新示范文本对于如何进行竣工后试验更加程序化。对比第 9.1 款中的竣工试验程序,竣工后试验主要由发包人负责,包括提供试验所需人员、设备、材料等以及程序的安排。承包人则处于协助地位,如发包人不要求其参加,他可以主动参加,也可以不参加。如发包人要求其参加则承包人有义务参加,否则视为对发包人自行试验结果的认可,发包人要求承包人参加试验的,需将检验时间通知承包人。此外,第 12.1 款还约定了《发包人要求》及第 5.5 款[操作和维修手册]作为竣工后试验成功与否的依据。由于竣工后试验决定了承包人是否成功完成工程,因此竣工后试验的检验标准与依据非常重要。承包人应尽可能参与试验,发承包双方应在《发包人要求》与[操作和维修手册]对试验依据与标准尽可能具体化约定。

【实务关注】

1.承包人应尽可能参与试验,发承包双方应在《发包人要求》与[操作和维修手册]对试验依据与标准尽可能具体化约定;

2.发承包双方在《发包人要求》与专用条款中,根据项目特点对"视为通过竣工后验收"的情形作出特别约定。

三、通用合同条件重点关注条款（第13条至第20条）

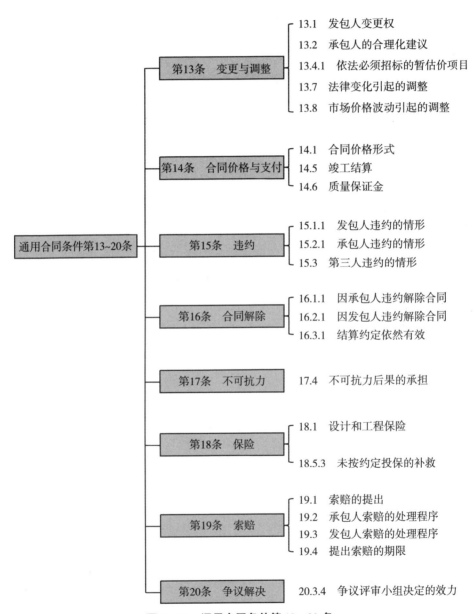

图 2－17　通用合同条件第 13～20 条

第 13 条 变更与调整

◆ **13.1 发包人变更权**

【范本原文】

13.1.1 变更指示应经发包人同意,并由工程师发出经发包人签认的变更指示。除第 11.3.6 项[未能修复]约定的情况外,变更不应包括准备将任何工作删减并交由他人或发包人自行实施的情况。承包人收到变更指示后,方可实施变更。未经许可,承包人不得擅自对工程的任何部分进行变更。发包人与承包人对某项指示或批准是否构成变更产生争议的,按第 20 条[争议解决]处理。

13.1.2 承包人应按照变更指示执行,除非承包人及时向工程师发出通知,说明该项变更指示将降低工程的安全性、稳定性或适用性;涉及的工作内容和范围不可预见;所涉设备难以采购;导致承包人无法执行第 7.5 款[现场劳动用工]、第 7.6 款[安全文明施工]、第 7.7 款[职业健康]或第 7.8 款[环境保护]内容;将造成工期延误;与第 4.1 款[承包人的一般义务]相冲突等无法执行的理由。工程师接到承包人的通知后,应作出经发包人签认的取消、确认或改变原指示的书面回复。

【条义解析】

发包人发出变更指示是在行使一种权利,这种权利来自一种观点认为工程总承包合同兼具承揽合同的典型特征,发包人的身份性质类似于承揽合同中定作人的身份性质,这类合同赋予了定作人可以更改定作要求的权利【但同样要承担一定赔偿责任】甚至赋予了定作人的任意解除权。[①] 承包人在接到发包人的变更指示后如无法定理由和约定理由则必须执行,否则将承担责任。

相比于 2011 版《示范文本》,2020 版《示范文本》不再直接约定工程变更的情形和范围,而通过发包人行使变更权、接受承包人的合理化建议发出变更指示等程序要件,界定是否构成变更,对发承包双方的现场管理能力提出更高的要求。

第 13.1 款明确变更指示应经发包人同意并由工程师发出,未经许可,承包人不得擅自对工程进行变更。承包人对于发包人变更指令的抗辩理由以及是

---

① 《民法典》第 777 条和第 787 条。

否构成变更存疑时的解决机制。发承包双方在处理工程变更事宜时应及时发出书面指令与回复,对于是否构成变更存疑的,应及时收集资料和证据,转为索赔程序或争议解决机制处理。

"变更指示"是对《发包人要求》的内容进行调整的一种行为,引发变更的事件可能是设计的变更和采购的变更及施工范围的变更,变更指示的发出可以由发包人主动发起,也可以在接受了承包人合理化建议后发出变更指示。

变更指示是一类文件的概述,并非仅指文件名称为"变更指示"的文件,发包人的某项指示和批准可能会成为变更指示,而判断的标准就是这类文件是否调整了《发包人的要求》的内容,当双方对某类文件是否构成变更时可以通过争议解决条款处理。

变更指示很有可能会涉及合同价款调整,因此会受到双方的关注,也常因此产生争议。

◆ **13.2　承包人的合理化建议**

【范本原文】

13.2.1　承包人提出合理化建议的,应向工程师提交合理化建议说明,说明建议的内容、理由以及实施该建议对合同价格和工期的影响。

13.2.2　除专用合同条件另有约定外,工程师应在收到承包人提交的合理化建议后7天内审查完毕并报送发包人,发现其中存在技术上的缺陷,应通知承包人修改。发包人应在收到工程师报送的合理化建议后7天内审批完毕。合理化建议经发包人批准的,工程师应及时发出变更指示,由此引起的合同价格调整按照第13.3.3项[变更估价]约定执行。发包人不同意变更的,工程师应书面通知承包人。

13.2.3　合理化建议降低了合同价格、缩短了工期或者提高了工程经济效益的,双方可以按照专用合同条件的约定进行利益分享。

【条文解析】

本款内容出自 FIDIC 红皮书施工合同条件中的"价值工程"(Value Engineering)条款。"价值工程"是工程经济学的一个概念,指如何使功能/费用比最优化,以便使投入的资金产生最大的价值。由于承包人是工程的具体执行者,其更加了解工程实施过程中的实际情况。另外有的承包商经验丰富,因而可能会有一些降本增效、缩短工期的方案。此时承包人可通过建议的方式向发包人发出工程变更的建议,并要求分享因变更产生的利益。

第13.2款约定承包人提出合理化建议的,首先应向工程师提交合理化建议的方案,由工程师审核后报送发包人,发包人可同意或不同意该建议。此外本款明确约定承包人合理化建议的流程以及发包人采纳合理化建议后的利益分项可通过专用条款另行约定,由于承包人建议本质上是一种双赢的机制,该机制也充分体现发承包双方现代化的工程管理能力,因此发承包双方应根据项目特点与发包人的合同目的,于专用条款中约定合理化建议产生的利益分享具体方案,使其能够真正落地。

承包人应灵活的运用承包人的合理化建议,在某种特殊情形下合理化建议不仅可以为承包人争取利益,还可以成为某些无法完成的项目的解决途径。

◆ 13.4.1 依法必须招标的暂估价项目

【范本原文】

对于依法必须招标的暂估价项目,专用合同条件约定由承包人作为招标人的,招标文件、评标方案、评标结果应报送发包人批准。与组织招标工作有关的费用应当被认为已经包括在承包人的签约合同价中。

专用合同条件约定由发包人和承包人共同作为招标人的,与组织招标工作有关的费用在专用合同条件中约定。

具体的招标程序以及发包人和承包人权利义务关系可在专用合同条件中约定。暂估价项目的中标金额与价格清单中所列暂估价的金额差以及相应的税金等其他费用应列入合同价格。

【条文解析】

对于暂估价项目的实施,2020版《示范文本》区分了依法必须招标的暂估价项目与非依法必须招标的暂估价项目。对于前者,可由发承包双方在专用条款中约定具体的招标程序以及发包人和承包人权利义务关系;对于后者,暂估价项目的实施和估价程序以及发包人和承包人权利义务关系可在专用合同条件中约定。而暂列金额的支付可由发承包双方在专用条款中进行约定。上述内容表明,2020版《示范文本》鼓励发承包双方于专用条款中自行约定暂估价/暂列金额的落实、价款计算与调整等内容,更加考验双方合同设计与项目管理能力。

2020版《示范文本》13.4.1和13.4.2处理上重要的区别在于甄别哪些项

目属于依法必须招投标的项目,界定上述问题的具体依据如下:《招标投标法》第 3 条、①《必须招标的工程项目规定》、《必须招标的基础设施和公用事业项目范围规定》和《进一步做好〈必须招标的工程项目规定〉和〈必须招标的基础设施和公用事业项目范围规定〉实施工作的通知》。

◆ **13.7 法律变化引起的调整**

【范本原文】

13.7.1 基准日期后,法律变化导致承包人在合同履行过程中所需要的费用发生除第 13.8 款[市场价格波动引起的调整]约定以外的增加时,由发包人承担由此增加的费用;减少时,应从合同价格中予以扣减。基准日期后,因法律变化造成工期延误时,工期应予以顺延。

13.7.2 因法律变化引起的合同价格和工期调整,合同当事人无法达成一致的,由工程师按第 3.6 款[商定或确定]的约定处理。

13.7.3 因承包人原因造成工期延误,在工期延误期间出现法律变化的,由此增加的费用和(或)延误的工期由承包人承担。

13.7.4 因法律变化而需要对工程的实施进行任何调整的,承包人应迅速通知发包人,或者发包人应迅速通知承包人,并附上详细的辅助资料。发包人接到通知后,应根据第 13.3 款[变更程序]发出变更指示。

【条文解析】

法律变化以及市场波动引起的调整同属于非当事人原因引起的工程调整,虽然此类调整非因当事人过错所致,但基于民事法律的公平原则,需发承包双方共同承担风险。2011 版《示范文本》对于法律变化以及市场波动引起的调整散见于合同价款调整条款中,且仅局限于合同价格调整。2020 版《示范文本》借鉴国际通行的 FIDIC 施工合同,将因法律变化引起的调整与因市场价格波动

---

① 《招标投标法》第 3 条 在中华人民共和国境内进行下列工程建设项目包括项目的勘察、设计、施工、监理以及与工程建设有关的重要设备、材料等的采购,必须进行招标:

(一)大型基础设施、公用事业等关系社会公共利益、公众安全的项目;

(二)全部或者部分使用国有资金投资或者国家融资的项目;

(三)使用国际组织或者外国政府贷款、援助资金的项目。

前款所列项目的具体范围和规模标准,由国务院发展计划部门会同国务院有关部门制订,报国务院批准。

法律或者国务院对必须进行招标的其他项目的范围有规定的,依照其规定。

引起的调整列为单独条款,且调整的范围不止局限于合同价款,还包括工程工期。

第13.7款约定了因法律变化引起的合同价款与工期的调整机制。需要注意的是,本款的适用首先应明确所引用法律的范围。根据《建设工程工程量清单计价规范》(GB 50500—2013)3.4.2、9.2.2相关规定,[①]在无合同明确约定的情况下,法律变化引起的风险应由发包人承担,但若因承包人导致工期延误的,则应按不利于承包人的原则调整合同价款。虽然通用条款第1.3款约定了合同文本的法律范围,但该范围过于宽泛且指向不明。鉴于本款内容关乎发承包双方的利益,建议双方应根据项目特点及所在地法律法规在专用条款中对适用法律的范围进行特别约定。

◆ 13.8　市场价格波动引起的调整

【范本原文】

13.8.1　主要工程材料、设备、人工价格与招标时基期价相比,波动幅度超过合同约定幅度的,双方按照合同约定的价格调整方式调整。

13.8.2　发包人与承包人在专用合同条件中约定采用《价格指数权重表》的,适用本项约定。

13.8.2.1　双方当事人可以将部分主要工程材料、工程设备、人工价格及其他双方认为应当根据市场价格调整的费用列入附件6[价格指数权重表],并根据以下公式计算差额并调整合同价格:

$$\Delta P = P_0 \left[A + \left(B_1 \times \frac{F_{t1}}{F_{01}} + B_2 \times \frac{F_{t2}}{F_{02}} + B_3 \times \frac{F_{t3}}{F_{03}} + \cdots + B_n \times \frac{F_{tn}}{F_{0n}} \right) - 1 \right]$$

(1)价格调整公式

公式中:△P——需调整的价格差额;

---

① 3.4.2　由于下列因素出现,影响合同价款调整的,应由发包人承担:

1 国家法律、法规、规章和政策发生变化;

2 省级或行业建设主管部门发布的人工费调整,但承包人对人工费或人工单价的报价高于发布的除外;

3 由政府定价或政府指导价管理的原材料等价格进行了调整。

因承包人原因导致工期延误的,应按本规范第9.2.2条、第9.8.3条的规定执行。

9.2.2　因承包人原因导致工期延误的,按本规范第9.2.1条规定的调整时间,在合同工程原定竣工时间之后,合同价款调增的不予调整,合同价款调减的予以调整。

P_0——付款证书中承包人应得到的已完成工作量的金额。此项金额应不包括价格调整、不计质量保证金的预留和支付、预付款的支付和扣回。第 13 条［变更与调整］约定的变更及其他金额已按当期价格计价的，也不计在内；

A——定值权重（即不调部分的权重）；

$B_1；B_2；B_3；\cdots\cdots B_n$——各可调因子的变值权重（即可调部分的权重）为各可调因子在投标函投标总报价中所占的比例，且 $A + B_1 + B_2 + B_3 + \cdots\cdots + B_n = 1$；

$F_{t1}；F_{t2}；F_{t3}；\cdots\cdots F_{tn}$——各可调因子的当期价格指数，指付款证书相关周期最后一天的前42天的各可调因子的价格指数；

$F_{01}；F_{02}；F_{03}；\cdots\cdots F_{0n}$——各可调因子的基本价格指数，指基准日期的各可调因子的价格指数。

以上价格调整公式中的各可调因子、定值和变值权重，以及基本价格指数及其来源在投标函附录价格指数和权重表中约定。价格指数应首先采用投标函附录中载明的有关部门提供的价格指数，缺乏上述价格指数时，可采用有关部门提供的价格代替。

（2）暂时确定调整差额

在计算调整差额时得不到当期价格指数的，可暂用上一次价格指数计算，并在以后的付款中再按实际价格指数进行调整。

（3）权重的调整

按第 13.1 款［发包人变更权］约定的变更导致原定合同中的权重不合理的，由工程师与承包人和发包人协商后进行调整。

（4）承包人原因工期延误后的价格调整

因承包人原因未在约定的工期内竣工的，则对原约定竣工日期后继续施工的工程，在使用本款第（1）项价格调整公式时，应采用原约定竣工日期与实际竣工日期的两个价格指数中较低的一个作为当期价格指数。

（5）发包人引起的工期延误后的价格调整

由于发包人原因未在约定的工期内竣工的，则对原约定竣工日期后继续施工的工程，在使用本款第（1）目价格调整公式时，应采用原约定竣工日期与实际竣工日期的两个价格指数中较高的一个作为当期价格指数。

13.8.2.2　未列入《价格指数权重表》的费用不因市场变化而调整。

13.8.3　双方约定采用其他方式调整合同价款的,以专用合同条件约定为准。

【条文解析】

第13.8款约定了因市场波动进行的调价机制。根据《2013版清单计价规范》3.4.3规定,①由于市场物价波动影响合同价款的,应由发承包双方合理分摊。当合同没有约定时,应按规范的9.8.1~9.8.3②执行。正是因为3.4.3及9.8并非强制性规范,且我国现行法律并未对价格波动超出多大幅度可认为显失公平作出明确规定,如合同中并未约定市场价格波动幅度以及明确的调价机制时,受到不利影响的一方当事人据此请求显失公平的举证难度非常大,故本款的调价机制对于承包人权益至关重要。需要注意的是,2017版FIDIC红皮书中市场价格波动调整条款中并未约定具体调整公式,而是建议发承包双方于专用条款中进行特别约定。故发承包双方也可根据项目特点采用该种模式。

为了保证发生上述变化时,承发包双方有据可循,我们建议双方将上述《价格指数权重表》中能填写的费用尽量填写完整,如不填入的费用则不能依据上述规则进行调整。

【实务关注】

1. 发承包双方在处理工程变更事宜时应及时发出书面指令与回复,对于是否构成变更存疑的,应及时收集资料和证据,转为索赔程序或争议解决机制处理;

2. 发承包双方应根据项目特点与发包人的合同目的,于专用条款中约定合理化建议产生的利益分享具体方案,使其能够真正落地;

3. 对于工程变更程序,发承包双方均有发出指令、及时确认的义务,否则将

---

① 3.4.3　由于市场物价波动影响合同价款的,应由发承包双方合理分摊,按本规范附录L.2或L.3填写《承包人提供主要材料和工程设备一览表》作为合同附件;当合同中没有约定,发承包双方发生争议时,应按本规范第9.8.1~9.8.3条的规定调整合同价款。

② 9.8.1　合同履行期间,因人工、材料、工程设备、机械台班价格波动影响合同价款时,应根据合同约定,按本规范附录A的方法之一调整合同价款。9.8.2　承包人采购材料和工程设备的,应在合同中约定主要材料、工程设备价格变化的范围或幅度;当没有约定,且材料、工程设备单价变化超过5%时,超过部分的价格应按照本规范附录A的方法计算调整材料、工程设备费。9.8.3　发生合同工程工期延误的,应按照下列规定确定合同履行期的价格调整:(1)因非承包人原因导致工期延误的,计划进度日期后续工程的价格,应采用计划进度日期与实际进度日期两者的较高者。(2)因承包人原因导致工期延误的,计划进度日期后续工程的价格,应采用计划进度日期与实际进度日期两者的较低者。

产生不利后果;

4. 发承包双方应根据项目特点及所在地法律法规在专用条款中对适用法律的范围、市场波动调价机制进行特别约定。

第 14 条 合同价格与支付

◆ 14.1 合同价格形式

【范本原文】

14.1.1 除专用合同条件中另有约定外,本合同为总价合同,除根据第 13 条[变更与调整],以及合同中其它相关增减金额的约定进行调整外,合同价格不做调整。

14.1.2 除专用合同条件另有约定外:

(1)工程款的支付应以合同协议书约定的签约合同价格为基础,按照合同约定进行调整;

(2)承包人应支付根据法律规定或合同约定应由其支付的各项税费,除第 13.7 款[法律变化引起的调整]约定外,合同价格不应因任何这些税费进行调整;

(3)价格清单列出的任何数量仅为估算的工作量,不得将其视为要求承包人实施的工程的实际或准确的工作量。在价格清单中列出的任何工作量和价格数据应仅限用于变更和支付的参考资料,而不能用于其他目的。

14.1.3 合同约定工程的某部分按照实际完成的工程量进行支付的,应按照专用合同条件的约定进行计量和估价,并据此调整合同价格。

【条文解析】

2011 版《示范文本》将初始价格命名为"合同价格",结算价格命名为"合同总价",而 2020 版《示范文本》将上述两个价格在 1.1.5.1 和 1.1.5.2 定义为"签约合同价"和"合同价格",此处的合同价格对应的是经过最终调整后的结算价格。

1.1.5.1 规定,签约合同价是指发包人和承包人在合同协议书中确定的总金额,包括暂估价及暂列金额等。

1.1.5.2 规定,合同价格是指发包人用于支付承包人按照合同约定完成承包范围内全部工作的金额,包括合同履行过程中按合同约定发生的价格变化。

　　基于上述定义,在涉及适用初始价格和结算价格情形时,2020 版《示范文本》均针对不同情况进行了区分适用。(见表 2 - 6、表 2 - 7)

表 2 - 6　签约合同价的适用

签约合同价	
所在条款	**备注**
1.4.3　没有相应成文规定的标准、规范时,由发包人在专用合同条件中约定的时间向承包人列明技术要求,承包人按约定的时间和技术要求提出实施方法,经发包人认可后执行。承包人需要对实施方法进行研发试验的,或须对项目人员进行特殊培训及其有特殊要求的,除签约合同价已包含此项费用外,双方应另行订立协议作为合同附件,其费用由发包人承担	提醒发包人注意,如工程没有成文规定的标准则承包人对实施方法进行试验产生的费用要明确是否包含在"签约合同价"中。否则,承包人可以主张另行订立协议进而支付费用
1.4.4　发包人对于工程的技术标准、功能要求高于或严于现行国家、行业或地方标准的,应当在《发包人要求》中予以明确。除专用合同条件另有约定外,应视为承包人在订立合同前已充分预见前述技术标准和功能要求的复杂程度,签约合同价中已包含由此产生的费用	提醒承包人注意,如发包人要求高于国家标准时,承包人需要增加成本费用时要在专用合同条件中特别约定,否则不可以此主张调整合同价格
1.10.4　除专用合同条件另有约定外,承包人在投标文件中采用的专利、专有技术、商业软件、技术秘密的使用费已包含在签约合同价中	除非专用合同条件另行约定,否则承包人不可另行主张在投标文件中采用的专利、专有技术、商业软件、技术秘密的使用费不包括在签约合同价中
1.13　责任限制 承包人对发包人的赔偿责任不应超过专用合同条件约定的赔偿最高限额。若专用合同条件未约定,则承包人对发包人的赔偿责任不应超过签约合同价。但对于因欺诈、犯罪、故意、重大过失、人身伤害等不当行为造成的损失,赔偿的责任限度不受上述最高限额的限制	在一般情况下对承包人的责任赔偿限制在签约合同价之内,此约定有利于保护承包人,也有利于使得承包人预期最大损害赔偿责任和使得损害赔偿具有可预计性
2.5.2　发包人应当制定资金安排计划……如发生承包人收到价格大于签约合同价10%的变更指示或累计变更的总价超过签约合同价30%……则承包人可随时要求发包人在 28 天内补充提供能够按照合同约定支付合同价款的相应资金来源证明	合同在履行过程中发生的变更指示超过签约合同价一定幅度时,承包人可以随时要求承包人在 28 天内提交资金来源证明,因此时仍未进入最终结算,所以只能以初始价格作为参照标准

续表

所在条款	备注
10.1.1　竣工验收条件 除专用合同条件另有约定外,发包人不按照本项和第10.4款[接收证书]约定组织竣工验收、颁发工程接收证书的,每逾期一天,应以签约合同价为基数,按照贷款市场报价利率(LPR)支付违约金	相对于合同价格而言,签约合同价属于固定价格,因此相关违约责任的标准应以固定价格为参照
13.4.1　依法必须招标的暂估价项目 对于依法必须招标的暂估价项目,专用合同条件约定由承包人作为招标人的,招标文件、评标方案、评标结果应报送发包人批准。与组织招标工作有关的费用应当被认为已经包括在承包人的签约合同价中	明确规定签约合同价中包括承包人后续组织对暂估价项目的招标工作的有关费用,且该费用的承担并未约定可以通过专用合同条件另行约定
(1)工程款的支付应以合同协议书约定的签约合同价为基础,按照合同约定进行调整…… 14.4.2　付款计划表的编制与审批 (1)除专用合同条件另有约定外,承包人应根据第8.4款[项目进度计划]约定的项目进度计划、签约合同价和工程量等因素对总价合同进行分解,确定付款期数、计划每期达到的主要形象进度和(或)完成的主要计划工程量(含设计、采购、施工、竣工试验和竣工后试验等)等目标任务,编制付款计划表	"工程款的支付应以合同协议书约定的签约合同价为基础,按照合同约定进行调整",该约定可以视为整个示范文本中的关于价款支付的原则性规定,明确了支付基础和调整原则。 总价分解发生在签约时或合同履行过程中,因此分解的基础一定是能够确定的签约合同价

表 2-7　合同价格的适用

合同价格	
所在条款	备注
13.2.1　承包人提出合理化建议的,应向工程师提交合理化建议说明,说明建议的内容、理由以及实施该建议对合同价格和工期的影响	
13.2.2　除专用合同条件另有约定外,工程师应在收到承包人提交的合理化建议后 7 天内审查完毕并报送发包人,发现其中存在技术上的缺陷,应通知承包人修改。发包人应在收到工程师报送的合理化建议后 7 天内审批完毕。合理化建议经发包人批准的,工程师应及时发出变更指示,由此引起的合同价格调整按照第13.3.3项[变更估价]约定执行。发包人不同意变更的,工程师应书面通知承包人	

续表

所在条款	备注
13.2.3　合理化建议降低了合同价格、缩短了工期或者提高了工程经济效益的,双方可以按照专用合同条件的约定进行利益分享	
13.3.2　变更执行 承包人收到工程师下达的变更指示后,认为不能执行,应在合理期限内提出不能执行该变更指示的理由。承包人认为可以执行变更的,应当书面说明实施该变更指示需要采取的具体措施及对合同价格和工期的影响,且合同当事人应当按照第13.3.3项[变更估价]约定确定变更估价	
13.3.3.1　变更估价原则 除专用合同条件另有约定外,变更估价按照本款约定处理: (1)合同中未包含价格清单,合同价格应按照所执行的变更工程的成本加利润调整; (2)合同中包含价格清单,合同价格按照如下规则调整: 1)价格清单中有适用于变更工程项目的,应采用该项目的费率和价格; 2)价格清单中没有适用但有类似于变更工程项目的,可在合理范围内参照类似项目的费率或价格; 3)价格清单中没有适用也没有类似于变更工程项目的,该工程项目应按成本加利润原则调整适用新的费率或价格	
13.4.1　依法必须招标的暂估价项目 对于依法必须招标的暂估价项目,专用合同条件约定由承包人作为招标人的,招标文件、评标方案、评标结果应报送发包人批准。与组织招标工作有关的费用应当被认为已经包括在承包人的签约合同价中。 专用合同条件约定由发包人和承包人共同作为招标人的,与组织招标工作有关的费用在专用合同条件中约定。 具体的招标程序以及发包人和承包人权利义务关系可在专用合同条件中约定。暂估价项目的中标金额与价格清单中所列暂估价的金额差以及相应的税金等其他费用应列入合同价格	本条中同时出现的"签约合同价"和"合同价格"是体现二者之间区别和逻辑关系的典型条款,暂估价项目的中标金额与价格清单中所列暂估价的金额差以及相应的税金等其他费用应列入合同价格,而不是签约合同价格,充分体现了合同价格是经过调整后最终的结算价的性质

续表

所在条款	备注
13.4.2　不属于依法必须招标的暂估价项目 对于不属于依法必须招标的暂估价项目,承包人具备实施暂估价项目的资格和条件的,经发包人和承包人协商一致后,可由承包人自行实施暂估价项目,具体的协商和估价程序以及发包人和承包人权利义务关系可在专用合同条件中约定。确定后的暂估价项目金额与价格清单中所列暂估价的金额差以及相应的税金等其他费用应列入合同价格	13.4.1　确定的是依法必须招标的暂估价项目确定后金额差的处理方式,本条确定的是不属于依法必须招标的暂估价项目确定后金额差的处理方式,同样体现了合同价格是调整后的结算价格
13.5　暂列金额 除专用合同条件另有约定外,每一笔暂列金额只能按照发包人的指示全部或部分使用,并对合同价格进行相应调整。付给承包人的总金额应仅包括发包人已指示的,与暂列金额相关的工作、货物或服务的应付款项。 对于每笔暂列金额,发包人可以指示用于下列支付: (1)发包人根据第13.1款[发包人变更权]指示变更,决定对合同价格和付款计划表(如有)进行调整的、由承包人实施的工作(包括要提供的工程设备、材料和服务)	暂列金额由于其预估性必然会导致合同价格的调整,这里的调整就是指签约合同价与最终合同价格之间差额的调整,本条列举了暂列金额的调整和确定的具体情形
13.7.1　基准日期后,法律变化导致承包人在合同履行过程中所需要的费用发生除第13.8款[市场价格波动引起的调整]约定以外的增加时,由发包人承担由此增加的费用;减少时,应从合同价格中予以扣减。基准日期后,因法律变化造成工期延误时,工期应予以顺延。 13.7.2　因法律变化引起的合同价格和工期调整,合同当事人无法达成一致的,由工程师按第3.6款[商定或确定]的约定处理	鉴于签约合同价性质上属于预估价,因此对预估价进行调整,会导致发生变化时需要对合同价格再调整,才能确定为结算价格,所以当提到签约后的再变化一般均以合同价格为对比进行调整
13.8.2.1　双方当事人可以将部分主要工程材料、工程设备、人工价格及其他双方认为应当根据市场价格调整的费用列入附件6[价格指数权重表],并根据以下公式计算差额并调整合同价格:……	依据13.8.2的约定,只有当发包人与承包人在专用合同条件中约定采用《价格指数权重表》的,才适用本项约定。否则不会因价格指数权重表的变化调整导致合同价格的调整

　　《房屋建筑和市政基础设施项目工程总承包管理办法》第 16 条规定,企业投资项目的工程总承包宜采用总价合同,政府投资项目的工程总承包应当合理确定合同价格形式。采用总价合同的,除合同约定可以调整的情形外,合同总价一般不予调整。建设单位和工程总承包单位可以在合同中约定工程总承包计量规则和计价方法。依法必须进行招标的项目,合同价格应当在充分竞争的基础上合理确定。

　　通过上述规定可知,对于价格形式指示推荐和倡导并无明确规定必须采取何种形式,总结目前的实践情况 EPC 模式下的工程总承包合同价格可能会存在以下形式,为便于理解我们做如下区分对比。(见表 2-8)

表 2-8　不同价格形式的优劣总结

价格形式	优劣总结
固定总价	优势: 1.便于对项目建设成本的管控; 2.具备明确交付标准的前提下,发包人可不介入项目日常管理,承包人不受干扰,发挥 EPC 模式的优点; 3.调动承包人对成本控制的积极性,充分进行优化设计,节约成本。 劣势: 1 对《发包人要求》细化和明确的要求很高; 2.要求发包人和承包人招标投标前有充足的准备时间; 3.要求承包人具备成熟的经验和能力; 4.履行过程中容易对工程量产生争议甚至纠纷,耽搁工期进度
定额计价 并按投标下浮	优势: 1.工程要求比较复杂的项目,有利于发包人调整指标以及交付标准; 2.适用于投标准备期不足的项目; 3.单价比较容易确定。 缺点: 1.对发包人而言管理成本高,结算程序比较复杂; 2.无法实现设计与施工的融合,与承包人的设计优化动力背道而驰; 3.发包人在此模式下介入过多,造成管理责任不清

续表

价格形式	优劣总结
模拟工程量清单	优势: 1.发挥工程量清单计价的优点,实现履行过程中对造价控制和结算; 2.对承包人而言与定额计价下浮的模式相比,可以形成有效的市场竞争; 3.工程要求比较复杂的项目,有利于发包人调整指标以及交付标准; 4.节省招投标的时间,适用于前期准备不足的项目。 劣势: 1.承包商在趋利的心态下会在设计工作上做文章,工程造价难以控制; 2.发包人管理成本较高,结算也比较复杂; 3.无法调动承包人设计优化的积极性
成本加酬金	优势: 1.节省招投标的时间,适用于前期准备不足的项目; 2.因为酬金的存在能调动承包人设计优化的动力; 3.工程要求比较复杂的项目,有利于发包人调整指标以及交付标准。 劣势: 1.成本价难控制; 2.管理成本较高,结算复杂; 3.如对设计部分工作的激励不足,则会导致优化设计的动力不足
中标价与评审价控制①	优势: 1.对政府投资项目而言,能较好地控制建设成本与概算之间的衔接或差距; 2.有利于采用方案设计招标或初步设计招标时对价格的管控。 劣势: 1.对于成熟的承包人而言设计优化和控制成本的动力不足; 2.对承包人的综合能力要求较高; 3.对《发包人要求》文件的明确程度要求较高; 4.发包人在履行过程中的调整空间有限

---

① 是一种对比中标价和第三方造价或财政评审机构的评审价,以二者中的较低价作为结算依据的价格方式,参见建纬律师公众号文章《工程总承包项目常见的六种计价模式》,作者张雷、徐娜。

◆ 14.5　竣工结算

【范本原文】

14.5.1　竣工结算申请

除专用合同条件另有约定外,承包人应在工程竣工验收合格后42天内向工程师提交竣工结算申请单,并提交完整的结算资料,有关竣工结算申请单的资料清单和份数等要求由合同当事人在专用合同条件中约定。

除专用合同条件另有约定外,竣工结算申请单应包括以下内容:

(1)竣工结算合同价格;

(2)发包人已支付承包人的款项;

(3)采用第14.6.1项[承包人提供质量保证金的方式]第(2)种方式提供质量保证金的,应当列明应预留的质量保证金金额;采用第14.6.1项[承包人提供质量保证金的方式]中其他方式提供质量保证金的,应当按第14.6款[质量保证金]提供相关文件作为附件;

(4)发包人应支付承包人的合同价款。

14.5.2　竣工结算审核

(1)除专用合同条件另有约定外,工程师应在收到竣工结算申请单后14天内完成核查并报送发包人。发包人应在收到工程师提交的经审核的竣工结算申请单后14天内完成审批,并由工程师向承包人签发经发包人签认的竣工付款证书。工程师或发包人对竣工结算申请单有异议的,有权要求承包人进行修正和提供补充资料,承包人应提交修正后的竣工结算申请单。

发包人在收到承包人提交竣工结算申请书后28天内未完成审批且未提出异议的,视为发包人认可承包人提交的竣工结算申请单,并自发包人收到承包人提交的竣工结算申请单后第29天起视为已签发竣工付款证书。

(2)除专用合同条件另有约定外,发包人应在签发竣工付款证书后的14天内,完成对承包人的竣工付款。发包人逾期支付的,按照贷款市场报价利率(LPR)支付违约金;逾期支付超过56天的,按照贷款市场报价利率(LPR)的两倍支付违约金。

(3)承包人对发包人签认的竣工付款证书有异议的,对于有异议部分应在收到发包人签认的竣工付款证书后7天内提出异议,并由合同当事人按照专用合同条件约定的方式和程序进行复核,或按照第20条[争议解决]约定处理。

对于无异议部分,发包人应签发临时竣工付款证书,并按本款第(2)项完成付款。承包人逾期未提出异议的,视为认可发包人的审批结果。

【条文解析】

竣工结算通常指工程竣工验收合格,发承包双方依据合同约定办理的工程结算,竣工结算包括单位工程竣工结算、单项工程竣工结算和建设项目竣工结算。其中单项工程竣工结算由单位工程竣工结算组成,建设项目竣工结算由单项工程竣工结算组成。根据《2013版建设工程工程量清单计价规范》11.3.1的相关内容,竣工结算文件应在经发承包双方确认的合同工程期中价款结算的基础上汇总编制而成,应在提交竣工验收申请的同时向发包人提交竣工结算文件。

2020版《示范文本》对于竣工结算的内容做了较大调整,对于竣工结算发起程序、竣工结算文件内容以及竣工结算文件的审核方面的约定条理更加清晰。除此之外,对于工程竣工验收后存在的扫尾工程,本款约定发承包双方应编制扫尾工作清单以及费用结算与维保内容,双方不得以扫尾工作拒绝竣工结算。本款需要注意两处"视为认可"约定,一是发包人在收到承包人提交竣工结算申请书后28天内未完成审批且未提出异议的,视为认可及已签发竣工付款证书;二是承包人对发包人签认的竣工付款证书有异议的,应在7天内提出,否则视为认可发包人的审批结果。

◆ 14.6 质量保证金

【范本原文】

经合同当事人协商一致提供质量保证金的,应在专用合同条件中予以明确。在工程项目竣工前,承包人已经提供履约担保的,发包人不得同时要求承包人提供质量保证金。

14.6.1 承包人提供质量保证金的方式

承包人提供质量保证金有以下三种方式:

(1)提交工程质量保证担保;

(2)预留相应比例的工程款;

(3)双方约定的其他方式。

除专用合同条件另有约定外,质量保证金原则上采用上述第(1)种方式,且承包人应在工程竣工验收合格后7天内,向发包人提交工程质量保证担保。承包人提交工程质量保证担保时,发包人应同时返还预留的作为质量保证金的工程价款(如有)。但不论承包人以何种方式提供质量保证金,累计金额均不得高于工程价款结算总额的3%。

14.6.2　质量保证金的预留

双方约定采用预留相应比例的工程款方式提供质量保证金的,质量保证金的预留有以下三种方式:

(1)按专用合同条件的约定在支付工程进度款时逐次预留,直至预留的质量保证金总额达到专用合同条件约定的金额或比例为止。在此情形下,质量保证金的计算基数不包括预付款的支付、扣回以及价格调整的金额;

(2)工程竣工结算时一次性预留质量保证金;

(3)双方约定的其他预留方式。

除专用合同条件另有约定外,质量保证金的预留原则上采用上述第(1)种方式。如承包人在发包人签发竣工付款证书后28天内提交工程质量保证担保,发包人应同时返还预留的作为质量保证金的工程价款。发包人在返还本条款项下的质量保证金的同时,按照中国人民银行同期同类存款基准利率支付利息。

14.6.3　质量保证金的返还

缺陷责任期内,承包人认真履行合同约定的责任,缺陷责任期满,发包人根据第11.6款[缺陷责任期终止证书]向承包人颁发缺陷责任期终止证书后,承包人可向发包人申请返还质量保证金。

发包人在接到承包人返还质量保证金申请后,应于7天内将质量保证金返还承包人,逾期未返还的,应承担违约责任。发包人在接到承包人返还质量保证金申请后7天内不予答复,视同认可承包人的返还质量保证金申请。

发包人和承包人对质量保证金预留、返还以及工程维修质量、费用有争议的,按本合同第20条[争议解决]约定的争议和纠纷解决程序处理。

【条文解析】

根据《建设工程质量保证金管理办法》第2条第1款的内容,建设工程质量保证金是指发包人与承包人在建设工程承包合同中约定,从应付的工程款中预留,用以保证承包人在缺陷责任期内对建设工程出现的缺陷进行维修的资金。

2020版《示范文本》第14.6款基本沿袭《建设工程质量保证金管理办法》

中关于质量保证金的相关内容。对于质量保证金的提供方式，除专项质量保证金外，承包人还可采用工程质量保证担保、预留工程款或其他方式（如工程质量保险）。同时条款明确项目提供质量保证金的，应在专用合同条件中予以明确，并明确不论承包人以何种方式提供质量保证金均不得高于累计结算工程款3%。

对于质量保证金的预留，《建设工程质量保证金管理办法》并未规定明确的预留方式而是要求发承双方于合同中自行约定。2020版《示范文本》14.6.2中约定如无专用条款特别约定，保证金原则上随工程进度款等比例预留。

对于质量保证金的返还，《建设工程质量保证金管理办法》第11条进行了相应规定。[①] 2020版《示范文本》14.6.3明确约定承包人申请返还质量保证金的前提为缺陷责任期满且发包人已向承包人颁发缺陷责任期终止证书。同时约定发包人接到承包人返还申请7日内不予回复视为认可承包人的返还申请。

关于质量保证金的其他内容，发承包双方可于合同专用条款及附件3工程质量保修书中做进一步约定。

【实务关注】

1.对于工程总承包项目合同总价的确定，发包单位应于标前明确项目前期资料，招标文件中应明确项目成本控制价及合同价格调整机制；对于承包商而言，总承包单位需要全面熟悉、复核发包单位提供的前期资料，合理确定投标价格。并于设计施工过程中提升项目与合同管理能力，合理降本增效。

2.合理选择工程进度款支付方式，且注意保障人工费的支付符合《保障农民工工资支付条例》的相关规定。

3.对于竣工结算，发承包双方需注意两处"视为认可"的约定。

4.发承包双方应在专用条款中明确质量保证金的支付方式与比例；发包人须注意在约定时间内回复承包人的返还质量保证金申请。

---

① 《建设工程质量保证金管理办法》第11条　发包人在接到承包人返还保证金申请后，应于14天内会同承包人按照合同约定的内容进行核实。如无异议，发包人应当按照约定将保证金返还给承包人。对返还期限没有约定或者约定不明确的，发包人应当在核实后14天内将保证金返还承包人，逾期未返还的，依法承担违约责任。发包人在接到承包人返还保证金申请后14天内不予答复，经催告后14天内仍不予答复，视同认可承包人的返还保证金申请。

第15条 违约

◆ 15.1.1 发包人违约的情形

【范本原文】

除专用合同条件另有约定外,在合同履行过程中发生的下列情形,属于发包人违约:

(1)因发包人原因导致开始工作日期延误的;

(2)因发包人原因未能按合同约定支付合同价款的;

(3)发包人违反第13.1.1项约定,自行实施被取消的工作或转由他人实施的;

(4)因发包人违反合同约定造成工程暂停施工的;

(5)工程师无正当理由没有在约定期限内发出复工指示,导致承包人无法复工的;

(6)发包人明确表示或者以其行为表明不履行合同主要义务的;

(7)发包人未能按照合同约定履行其他义务的。

【条文解析】

根据《民法典》第578条、第582条的规定,当事人一方不履行合同义务或者履行合同义务不符合约定的,应当承担继续履行、采取补救措施或者赔偿损失等违约责任。履行不符合约定的,应当按照当事人的约定承担违约责任。对违约责任没有约定或者约定不明确,依据《民法典》第510条①的规定仍不能确定的,受损害方根据标的的性质以及损失的大小,可以合理选择请求对方承担修理、重作、更换、退货、减少价款或者报酬等违约责任。

对于建设工程合同的发包人来说,根据《民法典》第十八章建设工程合同,以及最高人民法院《关于审理建设工程施工合同纠纷案件适用法律问题的解释(一)》的相关内容可知,发包人涉及的违约责任通常为如下几种情形:(1)发包人原因导致工程质量缺陷,例如提供设计存在缺陷或指定材料配件设备等不符合强标;(2)发包人原因致使工程停建、缓建或工期延误的,例如发包人未按约

---

① 《民法典》第510条 合同生效后,当事人就质量、价款或者报酬、履行地点等内容没有约定或者约定不明确的,可以协议补充;不能达成补充协议的,按照合同相关条款或者交易习惯确定。

定时间提供原材料、场地、技术资料等导致工期延误以及停工、窝工损失,或是发包人在技术交底、方案变更方面未履行告知协助义务引起的项目工期延误;(3)发包人原因致使项目勘察、设计返工、停工、或设计变更修改;(4)发包人未按支付工程价款;(5)发包人干涉或指定项目分包。除上述发包人可能涉及的违约情形外,发包人擅自接收工程或擅自介入总包单位的项目实施过程要求对工程进行改建等均可能构成发包人违约。

2020版《示范文本》对于发包人违约的内容基本选取2017版《施工总承包》示范文本通用条款中关于发包人违约的内容,通用条款列举的七项发包人违约的情形,基本与上述法律法规规定的发包人违约情形一致。对于发包人的违约,承包人可向发包人发出整改通知并在发包人未按期纠正时取得暂停履行对应部分合同义务的抗辩权。对于违约责任,条款约定由发包人承担工期责任并支付合理利润,具体方式由发承包双方于专用条款中另行约定。

◆ 15.2.1　承包人违约的情形

【范本原文】

除专用合同条件另有约定外,在履行合同过程中发生的下列情况之一的,属于承包人违约:

(1)承包人的原因导致的承包人文件、实施和竣工的工程不符合法律法规、工程质量验收标准以及合同约定;

(2)承包人违反合同约定进行转包或违法分包的;

(3)承包人违反约定采购和使用不合格材料或工程设备;

(4)因承包人原因导致工程质量不符合合同要求的;

(5)承包人未经工程师批准,擅自将已按合同约定进入施工现场的施工设备、临时设施或材料撤离施工现场;

(6)承包人未能按项目进度计划及时完成合同约定的工作,造成工期延误;

(7)由于承包人原因未能通过竣工试验或竣工后试验的;

(8)承包人在缺陷责任期及保修期内,未能在合理期限对工程缺陷进行修复,或拒绝按发包人指示进行修复的;

(9)承包人明确表示或者以其行为表明不履行合同主要义务的;

(10)承包人未能按照合同约定履行其他义务的。

【条文解析】

《民法典》第788条第1款规定，建设工程合同是承包人进行工程建设，发包人支付价款的合同。承包人作为一项工程的具体实施者，当发包人按约支付价款且无其他违约行为时，承包人理应按期交付符合约定质量、性能标准的工程。因此承包人的违约责任对应的是整个项目实施过程及最终能否交付符合约定的工程。

具体到工程总承包项目，根据国务院办公厅《关于促进建筑业持续健康发展的意见》（国办发〔2017〕19号）的内容，"按照总承包负总责的原则，落实工程总承包单位在工程质量安全、进度控制、成本管理等方面的责任"。结合《房屋建筑和市政基础设施项目工程总承包管理办法》的相关规定，①工程总承包项目承包人责任或违约风险主要体现在如下方面：(1)工程总承包主体资质、业绩或履约能力；(2)工作质量安全与成本；(3)工程进度、工期；(4)分包管理；(5)项目维保。

与第15.1.1项类似，2020版《示范文本》对于承包人违约的内容同样选取2017版《施工总承包》示范文本通用条款中关于发包人违约的内容，除施工总承包范本通用条款列举的七项承包人违约的情形外，第15.2.1项根据工程总承包特点新增第1目与第7目两种承包人违约情形。对于承包人的违约，除竣工试验/竣工后试验及承包人明示不履行主要合同义务的，工程师可向承包人发出整改通知，且此处发包人并未取得相应违约部分可暂缓履行合同义务的抗

---

①　第10条第1款　工程总承包单位应当同时具有与工程规模相适应的工程设计资质和施工资质，或者由具有相应资质的设计单位和施工单位组成联合体。工程总承包单位应当具有相应的项目管理体系和项目管理能力、财务和风险承担能力，以及与发包工程相类似的设计、施工或者工程总承包业绩。

第11条　工程总承包单位不得是工程总承包项目的代建单位、项目管理单位、监理单位、造价咨询单位、招标代理单位。

第22条第2款　工程总承包单位应当对其承包的全部建设工程质量负责，分包单位对其分包工程的质量负责，分包不免除工程总承包单位对其承包的全部建设工程所负的质量责任。

第23条第2款　工程总承包单位对承包范围内工程的安全生产负总责。分包单位应当服从工程总承包单位的安全生产管理，分包单位不服从管理导致生产安全事故的，由分包单位承担主要责任，分包不免除工程总承包单位的安全责任。

第24条第2款　工程总承包单位应当依据合同对工期全面负责，对项目总进度和各阶段的进度进行控制管理，确保工程按期竣工。

第25条　工程保修书由建设单位与工程总承包单位签署，保修期内工程总承包单位应当根据法律法规规定以及合同约定承担保修责任，工程总承包单位不得以其与分包单位之间保修责任划分而拒绝履行保修责任。

辩权。对于违约责任,条款同样约定由承包人承担工期及费用增加责任,具体方式由发承包双方于专用条款中另行约定。

◆ 15.3　第三人造成的违约

【范本原文】

在履行合同过程中,一方当事人因第三人的原因造成违约的,应当向对方当事人承担违约责任。一方当事人和第三人之间的纠纷,依照法律规定或者按照约定解决。

【条文解析】

本款约定直接取自《民法典》第 593 条的内容。[①] 当事人一方因第三人原因造成违约的,应当依法向对方承担违约责任,这体现了合同相对性原则,即合同效力仅及于合同当事人,在一方当事人因第三人原因违约时,因该第三人并非合同当事人,相对方不能要求该第三人承担违约责任,而只能追究违约方的责任。司法实践中,也是将本条作为合同相对性的法律依据,排除债权人向第三人的直接请求权,或将本条作为债务人就第三人原因违约承担责任的法律依据,排除债务人将第三人原因作为免责事由的抗辩。对于第三人的范围,目前有两种观点,一种观点认为第三人不应泛指合同当事人以外的任何一个第三人,而是指与一方有关系的第三人,通常是一方当事人的雇员、内部员工或原材料供应商、配件供应人、合作伙伴,另外也包括上级领导机关或业务主管机关。另一种观点认为本条第三人是指合同关系以外的任何人,履行辅助人不属于第三人。[②]

对于工程总承包项目而言,因项目体量大,技术复杂或涉及公共利益,项目实施过程中会遇到很多政府主管部门的审批及规划验收。并且根据工程总承包项目特点,总包单位往往将设计、施工、采购的某部分工作分包出去,必然会涉及更多的法律主体,项目整体的法律关系趋于复杂。上述行为均可能导致第三方违约的发生,故在第三人违约风险的应对上更加依赖于发承包双方的项目管理能力及合同管理能力。

---

① 《民法典》第 593 条　当事人一方因第三人的原因造成违约的,应当依法向对方承担违约责任。当事人一方和第三人之间的纠纷,依照法律规定或者按照约定处理。

② 《中华人民共和国民法典合同编理解与适用》第 842~844 页。

【实务关注】

1. 发承包双方应根据项目实际情况于专用条款中对于违约情形进行特别约定,并约定具体的违约责任承担方式。

2. 对于发包人违约时,承包人行使暂停履行合同义务抗辩权前应进行整改通知;对于承包人违约,发包人可于专用条款中根据项目特点约定自身的抗辩权。

3. 发承包双方可于专用条款中对第三人的范围及因第三人造成的违约责任进行特别约定。

第16条 合同解除

◆ 16.1.1 因承包人违约解除合同

【范本原文】

除专用合同条件另有约定外,发包人有权基于下列原因,以书面形式通知承包人解除合同,解除通知中应注明是根据第16.1.1项发出的,发包人应在发出正式解除合同通知14天前告知承包人其解除合同意向,除非承包人在收到该解除合同意向通知后14天内采取了补救措施,否则发包人可向承包人发出正式解除合同通知立即解除合同。解除日期应为承包人收到正式解除合同通知的日期,但在第(5)目的情况下,发包人无须提前告知承包人其解除合同意向,可直接发出正式解除合同通知立即解除合同:

(1)承包人未能遵守第4.2款[履约担保]的约定;

(2)承包人未能遵守第4.5款[分包]有关分包和转包的约定;

(3)承包人实际进度明显落后于进度计划,并且未按发包人的指令采取措施并修正进度计划;

(4)工程质量有严重缺陷,承包人无正当理由使修复开始日期拖延达28天以上;

(5)承包人破产、停业清理或进入清算程序,或情况表明承包人将进入破产和(或)清算程序,已有对其财产的接管令或管理令,与债权人达成和解,或为其债权人的利益在财产接管人、受托人或管理人的监督下营业,或采取了任何行动或发生任何事件(根据有关适用法律)具有与前述行动或事件相似的效果;

(6)承包人明确表示或以自己的行为表明不履行合同、或经发包人以书面形式通知其履约后仍未能依约履行合同、或以不适当的方式履行合同；

(7)未能通过的竣工试验、未能通过的竣工后试验，使工程的任何部分和(或)整个工程丧失了主要使用功能、生产功能；

(8)因承包人的原因暂停工作超过56天且暂停影响到整个工程，或因承包人的原因暂停工作超过182天；

(9)承包人未能遵守第8.2款[竣工日期]规定，延误超过182天；

(10)工程师根据第15.2.2项[通知改正]发出整改通知后，承包人在指定的合理期限内仍不纠正违约行为并致使合同目的不能实现的。

◆ 16.2.1　因发包人违约解除合同

【范本原文】

除专用合同条件另有约定外，承包人有权基于下列原因，以书面形式通知发包人解除合同，解除通知中应注明是根据第16.2.1项发出的，承包人应在发出正式解除合同通知14天前告知发包人其解除合同意向，除非发包人在收到该解除合同意向通知后14天内采取了补救措施，否则承包人可向发包人发出正式解除合同通知立即解除合同。解除日期应为发包人收到正式解除合同通知的日期，但在第(5)目的情况下，承包人无须提前告知发包人其解除合同意向，可直接发出正式解除合同通知立即解除合同：

(1)承包人就发包人未能遵守第2.5.2项关于发包人的资金安排发出通知后42天内，仍未收到合理的证明；

(2)在第14条规定的付款时间到期后42天内，承包人仍未收到应付款项；

(3)发包人实质上未能根据合同约定履行其义务，构成根本性违约；

(4)发承包双方订立本合同协议书后的84天内，承包人未收到根据第8.1款[开始工作]的开始工作通知；

(5)发包人破产、停业清理或进入清算程序，或情况表明发包人将进入破产和(或)清算程序或发包人资信严重恶化，已有对其财产的接管令或管理令，与债权人达成和解，或为其债权人的利益在财产接管人、受托人或管理人的监督下营业，或采取了任何行动或发生任何事件(根据有关适用法律)具有与前述行动或事件相似的效果；

(6)发包人未能遵守第2.5.3项的约定提交支付担保；

(7)发包人未能执行第15.1.2项[通知改正]的约定，致使合同目的不能实现的；

（8）因发包人的原因暂停工作超过 56 天且暂停影响到整个工程，或因发包人的原因暂停工作超过 182 天的；

（9）因发包人原因造成开始工作日期迟于承包人收到中标通知书（或在无中标通知书的情况下，订立本合同之日）后第 84 天的。

发包人接到承包人解除合同意向通知后 14 天内，发包人随后给予了付款，或同意复工、或继续履行其义务、或提供了支付担保等，承包人应尽快安排并恢复正常工作；因此造成工期延误的，竣工日期顺延；承包人因此增加的费用，由发包人承担。

【条文解析】

《民法典》第 136 条规定，民事法律行为自成立时生效，但是法律另有规定或者当事人另有约定的除外。行为人非依法律规定或者未经对方同意，不得擅自变更或者解除民事法律行为。第 562 条规定，当事人协商一致，可以解除合同。当事人可以约定一方解除合同的事由。解除合同的事由发生时，解除权人可以解除合同。对于一份合同来说，当事人可因法律规定或协商一致解除合同，也可预先约定合同解除事由，当触发合同解除事由的情形出现时，合同当事人可据按法定或约定的程序解除合同。

本条系工程总承包项目合同约定解除的相关内容。合同约定解除权，指当事人以合同条件的形式，在合同成立以后未履行或未完全履行之前，由一方当事人在约定解除合同的事由发生时享有解除权，并据此通过行使解除权，使合同关系归于消灭。因约定解除权是由合同双方当事人在合同中事先约定合同履行期间可能发生的解除合同的事由，故其不同于附解除条件合同中的解除条件。在附解除条件的合同中，合同自解除条件成就时起即失去效力，无须当事人发出解除合同的意思表示。反观约定解除权，在合同解除事由发生时合同并未即时失去效力，倘若享有合同解除权的当事人不行使解除权，合同效力依然如故，不受影响。

对于约定解除权，目前司法实践主要关注的问题是，约定解除权的事由发生，合同是否当然可以解除？第九次《全国法院民商事审判工作会议纪要》第47 条规定，"合同约定的解除条件成就时，守约方以此为由请求解除合同的，人民法院应当审查违约方的违约程度是否显著轻微，是否影响守约方合同目的的实现,根据诚实信用原则,确定合同应否解除。违约方的违约程度显著轻微,不影响守约方合同目的实现,守约方请求解除合同的,人民法院不予支持;反之,则依法予以支持"。由此可见,即使当事人在合同中对解除事由约定明确具体且事由已经实际发生,对合同约定解除仍会加以限制。除合同目的外,另一个考量在于,虽然约定解除权是当事人意思自治的体现,但如果约定事由过于宽泛,无形中将大大增加合同解除的概率,极易产生变相鼓励解除权人滥用合同解除权,借机谋取不当利益或造成违约方过高损失的投机行为,这与"促进交易""维护交易安全"这一合同立法核心价值相悖,不利于平衡当事人之间的利益关系。①

鉴于此,2020 版《示范文本》相对于 2011 版《示范文本》对于约定解除情形做了更加详尽且有针对性的约定。从通用条款约定的发承包双方约定解除条款来看,约定解除情形除囊括法定解除的合同解除权外,②均详细地描述了违约严重程度且违约程度已实际影响守约方合同目的能否实现,例如承包人工程质量缺陷修复日期拖延 28 天以上/合同签订 84 天内承包人未收到发包人方面的开始工作通知;未通过竣工试验、竣工后试验使得工程整体或部分丧失主要使用、生产功能;发包人或承包人原因造成工作暂停、竣工日期延误超过 182 天;发包人应付款时间到期 42 天内仍未付款等。

除约定的合同解除权情形外,2020 版《示范文本》对于约定解除权的行使程序也做了特别约定。基于民事法律促进交易及维护交易安全的立法价值,

---

① 《中华人民共和国民法典合同编理解与适用》第 631~637 页。

② 《民法典》第 528 条　当事人依据前条规定中止履行的,应当及时通知对方。对方提供适当担保的,应当恢复履行。中止履行后,对方在合理期限内未恢复履行能力且未提供适当担保的,视为以自己的行为表明不履行主要债务,中止履行的一方可以解除合同并可以请求对方承担违约责任。

第 563 条　有下列情形之一的,当事人可以解除合同:

(一)因不可抗力致使不能实现合同目的;

(二)在履行期限届满前,当事人一方明确表示或者以自己的行为表明不履行主要债务;

(三)当事人一方迟延履行主要债务,经催告后在合理期限内仍未履行;

(四)当事人一方迟延履行债务或者有其他违约行为致使不能实现合同目的;

(五)法律规定的其他情形。

以持续履行的债务为内容的不定期合同,当事人可以随时解除合同,但是应当在合理期限之前通知对方。

第 806 条　承包人将建设工程转包、违法分包的,发包人可以解除合同。发包人提供的主要建筑材料、建筑构配件和设备不符合强制性标准或者不履行协助义务,致使承包人无法施工,经催告后在合理期限内仍未履行相应义务的,承包人可以解除合同。

2020 版《示范文本》对于发承包双方行使约定解除权之前需提前 14 天发出解除合同的意向,给予违约方 14 天的补救期,但违约方出现约定解除权第 5 日进入破产或清算程序的除外。

对于合同解除后发承包双方的权利义务,根据《民法典》第 566 条的相关规定,①合同解除后发承包双方应恢复原状并采取补救措施,并根据合同解除过错程度或违约情况承担赔偿责任或违约责任。对于承包人来说,合同解除后承包人须完成工程与资料的交接、撤场与现场维护、与发包人及相关合同主体共同确定工程估价与清算、与第三方介入主体完成交接等义务。如承包人与发包人就合同解除后价款支付与清算产生争议的,适用争议解决条款处理;对于发包人来说,如合同因发包人违约解除的,发包人须在合同解除 28 天内支付相应合同价款、退还履约担保、为承包人撤场提供必要条件。

上述内容表明 2020 版《示范文本》关于约定解除权的相关条款紧扣当前司法实践及《民法典》相关的规定。

◆ **16.3.1　结算约定依然有效**

【范本原文】

合同解除后,由发包人或由承包人解除合同的结算及结算后的付款约定仍然有效,直至解除合同的结算工作结清。

【条文解析】

《民法典》第 567 条规定,合同的权利义务关系终止,不影响合同中结算和清理条款的效力。本款内容响应了《民法典》关于合同权利义务终止后结算内容仍然有效的规定,并明确如合同解除及合同解除后的结算发生争议的,适用合同[争议解决]的约定处理。

实践中可能产生一个问题,对于合同解除及合同解除后价款支付与结算产生争议时,承包人往往不会直接适用争议解决条款而是主张适用“同时履行抗辩权”,以拒绝履行合同解除后承包人的撤场、项目交接等义务来敦促发包人支

①　《民法典》第 566 条　合同解除后,尚未履行的,终止履行;已经履行的,根据履行情况和合同性质,当事人可以请求恢复原状或者采取其他补救措施,并有权请求赔偿损失。

合同因违约解除的,解除权人可以请求违约方承担违约责任,但是当事人另有约定的除外。

主合同解除后,担保人对债务人应当承担的民事责任仍应当承担担保责任,但是担保合同另有约定的除外。

付价款。在合同解除后互付债务/义务的情况下能否适用同时履行抗辩权,目前理论与实务界尚存争议。我们认为,基于工程总承包项目大体量、可能涉及多方交易主体的特点,以及民事法律维护交易安全、平衡各方利益的立法目的,对于价款支付与结算问题,承包人按争议解决约定处理,对于合同解除后的相关义务,承包人在保留相关证据的情况下按约定履行,这样的处理方式更加符合交易各方利益最大化及示范文本之原意,避免项目长期停滞及损失的扩大。

【实务关注】

1. 建议发承包双方根据项目特点,在专用条款中约定合同解除的额外事由。

2. 行使解除权时,除法定程序外,需给予违约方 14 天宽限期,否则可能构成解除权行使程序瑕疵。

3. 如发承包双方出现合同价款支付及结算方面的争议,建议承包人按约定履行合同解除后的相关义务。退场前应做好证据留存及项目现场公证等相关准备。

4. 对于约定的合同解除事由,发承包双方需举证证明该事由已实际发生,且违约方违约程度达到约定标准并影响己方合同目的的实现。鉴于《发包人要求》在示范文本中的重要地位,《发包人要求》作为工程总承包合同双方权利义务的指向,构成了合同目的,故建议发承包双方于《发包人要求》中明确约定解除事由构成守约方合同目的无法实现。

第 17 条　不可抗力条款

◆ 17.4　不可抗力后果的承担

【范本原文】

不可抗力导致的人员伤亡、财产损失、费用增加和(或)工期延误等后果,由合同当事人按以下原则承担:

(1)永久工程,包括已运至施工现场的材料和工程设备的损害,以及因工程损害造成的第三人人员伤亡和财产损失由发包人承担;

(2)承包人提供的施工设备的损坏由承包人承担;

(3)发包人和承包人各自承担其人员伤亡及其他财产损失;

（4）因不可抗力影响承包人履行合同约定的义务，已经引起或将引起工期延误的，应当顺延工期，由此导致承包人停工的费用损失由发包人和承包人合理分担，停工期间必须支付的现场必要的工人工资由发包人承担；

（5）因不可抗力引起或将引起工期延误，发包人指示赶工的，由此增加的赶工费用由发包人承担；

（6）承包人在停工期间按照工程师或发包人要求照管、清理和修复工程的费用由发包人承担。

不可抗力引起的后果及造成的损失由合同当事人按照法律规定及合同约定各自承担。不可抗力发生前已完成的工程应当按照合同约定进行支付。

【条文解析】

1. 不可抗力因属于客观事件，双方对该事件的发生均无法归责，因此对产生的后果依据所有原则和受益原则进行分摊即"谁所有谁承担，谁受益谁承担"，2020 版《示范文本》中约定的 6 项基本原则均依据上述原则进行具体和延伸，如"永久工程，和已经运至施工现场的材料"上述财物因发包人支付工程款后将物化为发包人所有，因此应承担因不可抗力导致的损害承担。

2. 与 2011 版《示范文本》条文相比，增加了不可抗力停工期间的照管费用承担和不可抗力发生后赶工费用的承担。

【实务关注】

1. 注意对应第 17.1 款在专用合同条件中可以对构成不可抗力的情形进行补充约定。

2. 注意区分不可抗力情形和免责情形，因不可抗力具有法定性，因此一些情形不适合约定为不可抗力，即使约定了也可能因违反了不可抗力的特征而无效，比如在实践中争议很大的政策变化及政府行为等，此时不建议约定为不可抗力情形而建议约定为免责情形。[①]

3. 关注对第 17.4 款不可抗力后果的承担中的工程设备和施工设备的区分界定，应通过专用条款界定各自范围并进行现场登记标注。

---

① 参见郭扬辉：《不可抗力构成要件与判断标准》，载中国法院网，2014 年 1 月 6 日。

第18条 保险

◆ 18.1 设计和工程保险

【范本原文】

18.1.1 双方应按照专用合同条件的约定向双方同意的保险人投保建设工程设计责任险、建筑安装工程一切险等保险。具体的投保险种、保险范围、保险金额、保险费率、保险期限等有关内容应当在专用合同条件中明确约定。

18.1.2 双方应按照专用合同条件的约定投保第三者责任险,并在缺陷责任期终止证书颁发前维持其持续有效。第三者责任险最低投保额应在专用合同条件内约定。

【条文解析】

《房屋建筑和市政基础设施项目工程总承包管理办法》①鼓励建设单位和工程总承包单位运用保险手段增强防范风险能力,因此新的示范文本加强了对保险条款的修订和补充,同时又因工程总承包中因设计工作的加入,所以在本条中特别将建设工程设计责任险作为首要提出的应该承包的险种,另外我们注意到目前一些地方规定②将建设工程设计责任险的办理作为建设工程办理施工图审查和施工许可的前置条件。

◆ 18.5.3 未按约定投保的补救

【范本原文】

负有投保义务的一方当事人未按合同约定办理保险,或未能使保险持续有效的,则另一方当事人可代为办理,所需费用由负有投保义务的一方当事人承担。

负有投保义务的一方当事人未按合同约定办理某项保险,导致受益人未能得到足额赔偿的,由负有投保义务的一方当事人负责按照原应从该项保险得到的保险金数额进行补足。

【条文解析】

代为履行和办理保险后应由负有义务的一方最终承担保险费用,未履行或

---

① 《房屋建筑和市政基础设施项目工程总承包管理办法》第15条。

② 河北省建设厅《关于试行建设工程设计责任保险制度的通知》及深圳市建设局《关于试行建设工程设计责任保险的通知》。

未足额履行投保义务的一方导致另一方在保险事故发生后未足额获得理赔款项则负有义务一方承担补充赔偿责任。此条作为获得足额赔偿的一点重要补充。

【实务关注】

1. 工程总承包领域存在一些法定的强制保险不应该通过专用条件进行约定豁免或更改；比如工伤保险和设计责任保险等,建议发承包双方在进行保险投保时关注国家及地方政策要求,避免因为缺少保险而导致施工手续获批受阻。

2. 承包人应投保的强制保险费用①应该涵盖在建筑安装工程费用项目组成之内,承包人依据实际情况另行进行投保的其他商业保险费用应由承包人自行承担。

3. 在投保过程中,发承包双方均应关注投保的险种和投保的保险合同条款的主要内容,尤其重点关注理赔的范围和限额。

第 19 条 索赔

◆ **19.1 索赔的提出**

【范本原义】

根据合同约定,任意一方认为有权得到追加/减少付款、延长缺陷责任期和(或)延长工期的,应按以下程序向对方提出索赔:

(1)索赔方应在知道或应当知道索赔事件发生后 28 天内,向对方递交索赔意向通知书,并说明发生索赔事件的事由;索赔方未在前述 28 天内发出索赔意向通知书的,丧失要求追加/减少付款、延长缺陷责任期和(或)延长工期的权利;

(2)索赔方应在发出索赔意向通知书后 28 天内,向对方正式递交索赔报告;索赔报告应详细说明索赔理由以及要求追加的付款金额、延长缺陷责任期和(或)延长的工期,并附必要的记录和证明材料;

(3)索赔事件具有持续影响的,索赔方应每月递交延续索赔通知,说明持续影响的实际情况和记录,列出累计的追加付款金额、延长缺陷责任期和(或)工

---

① 《建筑安装工程费用项目组成》(建标〔2013〕44 号)。

期延长天数;

(4)在索赔事件影响结束后 28 天内,索赔方应向对方递交最终索赔报告,说明最终要求索赔的追加付款金额、延长缺陷责任期和(或)延长的工期,并附必要的记录和证明材料;

(5)承包人作为索赔方时,其索赔意向通知书、索赔报告及相关索赔文件应向工程师提出;发包人作为索赔方时,其索赔意向通知书、索赔报告及相关索赔文件可自行向承包人提出或由工程师向承包人提出。

【条文解析】

与 2011 版《示范文本》相比,此条款为索赔部分新增内容,作为索赔条款中的总体纲领性内容,明确了各类索赔文件发出的前提和时间要求。(见图 2 - 18)

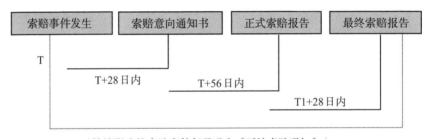

(持续影响的索赔事件每月递交《延续索赔通知》)

注:T为索赔事件发生日,T1为索赔事件影响结束日。

图 2 - 18　各类索赔文件发出的前提和时间要求

◆ **19.2　承包人索赔的处理程序**

【范本原文】

(1)工程师收到承包人提交的索赔报告后,应及时审查索赔报告的内容、查验承包人的记录和证明材料,必要时工程师可要求承包人提交全部原始记录副本。

(2)工程师应按第 3.6 款[商定或确定]商定或确定追加的付款和(或)延长的工期,并在收到上述索赔报告或有关索赔的进一步证明材料后及时书面告知发包人,并在 42 天内,将发包人书面认可的索赔处理结果答复承包人。工程师在收到索赔报告或有关索赔的进一步证明材料后的 42 天内不予答复的,视为认可索赔。

（3）承包人接受索赔处理结果的,发包人应在作出索赔处理结果答复后28天内完成支付。承包人不接受索赔处理结果的,按照第20条[争议解决]约定处理。

◆ **19.3　发包人索赔的处理程序**

【范本原文】

（1）承包人收到发包人提交的索赔报告后,应及时审查索赔报告的内容、查验发包人证明材料。

（2）承包人应在收到上述索赔报告或有关索赔的进一步证明材料后42天内,将索赔处理结果答复发包人。承包人在收到索赔通知书或有关索赔的进一步证明材料后的42天内不予答复的,视为认可索赔。

（3）发包人接受索赔处理结果的,发包人可从应支付给承包人的合同价款中扣除赔付的金额或延长缺陷责任期;发包人不接受索赔处理结果的,按第20条[争议解决]约定处理。

【条文解析】

1.2020版《示范文本》内容与2011版《示范文本》内容相比变化的重要一点是"视为认可的期限"由原来的30天调整为42天。

2.关于第19.2款中的"并在收到上述索赔报告或有关索赔的进一步证明材料后及时书面告知发包人,并在42天内将发包人书面认可的索赔处理结果答复承包人":

（1）关于42天的起算点问题,此处42天的起算点不应该从收到索赔报告之日起算,应该是从收到进一步的证明材料起算,理由是通用条款中约定的索赔程序实际上是双方对索赔事件和索赔金额的磋商过程,重点在于约束双方的拖延行为,因此当发包人收到承包人的索赔文件时,发包人有权利要求承包人提交进一步的证明文件,但同时当发包人收到索赔文件不予要求承包人进一步提交证明文件时则应从收到索赔报告后42天内给予答复,否则视为认可。

（2）发包人是否可以反复要求提供证明材料,示范文本中虽然没有对此阐明,但从提高效率避免拖延的角度出发,我们认为各方均应尽量一次要求所有文件或一次性补充所有文件。避免通过反复补充拖延问题的解决。

◆ **19.4　提出索赔的期限**

【范本原文】

（1）承包人按第14.5款[竣工结算]约定接收竣工付款证书后,应被认为已无权再提出在合同工程接收证书颁发前所发生的任何索赔。

(2)承包人按第14.7款[最终结清]提交的最终结清申请单中,只限于提出工程接收证书颁发后发生的索赔。提出索赔的期限均自接受最终结清证书时终止。

【条文解析】

第19.4条设计的属于分阶段索赔,将索赔的发生通过"竣工结算"和"最终结清"两个工程标志,划分为三个索赔发生的时间段,具体如图2-19所示:

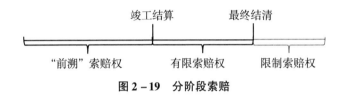

图2-19　分阶段索赔

需要说明的是,按照建设工程领域的司法案例虽然合同约定了丧失索赔权的条款,如本条约定"提出索赔的期限均自接受最终结清证书时终止",但是如果承包人或发包人在最终结清证书发出后仍提出相关索赔仍可能被司法机关所接受,最终裁决支持索赔。因此,我们将此阶段的索赔定义为"限制索赔权"。

【实务关注】

1.关注索赔事件发生后的索赔时间和各类索赔文书的行文规范严谨性。

2.视为认可的期限42天是否应从索赔报告收到之日还是索赔补充证明文件进行计算?需要注意,如果把握不准建议及时发送书面文件沟通。

3.注意索赔文件的有效送达,并留存相应递交证明文件,我们建议采用邮寄送达方式,并对邮寄文件跟踪是否妥投。

4.提高收集和保留索赔原始证据的法律意识,有必要的借助第三方机构如项目管理方,监理方和公证机关增强证据的证明效力。

第20条　争议解决

◆ **20.3.4　争议评审小组决定的效力**

【范本原文】

争议评审小组作出的书面决定经合同当事人签字确认后,对双方具有约束力,双方应遵照执行。

任何一方当事人不接受争议评审小组决定或不履行争议评审小组决定的,双方可选择采用其他争议解决方式。

任何一方当事人不接受争议评审小组的决定,并不影响暂时执行争议评审小组的决定,直到在后续的采用其他争议解决方式中对争议评审小组的决定进行了改变。

【条文解析】

2020 版《示范文本》中争议解决条款是本次修订后的重要变化之一,总结来说争议解决的路径被拓宽,对非诉讼纠纷解决程序(ADR)提供了更为明确的组成规则和运行规则,使之更加具有可行性,本条解决纠纷的方式可以归结为如图 2 – 20 所示的四种。

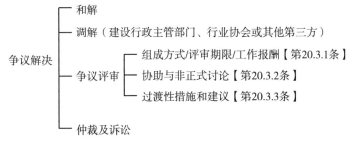

图 2 – 20　争议解决方式

【实务关注】

1. 通过争议评审方式解决纠纷时,任何一方可以不接受评审小组作出的决定。

2. 为了不耽误工程项目进展各方可以执行评审小组作出的决定,但并不意味着评审小组的决定是终局决定,任何一方可以通过后续的仲裁或诉讼改变上述决定。

3. 选择仲裁方式解决纠纷的注意仲裁机构的选择和仲裁规则的确定符合《仲裁法》的规定。①

----

① 《仲裁法》第 16 条。

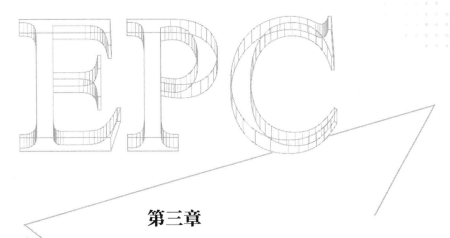

第三章

工程总承包司法案例解析

案例一 应从合同的实质内容判断是否构成工程总承包合同关系

【典型案例】(2019)最高法民终 969 号

伊吾东方民生新能源有限公司与中国能源建设集团新疆电力设计院有限公司建设工程设计合同纠纷

【裁判摘要】

伊吾东方公司作为案涉工程的业主方,并非其所称的单纯交钥匙 EPC 合同,而是实际参与案涉工程建设过程,在工程建设中享有相关权利,并履行相关义务的参与人。伊吾东方公司不仅具有是否使用案涉《可行性报告》并进行工程建设的决策权,而且对于相关的工程设计文件具有审查和确定的权利。故伊吾东方公司关于本案系交钥匙 EPC 合同的主张,没有事实依据。

【案件概览】

2012 年 3 月 25 日,哈密东方民生新能源有限公司(以下简称哈密东方公司)(甲方)委托新疆电力设计院(乙方)就东方民生哈密淖毛湖风电场一期、二期工程可行性研究项目进行技术咨询,双方签订《技术咨询合同》。该合同约定,咨询内容为东方民生哈密淖毛湖风电场一期、二期工程可行性研究(包括《可行性研究报告》及《项目申请报告》)。

2012 年 11 月,新疆电力设计院制作《一期项目申请报告》(可研报告),该报告风能资源综述中记载:伊吾东方民生能源有限公司淖毛湖风电场一期(49.5MW)工程,5302#测风塔代表 70 米高度平均风速为 6.34m/s,风功能密度为 608W/m² 。根据《风电场风能资源评估方法》(GB/T 18710—2002)风功率密度等级评判标准,本风电场风动率等级为 4 级,风能资源可开发利用。

2012 年 10 月 19 日、11 月 20 日,新疆发改委就东方民生伊吾淖毛湖风电场一期、二期风电项目的核准申请作出同意建设的批复。

2013 年 5 月,发包人伊吾东方公司与承包人新疆电力设计院签订《总承包合同》,约定由新疆电力设计院在"一揽子"价格的基础上负责伊吾东方民生淖毛湖风区 2×49.5MW 风电项目工程的勘察设计、建筑安装和施工(EPC 含110kW 升压站及 110kV 送出线路)/交钥匙工程总承包,建设规模为 49.5MW。该合同约定新疆电力设计院作为总承包方,其工作范围:风电场工程勘测设计,风电场工程的土建工程,设备安装、设备调试、机组试运行、整体工程的验收(水土保持监测和监理、环评监理和监测等)及性能试验和 240 小时试运行通过后的 12 个月(风力发电机组按照主机合同质保期为 60 个月)质保期及完成修补其由承包商责任造成的任何缺陷等。初步设计文件在经业主确认后方可实施。该合同还对合同价款、施工范围、违约责任等内容进行详细约定。随后,伊吾东方公司与新疆电力设备有限公司签订《设备材料采购合同》,合同总价为 5.16亿元。

2013 年 8 月,新疆电力设计院出具《一期、二期微观选址报告》,记载一期项目年理论发电量为 12,921 万 kW·h,预计项目年上网量为 9939.6 万 kW·h,相应单机平均上网电量为 276 万 kW·h,年等效满负荷小时数为 2008h,容量系数为0.2292;二期项目年理论发电量为 13,083.7 万 kW·h,预计项目年上网量为9919.8 万 kW·h,相应单机平均上网电量为 280.2 万 kW·h,年等效满负荷小时数为 2004h,容量系数为 0.2288。

2014 年 5 月,新疆电力设计院完成东方民生淖毛湖一期、二期风电项目全部施工项目,并于 2014 年 12 月 31 日经建设单位组织监理单位、总承单位和风机制造厂商等相关部门及负责人对工程进行验收,并出具《移交生产鉴定书》,认为该项目一期、二期工程 66 台风电机组和配套设施及 110kV 升压站已全面施工完毕,施工质量合格,240 小时试运行正常合格,整体工程预验收合格。参加验收单位成员一致同意该项目从 2015 年 1 月 1 日零时起正式移交生产运行单位。

2015 年 6 月,伊吾东方公司向新疆电力设计院发函,声称该公司在项目风机全部投入后,发现和推算两期项目年等效满负荷小时数与集团公司技经中心评审该项目时提供《可行性报告》的年等效满负荷小时数相距甚远,导致严重经济损失,要求新疆电力设计院尽快解决发电量与设计严重不足的问题。后双方因未能就该问题协商一致,伊吾东方公司遂向新疆维吾尔自治区高级人民法院提起诉讼。

(另,哈密东方公司与新疆电力设计院于2012年3月25日所签《技术咨询合同》中有关哈密东方公司的全部权利义务,后由伊吾东方公司予以承接)

本案审理过程中,对于双方间《总承包合同》的性质成为案件焦点之一。一审法院经审理后认为:"《中华人民共和国合同法》第二百六十九条①规定:'建设工程合同是承包人进行工程建设,发包人支付价款的合同。建设工程合同包括工程勘察、设计、施工合同。'EPC总承包模式,则是建设单位作为业主将建设工程发包给总承包单位,由总承包单位承揽整个建设工程的设计、采购、施工,并对所承包的建设工程的质量、安全、工期、造价等全面负责,最终向建设单位提交一个符合合同约定、满足使用功能、具备使用条件并经竣工验收合格的建设工程的承包模式。伊吾东方公司与新疆电力设计院之间签订《总承包合同》,约定由新疆电力设计院在一揽子价格的基础上负责伊吾东方民生淖毛湖风区风电项目工程的勘察设计、建筑安装和施工(EPC含110kW升压站及110kV送出线路)/交钥匙工程总承包,其合同约定符合建设工程合同中的EPC承包模式,双方当事人据此建立建设工程合同法律关系。"

对于该焦点问题,最高人民法院在二审中则提出了不同观点:"案涉《总承包合同》在第2条业主部分,第2.1条约定:'业主应在工程场地设立工程管理机构,委派代表履行业主在本合同项下的义务,并享有业主在本合同项下的权利。……承包商应接受业主工程管理机构及业主代表的管理';第2.4条约定:'业主应负责采购合同附件3所列的设备和材料……由承包商根据工程施工进度领用。'第6条设计部分,第6.2条初步设计约定:'承包商应按照项目可行性研究报告及业主对工程的估算,完成工程的初步设计及工程概算,提交业主。业主应负责根据国家及行业的有关规定安排初步设计文件的审查,审查费用由承包商承担。承包商应参加业主组织的对初步设计文件的审查,并根据审查结论对初步设计文件进行必要的修改、调整和补充。初步设计文件在经业主确认

---

① 现为《民法典》第788条。

后方可实施。业主的义务,提供项目基础资料……'上述约定表明,伊吾东方公司作为案涉工程的业主方,并非其所称的单纯交钥匙 EPC 合同,而是实际参与案涉工程建设过程,在工程建设中享有相关权利,并履行相关义务的参与人。伊吾东方公司不仅具有是否使用案涉《可行性报告》并进行工程建设的决策权,而且对于相关的工程设计文件具有审查和确定的权利。故伊吾东方公司关于本案系交钥匙 EPC 合同的主张,没有事实依据。"

【案例启示】

工程总承包模式中最具有代表性的就是 EPC 模式。而对于 EPC 的认识,部分观念尚停留在乙方承担了设计 + 施工 + 采购任务就是 EPC。最后得出结论,工程总承包就是设计 + 施工 + 采购。并且对于这个观点还以《建设项目工程总承包管理规范》(GB/T 50358—2017)(以下简称《管理规范》)作为依据。《管理规范》第 2.0.1 条规定,工程总承包指依据合同约定对建设项目的设计、采购、施工和试运行实行全过程或若干阶段的承包。

对于这种解读,显然有失偏颇。《管理规范》虽是对工程总承包作了说明,但并未仅指"设计 + 施工 + 采购"这种单一模式。相较于《管理规范》,2020 年 3 月 1 日起正式实施的《房屋建筑和市政基础设施项目工程总承包管理办法》(以下简称《管理办法》)则进一步说明了工程总承包的实质。《管理办法》第 3 条规定:"本办法所称工程总承包,是指承包单位按照与建设单位签订的合同,对工程设计、采购、施工或者设计、施工等阶段实行总承包,并对工程的质量、安全、工期和造价等全面负责的工程建设组织实施方式。"

相较《管理规范》,《管理办法》更进一步明确了总承包单位的责任要求。即,总承包人对工程的质量、安全、工期和造价等全面负责。这句话恰恰提出了工程总承包模式隐含的实质要件——责任承担。

本案中,新疆维吾尔自治区高级人民法院从合同的形式上认定《总承包合同》是 EPC 承包模式,而最高人民法院则从合同实质约定上出发,否定了《总承包合同》系交钥匙 EPC 模式。由此可见,是否是工程总承包,不仅需要是否包括了设计、施工、采购及试运行等外在要件,还需要从合同实质中看总承包人是否真正享有相关设计、施工的权利,承担与之相关的责任。与传统平行发包按图施工相比,工程总承包不同之处的体现在于总承包人对设计、施工权利的自主掌握。工程总承包模式下,发包人很少干涉或基本不干涉项目的设计与施工,只对工程总承包项目进行整体的、原则的、目标的协调和控制。更多的设计、施工的权利掌握在总承包人手中。只有这样,总承包人才能实现资源合理化分配,降低成本,提升效率。也只有在承包人自主掌握设计、施工权利的情况下,才能实现对工程的质量、安全、工期和造价等全面负责。

【实务评析】

工程总承包的快速发展是在住房城乡建设部《关于进一步推进工程总承包发展的若干意见》(建市〔2016〕93 号) 和国务院办公厅《关于促进建筑业持续健康发展的意见》(国办发〔2017〕19 号) 发布之后,但是对于工程总承包的理解目前还是分歧较大。目前很多总承包,从合同形式上来看是 EPC,甚至是交钥匙,但实际操作的时候,业主、监理过多干预,甚至决策,总承包单位设计、施工权利没有得到发挥,一定程度影响了 EPC 模式工程总承包企业的技术和管理优势发挥,影响了工程的建设效率。在出现质量、安全问题的时候,也会影响对于责任的划分。

在 EPC 模式中,工程总承包单位对其承包的全部建设工程质量负责。为避免责任不清,点评人从发包人角度和承包人角度,分别提出实务操作建议如下:

在 EPC 模式中,发包人和监理单位要给予承包人充分的设计、施工决定权,让承包人自行决策,自行实施,当然出问题的时候,承包人就需要完全承担由此造成的质量、安全问题的后果。

在中国的建设环境中,发包人需要对承包人的设计进行审查。在审查的时候建议主要审查设计是否满足了合同中的业主要求,同时按照有关法律、法规,对设计涉及公共利益、公众安全和工程建设强制性标准的内容进行审查。对于设计的具体布置、方案、结构设计不提意见,或者提出建议供参考。

《建筑法》第 30 条①规定国家推行建筑工程监理制度。发包人需要委托监理对承包单位在施工质量、建设工期和建设资金使用等方面进行监督管理。在 EPC 模式中,合同价为固定总价,承包人对质量、安全负责,因此监理单位的责任和工作内容与平行发包模式发生较大改变。监理单位也需要将决策权交给

---

① 《建筑法》第 30 条　国家推行建筑工程监理制度。国务院可以规定实行强制监理的建筑工程的范围。

承包人,主要从合规性、完整性的角度对总承包的方案审查审批,对于具体的方案可以提建议,但不应强迫承包人根据自己建议修改。

从承包人的角度提出的实务操作建议:承包人要和发包人、监理单位对建设管理模式进行沟通,促成一致,承包人对设计、施工拥有决策权,业主、监理单位拥有建议权。只有总承包单位拥有了设计、施工决策权,才能发挥工程总承包企业的技术和管理优势,真正实现设计、采购、施工等各阶段工作的深度融合,提高工程建设效率,真正发挥总承包模式的优势。

案例二　区分"工程总承包"和"施工总承包",导致裁判认定合同效力不同

【典型案例】(2019)豫民申 5894 号

中机新能源开发有限公司与郑州建工集团有限责任公司建设工程施工合同纠纷

【裁判摘要】

法律对总承包人和承包人、建筑工程总承包和施工总承包均进行了明确区分,对于建设工程主体结构的分包限制仅及于施工总承包人和承包人,截至目前,并没有关于工程总承包人分包建设工程主体结构的禁止性规定。

【案件概览】

2013 年 6 月 1 日,中机新能源开发有限公司(以下简称中机公司)与郑州建工集团有限责任公司(以下简称郑州建工公司)双方签订《新乡中益发电有限公司 2×660MW 超超临界机组烟气脱硫建筑工程施工分包合同》合同一份,合同项目由新乡中益发电有限公司投资建设,中机公司为总承包单位,郑州建工公司为施工分包单位。

合同签订后,在施工过程中双方因为施工进度、人员管理、资金问题产生矛盾,中机公司于 2014 年 7 月 28 日至 2015 年 2 月 9 日分 4 次向郑州建工公司发出传真要求其整改未果后,双方矛盾加大,2015 年 2 月 9 日、3 月 18 日经业主新乡中益发电有限公司和当地政府主持调解郑州建工公司退出施工工程,双方解

除合同。

后中机公司因郑州建工公司违约等事项,对其提起诉讼。郑州建工公司也以中机公司欠付工程款等事项,对中机公司提起反诉。

本案经历一审、二审和再审,二审由河南省新乡市中级人民法院审理。二审法院经审查后认为,双方签订的《新乡中益发电有限公司2×660MW超超临界机组烟气脱硫建筑工程施工分包合同》应为无效。理由:依据《合同法》第272条①第3款规定:禁止承包人将工程分包给不具备相应资质条件的单位。禁止分包单位将其承包的工程再分包。建设工程主体结构的施工必须由承包人自行完成。《建筑法》第29条第1款规定:建筑工程总承包单位可以将承包工程中的部分工程发包给具有相应资质条件的分包单位;但是,除总承包合同中约定的分包外,必须经建设单位许可。施工总承包的,建筑工程主体结构的施工必须由总承包单位自行完成。本案中,中机公司作为总承包方将其承包的工程中的建筑工程主体结构和土建工程分包给郑州建工公司施工,违反了上述法律的强制性规定,属于违法分包,故认定分包合同无效。

二审法院在认定《新乡中益发电有限公司2×660MW超超临界机组烟气脱硫建筑工程施工分包合同》无效的基础上,对双方间争议进行了裁判。

二审判决作出后,中机公司、郑州建工公司均认为二审判决存在错误,均向河南省高级人民法院提出再审申请。河南省高级人民法院经审查后,对《新乡中益发电有限公司2×660MW超超临界机组烟气脱硫建筑工程施工分包合同》性质及效力,认为:"确定该合同性质和效力的基础是中机公司和中益公司之间《EPC总承包合同》的性质和效力。根据该《EPC总承包合同》第一条工程概况中关于工程范围的约定,该合同为建造总承包工程(EPC),包括设计、制造、采购、建设与施工、安装等所有工作;另根据第十条约定,总承包人在本工程的建筑及安装施工主要分包要经过发包方认可。根据上述约定内容显示,该《EPC总承包合同》的性质应为工程总承包,而非施工总承包。二审法院认为中机公司将建筑工程主体结构和土建工程分包给郑州建工公司,违反了《合同法》

_____

① 现为《民法典》第791条第3款。

第二百七十二条第三款①和《建筑法》第二十九条第一款②的规定,属于违法分包。本院认为,从前述两个法律条款的内容看,对总承包人和承包人、建筑工程总承包和施工总承包均进行了明确区分,对于建设工程主体结构的分包限制仅及于施工总承包人和承包人,截至目前,并没有对建筑工程总承包人分包建设工程主体结构的禁止性规定。郑州建工公司在其提交的答辩状中,未对中机公司主张合同有效进行否认;在询问和代理意见中,郑州建工公司主张合同无效的主要理由:一是中机公司作为建设工程总承包方,将设计、土建、安装全部分包,明显有违 EPC 总承包的制度原则;二是依据 1997 年《国家基本建设大中型项目实行招标投标的暂行规定》第二十八条的规定,中标合同不得转让和合同分包量不得超过中标合同价的 30% ;三是《分包合同》违反《招标投标法》等强制性规定情形。对于中机公司是否将设计、土建、安装全部分包,原审中并未涉及该问题,郑州建工公司申请再审主张中机公司全部分包的证据并不充分;《国家基本建设大中型项目实行招标投标的暂行规定》已于 2004 年被《国家发展和改革委员会决定废止的招标投标规章和规范性文件目录》废止;《分包合同》采取的是工程量清单报价招标方式,招投标过程不违反强制性规定,且该 EPC 工程已经竣工验收履行完毕,并被评定为国家级优质工程奖鲁班奖,因此,中机公司作为工程总承包方,经发包方中益公司对郑州建工公司单位资质审查报审同意后,将土建工程进行分包,涉案的总包和分包合同均应合法有效。原审法院关于涉案合同效力的认定错误,中机公司的该申请再审理由有法律依据和事实依据,本院予以采信。"最终,河南省高级人民法院指定二审法院再审本案。

【案例启示】

本案一审、二审法院认为案涉工程采用施工总承包的施工模式,进而依据《建筑法》第 29 条规定,认定涉案工程存在违法分包,而再审法院以"对于建设工程主体结构的分包限制仅及于施工总承包人和承包人,截至目前,并没有对

---

① 现为《民法典》第 791 条第 3 款。

② 《建筑法》第 29 条　建筑工程总承包单位可以将承包工程中的部分工程发包给具有相应资质条件的分包单位;但是,除总承包合同中约定的分包外,必须经建设单位认可。施工总承包的,建筑工程主体结构的施工必须由总承包单位自行完成。建筑工程总承包单位按照总承包合同的约定对建设单位负责;分包单位按照分包合同的约定对总承包单位负责。总承包单位和分包单位就分包工程对建设单位承担连带责任。禁止总承包单位将工程分包给不具备相应资质条件的单位。禁止分包单位将其承包的工程再分包。

建筑工程总承包人分包建设工程主体结构的禁止性规定"裁定再审本案。

进而本案又衍生出一个值得思考的问题，即"工程总承包"模式下是否可以将工程主体施工进行分包。本次《房屋建筑和市政基础设施项目工程总承包管理办法》对此并未进行明确。我们认为，在《房屋建筑和市政基础设施项目工程总承包管理办法》发布后，工程总承包方，仍不宜将工程主体施工部分进行分包。主要理由如下：

一、法律约束

我国《招标投标法》第48条第1款规定："中标人应当按照合同约定履行义务，完成中标项目。中标人不得向他人转让中标项目，也不得将中标项目肢解后分别向他人转让。"根据该规定，中标人不得向他人转让中标项目，而就工程总承包而言"设计""施工"均为中标项目，因此转让其中任何项目都属于违法行为。当然，我们也不排除特殊情况下个别项目无须进行招投标，可采用直接发包的形式。但是，从工程总承包模式的构成以及实际情况来看，这个"特殊"情况尚在少数。

二、政策导向

相较于《关于进一步推进工程总承包发展的若干意见》（建市〔2016〕93号），《房屋建筑和市政基础设施项目工程总承包管理办法》与之核心不同之处之一，就在于工程总承包项目对于承包人资质的要求不同。（见表3-1）

表3-1　工程总承包项目对承包人资质要求对比

文件	对承包企业资质要求条款
《关于进一步推进工程总承包发展的若干意见》（建市〔2016〕93号）	（七）工程总承包企业的基本条件。工程总承包企业应当具有与工程规模相适应的工程设计资质或者施工资质，相应的财务、风险承担能力，同时具有相应的组织机构、项目管理体系、项目管理专业人员和工程业绩
《房屋建筑和市政基础设施项目工程总承包管理办法》	第10条第1款　工程总承包单位应当同时具有与工程规模相适应的工程设计资质和施工资质，或者由具有相应资质的设计单位和施工单位组成联合体。工程总承包单位应当具有相应的项目管理体系和项目管理能力、财务和风险承担能力，以及与发包工程相类似的设计、施工或者工程总承包业绩

我们知道，《房屋建筑和市政基础设施项目工程总承包管理办法》在征求意见稿过程中，也是采用了与住房城乡建设部《关于进一步推进工程总承包发展

的若干意见》(建市〔2016〕93号)文相一致的承包人"单资质"的要求。但是,最终正式版时却调整为"双资质"。由此可见,国家层面更注重引导工程总承包朝着正规化、专业化的方向发展,其用意在于要从根本上深刻变革我国现阶段"假"工程总成包模式下工程设计和施工相分离的局面,遏制由此造成的行业不良发展以及其由此导致的种种弊端。

2016年,"11·24"江西丰城发电厂平台坍塌特别重大事故,一次性造成73人死亡、2人受伤,直接经济损失10,197.2万元。而该工程的承包模式就是工程总承包。据《事故调查报告》所载,工程总承包人存在安全生产管理机制不健全,对分包施工单位缺乏有效管控,现场管理制度流于形式等问题。而这些,恰恰就是设计、施工相分离问题的集中体现。

三、回归模式本源

工程总承包相较于传统的平行发包模式,其优势集中体现在设计、施工、采购统一管理,将各方紧密融合,形成设计、施工、采购协同交叉,相互指引,实现优质高效的目的。如果设计与施工分离,各单位各行其道,将无法做到统一管理。进而形成假借工程总承包之名,行平行发包之实,不仅无从体现工程总承包应有的优势,还易造成质量及安全隐患。同样就工程总承包中的联合体模式而言,也存在类似上面的诸多不适宜之处。虽然目前《房屋建筑和市政基础设施项目工程总承包管理办法》中并未彻底清除联合体模式,但笔者认为这种模式也应属于阶段性过渡之举,随着工程总承包模式逐步发展、扩大,行业内优秀的工程总承包企业不断增多,联合体这种不符合工程总承包本源的模式也将逐渐退出舞台。

【实务评析】

随着建筑领域对于工程总承包模式认识与理解的逐步深入,各阶段对于"工程总承包"的定义也不尽相同。从文件颁布和演变的过程来看,工程总承包的定义具体发生过表3-2变化阶段:

表 3 - 2　　工程总承包的定义变化

时间	文件	定义
2003 年	《关于培育发展工程总承包和工程项目管理企业的指导意见》	工程总承包是指从事工程总承包的企业(以下简称工程总承包企业)受业主委托,按照合同约定对工程项目的勘察、设计、采购、施工、试运行(竣工验收)等实行全过程或若干阶段的承包
2005 年	《建设项目工程总承包管理规范》	工程总承包企业受业主委托,按照合同约定对工程建设项目的设计、采购、施工、试运行等实行全过程或若干阶段的承包
2016 年	《关于进一步推进工程总承包发展的若干意见》(建市〔2016〕93号)	工程总承包是指从事工程总承包的企业按照与建设单位签订的合同,对工程项目的设计、采购、施工等实行全过程的承包,并对工程的质量、安全、工期和造价等全面负责的承包方式
2017 年	《建设项目工程总承包管理规范》(GB/T 50358—2017)	依据合同约定对建设项目的设计、采购、施工和试运行施行全过程或若干过程的承包
2020 年	《房屋建筑和市政基础设施项目工程总承包管理办法》	是指承包单位按照与建设单位签订的合同,对工程设计、采购、施工或者设计、施工等阶段实行总承包,并对工程的质量、安全、工期和造价等全面负责的工程建设组织实施方式

　　由于行政部门、行业对于工程总承包模式的定义尚存在变更,加之传统"建设工程施工合同"在审判中形成较为固定的审判思路,因此对于工程总承包的理解不同,将影响法律的具体适用,进而对案件裁判结果造成较大影响。

　　本案中,由于两级法院对于工程总承包理解上的不同,裁判的结果呈现出明显的不同。虽然,再审法院作出了"对于建设工程主体结构的分包限制仅及于施工总承包人和承包人,截至目前,并没有对建筑工程总承包人分包建设工程主体结构的禁止性规定"的判定。但从实务的角度出发,多数纠纷均发生在"二次分包"环节,因此工程总承包企业为避免"二次分包"带来的违法风险和减少合同履约纠纷,建议重点关注如下环节:

　　1. 对于主体工程的施工分包,在投标文件中可向业主列明计划分包的单位及相关资质;或者在主体工程施工开始前,及时上报分包单位资质报业主审查同意。获得业主的书面许可。

2.对于同时存在设计分包、施工分包的情况,要特别注意最好不要将主体工程的设计和施工都分包出去。"纯管理"的工程总承包,在国内目前法律框架下,违法风险很大。

3.和则利,则共赢。从案例看,双方矛盾加大源于施工进度,施工进度的问题又引发了人员管理和资金问题。而工程总承包方解决问题的方式是6个月来分4次向郑建工公司发出传真要求其整改。施工进度问题是工程施工中常见的问题,如果只是以书面交流为主要沟通手段,矛盾只会进一步激化,更不利于解决进度滞后的问题,这实际上也是工程总承包方不愿意看到的。

工程建设项目的进展良好往往能起到"一俊遮百丑"的作用,相反,进度严重滞后如果不能有效解决,也会迅速改变参建方的关系。作为工程总承包方,需要在项目策划和实施监控中,严密关注对进度产生不良影响的关键环节,提前采取措施进行控制,如此才能维护参建各方精诚合作的好局面。

案例三　建设工程规划许可证并非工程总承包合同的生效要件

【典型案例】（2020）鲁 08 民终 2508 号

山东水泊梁山影视基地股份有限公司与深圳文科园林股份有限公司建设工程合同纠纷

【裁判摘要】

从合同生效要件的角度分析，未取得规划许可证并不影响工程总承包合同的效力，应当按照《合同法》（现《民法典》合同编）的相关规定认定工程总承包合同的效力。根据《合同法》的规定，发包人可以与总承包人订立建设工程合同，建设工程合同，包括工程勘察、设计、施工合同，据此可以看出涵盖了设计、采购、施工等各阶段在内的工程总承包合同与合同法上的建设工程合同在概念上略有差异，两者既有范围上的交叉，又存在各自的内涵。是否取得规划许可证，并非工程总承包合同生效要件，涉案合同应认定为有效合同。

【案件概览】

2017 年 1 月 20 日，山东水泊梁山影视基地股份有限公司（以下简称水泊影视公司）就水浒影视文化体验园（一期）建设项目设计采购施工（EPC）总承包项目进行招标。经依法评标后，确定深圳文科园林股份有限公司（以下简称文科园林公司）中标。

2017 年 6 月 9 日，水泊影视公司与文科园林公司签订《水浒影视文化体验园（一期）建设项目设计采购施工（EPC）总承包项目合同》，约定：设计范围包括但不限于红线范围内地块及红线外相关区域概念性规划方案设计、景观方案设计、施工图设计等;勘察项目包括详细勘察(含施工期间勘察)、地下障碍物勘察、地下障碍物勘察害评价所需的资料、除上述工作外,发包人委托的本项目的其他工程勘察工作;签约合同价为 73,000 万元。设计费按《工程勘察设计收费标准》(计价格〔2012〕10 号)文件收取,计得设计费 3298.55 万元,按下浮利率 10% 计取,设计费总价为 2968.70 万元;发包人负责向承包人提供施工用地,以及施工用地初勘资料、地形图等。

2018 年 1 月 27 日,水泊影视公司向文科园林公司发送催告函,催告文科园林公司按 EPC 总承包项目合同约定于 2018 年 2 月 10 日前向水泊影视公司提交合格的履约担保,如届时水泊影视公司仍未收到合格的履约担保,水泊影视公司将依据 EPC 总承包项目合同第 18.1.2 条约定解除 EPC 总承包项目合同,并保留追究文科园林公司违约责任的权利。

2018 年 2 月 5 日,文科园林公司向水泊影视公司复函,主要内容:文科园林公司就涉案项目合同做了短期的资金问题、前期推进问题、前期规划设计审图和现场清理及场地整理等一系列工作,但因为项目土地尚未取得,规划建设手续尚不完备,未能取得开工许可证的前提下,文科园林公司作为上市公司在现阶段进行大规模施工,将触犯有关法律法规,并确定将被处罚,从而造成难以挽回的损失。希望在项目达到土地手续完备,规划许可条件、开工许可条件合法合规的情况下再进行大规模开工建设,且愿意以保函等形式出具履约担保,以推进项目建设。希望双方在互信基础上,继续共同努力推进项目的融资工作,早日促成项目落地,并在各方的共同努力下,使项目取得成功。

2019 年 6 月 5 日,水泊影视公司向文科园林公司发送书面通知,主要内容:本公司于 2018 年 1 月 27 日、2018 年 2 月 12 日分别向贵公司发送催工函并告知贵公司若不及时履行合约,本公司将解除与贵公司之间签署的 EPC 合同。但截止到本通知发送之日,贵公司未能与本公司就 EPC 合同解除及赔偿款支付等事项达成一致意见,同时,贵公司搭建的临时工房亦严重影响了本公司对涉案项目的继续推进。现本公司正式通知贵公司自本通知发出之日起 10 日内,请贵公司负责拆除建造在"水浒影视文化体验园"停车场入口处的临时施工房,若贵公司到期未能完全拆除且清除残余垃圾或未给予任何回复,本公司将自行处理并保留就拆除及清理费用向贵公司索赔的权利。

2019 年 6 月 12 日,文科园林公司就上述通知复函,主要内容:由于贵司未取得水浒项目土地,规划建设手续尚不完备,未能取得开工许可证等,导致该项目迟迟未能动工。贵司于2017年6月9日就水浒项目与我司签订了EPC总承包项目合同后,由于贵司一直未办理并取得建设用地规划许可证、建设工程规划许可证、开工许可证等建设施工手续,导致该项目不具备施工条件。我司已根据贵司要求,就水浒项目投入了大量人力、物力,进行前期设计、施工等准备工作,但贵司后续采取了对整体合作不配合的态度,导致项目无法推进,并于2018年1月27日向我司发函解除EPC合同。我司同意与贵司解除EPC合同,并认为双方应就合同解除及相关事宜签订书面解除和解决协议。

后水泊影视公司以文科园林公司违约为由,诉至人民法院,请求人民法院判令文科园林公司赔偿各项损失1000余万元。对此,文科园林公司就设计费、前期投入损失等向水泊影视公司提出1100余万元反诉主张。

本案经历一审及二审,二审由山东省济宁市中级人民法院(以下简称二审法院)进行审理。二审审理中,本案的主要争议焦点之一:案涉EPC总承包项目合同是否为有效合同,如为有效合同,一审法院认定EPC总承包项目合同的解除时间是否合法有据。

对此,二审法院经审理后认为:2017年6月9日,水泊影视公司与文科园林公司签订《水浒影视文化体验园(一期)建设项目设计采购施工(EPC)总承包项目合同》,约定设计范围包括但不限于红线范围内地块及红线外相关区域概念性规划方案设计、景观方案设计、施工图设计等;勘察项目包括详细勘察(含施工期间勘察)、地下障碍物勘察、地下障碍物勘察害评价所需的资料、除上述工作外,发包人委托的本项目的其他工程勘察工作。发包人负责向承包人提供施工用地以及施工用地初勘资料、地形图。因工程、地形图同一般在其签订时即成立生效,不以取得规划许可证为生效要件之一,未取得规划许可证并不当然导致签订的工程总承包合同无效。从合同生效要件的角度分析,未取得规划许可证并不影响工程总承包合同的效力,应当按照《合同法》(现《民法典》合同编)的相关规定认定工程总承包合同的效力。根据现行合同法(现《民法典》合同编)的规定,发包人可以与总承包人订立建设工程合同,建设工程合同,包括工程勘察、设计、施工合同,据此可以看出涵盖了设计、采购、施工等各阶段在内的工程总承包合同与合同法上的建设工程合同在概念上略有差异,两者既有范围上的交叉,又存在各自的内涵。是否取得规划许可证,并非工程总承包合同生效要件,涉案合同应认定为有效合同。本案双方当事人签订 EPC 总承包项目合同后,文科园林公司并未在约定的时间内向水泊影视公司提供合格的履约担保,基于双方在合同中的约定,水泊影视公司有权向文科园林公司提出要求解除合同。水泊影视公司于 2018 年 1 月 27 日向文科园林公司发出催告函,明确告知文科园林公司应于 2018 年 2 月 10 日前提供合格的履约担保,否则按照合同第 18.2.2 条的约定,将解除该合同。文科园林公司在上述时间内没有履行履约担保,并于 2018 年 6 月 12 日,向水泊影视公司复函称:"我司已根据贵司要求,就水浒项目投入了大量人力、物力进行前期设计、施工等准备工作,但贵司后续采取了对整体合作不配合的态度,导致项目无法推进,并于 2018 年 1 月 27 日向我司发函要求解除 EPC 合同,我司同意与贵公司解除 EPC 合同,并认为双方应就合同解除及相关事宜签订书面解除和解协议……"根据双方当事人上述函件的约定,一审法院认定 EPC 总承包项目合同于 2018 年 6 月 12 日解除,符合双方当事人的约定,亦符合法律规定。最终,二审人民法院依据前述论断并结合相关证据支持了水泊影视公司部分诉讼请求。

【案例启示】

建设工程规划许可证是城市规划行政主管部门依法核发的建设单位建设工程的法律凭证,是建设活动中接受监督检查时的法定依据。司法审判中,对于未取得建设工程规划许可证的建设工程施工合同,最高人民法院在《关于审理建设工程施工合同纠纷案件适用法律问题的解释(一)》第 3 条第 1 款规定:"当事人以发包人未取得建设工程规划许可证等规划审批手续为由,请求确认建设工程施工合同无效的,人民法院应予支持,但发包人在起诉前取得建设工程规划许可证等规划审批手续的除外。"

从上述司法解释中可知,在我国建设工程规划许可证对于建设工程施工合同的效力具有重要影响。在审判实践中,对于涉及建设工程施工合同的案件,普遍均采用该司法解释的相关规定。

另一方面,我国并没有在工程总承包领域明确上述规定,且工程总承包合同与施工总承包合同相类似,因此在司法审判中对于工程总承包合同默认套用建设工程施工合同的司法解释。故而,在实践中部分观点认为,工程总承包合同也会因发包人未取得建设工程规划许可证而导致合同无效。

通过本案我们看到，二审人民法院明确提出"是否取得规划许可证，并非工程总承包合同生效要件"，对此人民法院主要按照合同性质及对应法律规定进行论述，我们也十分赞同此种观点。

另一方面，我们认为，最高人民法院《关于审理建设工程施工合同纠纷案件适用法律问题的解释（一）》第 3 条的规定，是基于施工总承包发包流程确定的裁判归责。一般而言，施工总承包的发包流程：设计招标—设计单位出具设计方案—发包人申领并取得规划许可证—施工招标—确定施工单位并签订《施工总承包合同》。但工程总承包基于设计、施工一体化的概念，《工程总承包合同》签订之时总包单位才开始设计工作，而此时客观上无法取得规划许可证。因此，如果机械套用司法解释相关规定，不仅不能起到规范作用，反而会引起错误的指引效果。

【实务评析】

在 EPC 项目工程实践中，不少总承包项目签订合同时项目未能取得规划许可证甚至没有工程建设所需的"行政许可"文件，某些总承包合同甚至约定由总承包人代为办理相关行政许可事项。

这类项目承包人承担的主要合同风险：

1. 项目成立风险：非承包人原因无法取得工程建设所需的行政许可，导致项目无法落地甚至中止；

2. 工期风险：承包人代为办理相关行政许可事项，因行政许可进展缓慢导致工程无法开始建设，承包人应承担合同项下的责任（发包人原因除外）。

因此这类总承包合同应明确当出现"项目成立风险"时承包商"中止合同"或"终止合同"的权利。

此外，约定"合同工期"时应充分考虑"行政许可进展缓慢"带来的工期风险。

案例四　工程总承包合同无效时对分包合同的影响

【典型案例】（2019）云 23 民终 1559 号

广东大众建设有限公司与云南朔铭电力工程有限公司、深圳市先进清洁电力技术研究有限公司建设工程施工合同纠纷

【裁判摘要】

大众建设公司与大姚瑞宏新能源开发有限公司签订的《大姚县仓街 20 兆瓦农光互补光伏发电项目 EPC 总承包合同》、大众建设公司与朔铭电力工程公司签订的《工程施工专业分包合同》是属于两独立的合同，不属于主、从合同关系，不论《大姚县仓街 20 兆瓦农光互补光伏发电项目 EPC 总承包合同》的效力如何，均不影响《工程施工专业分包合同》的合同效力。

【案件概览】

2018 年 4 月 13 日，广东大众建设有限公司（以下简称大众建设公司）与云南朔铭电力工程有限公司（以下简称朔铭电力工程公司）签订《工程施工专业分包合同》，合同主要内容：大众建设公司将楚雄州大姚县仓街农光互补光伏电站 35kV 送出线路工程发包给朔铭电力工程公司施工，工程内容包括该段线路的 35kV 线路主体架设安装及验收、保顶山间隔安装及验收、光伏厂区内 10kV 临时用电线路设计施工；工程期限为 2018 年 6 月 20 日前竣工；工程总金额为 8,200,000 元；合同订立后，朔铭电力工程公司按照合同约定进行了施工并按时完成了合同约定的工程。

2018 年 6 月 30 日，工程经云南电网有限责任公司及楚雄州供电局验收合

格,同意并网发电。大众建设公司于 2018 年 4 月 23 日支付了合同工程款 2,460,000 元、于 2018 年 6 月 6 日支付了合同工程款 1,000,000 元、于 2018 年 6 月 21 日支付了合同工程款 1,000,000 元、于 2018 年 6 月 29 日支付了合同工程款 1,000,000 元、于 2018 年 8 月 16 日支付了合同工程款 850,000 元,大众建设公司五次向朔铭电力工程公司支付了合同工程款共计 6,310,000 元。

2018 年 10 月 31 日,朔铭电力工程公司向大众建设公司发出《往来询证函》,以函件方式通知大众建设公司确认应当支付而未支付的合同工程款。大众建设公司收到该信函后,在信函上对朔铭电力工程公司的信函内容进行确认并加盖了公司印章。大众建设公司确认截至 2018 年 10 月 31 日共计向朔铭电力工程公司支付了合同工程款 6,310,000 元,尚欠朔铭电力工程公司合同工程款 1,890,000 元未支付。

后大众建设公司以朔铭电力工程公司施工的光伏电站存在工程质量问题不具备付款条件为由,拒绝向朔铭电力工程公司支付工程款 1,890,000 元。朔铭电力工程公司为索要工程款及利息,向人民法院提起诉讼。

本案审理过程,大众建设公司提出:"《工程施工专业分包合同》约定的工程内容是楚雄州大姚县仓街农光互补光伏电站 35kV 送出线路工程。该工程的性质属于通过 380V 以上电压等级接入电网的地面和屋顶光伏发电新建工程,属于电力工程中的光伏发电工程。按照《中华人民共和国招标投标法》第三条第一款第(一)项、①《招标投标法实施条例》第三条、②国家发展计划委员会第 3 号令《工程建设项目招标范围和规模标准规定》第二条第(一)项③及国家发展计划委员会发改法规〔2018〕843 号《必须招标的基础设施和公用事业项目范围的通知》第二条第(一)项④的规定,电力工程属于必须招标的项目。而本案中不

---

① 《招标投标法》第 3 条第 1 项　在中华人民共和国境内进行下列工程建设项目包括项目的勘察、设计、施工、监理以及与工程建设有关的重要设备、材料等的采购,必须进行招标:
　　(一)大型基础设施、公用事业等关系社会公共利益、公众安全的项目……
② 依法必须进行招标的工程建设项目的具体范围和规模标准,由国务院发展改革部门会同国务院有关部门制订,报国务院批准后公布施行。
③ 关系社会公共利益、公众安全的基础设施项目的范围包括:(一)煤炭、石油、天然气、电力、新能源等能源项目……
④ 不属于《必须招标的工程项目规定》第二条、第三条规定情形的大型基础设施、公用事业等关系社会公共利益、公众安全的项目,必须招标的具体范围包括:(一)煤炭、石油、天然气、电力、新能源等能源基础设施项目……

论是业主单位大姚瑞宏新能源开发有限公司与上诉人签订的总承包合同,还是上诉人与被上诉人签订的分包合同都没有进行招标。依据《中华人民共和国合同法》第五十二条第(五)项①及《最高人民法院关于审理建设工程施工合同纠纷案件适用法律问题的解释》第一条第(三)项的规定,施工合同属于必须招投标而未招标的,属于无效合同。"

对此二审法院经审理后认为:"因大姚瑞宏新能源开发有限公司不是本案当事人,未参与本案诉讼,大众建设公司提交的现有证据不足以认定大姚县仓街20兆瓦农光互补光伏发电项目未进行过招投标程序,且大姚县仓街20兆瓦农光互补光伏发电项目EPC总承包合同的效力问题也不属于本案审理的范围,故对大姚县仓街20兆瓦农光互补光伏发电项目EPC总承包合同的效力本院不作评判。大众建设公司与大姚瑞宏新能源开发有限公司签订的《大姚县仓街20兆瓦农光互补光伏发电项目EPC总承包合同》、大众建设公司与朔铭电力工程公司签订的《工程施工专业分包合同》是属于两独立的合同,不属于主、从合同关系,不论《大姚县仓街20兆瓦农光互补光伏发电项目EPC总承包合同》的效力如何,均不影响《工程施工专业分包合同》的合同效力。《工程施工专业分包合同》的合同双方当事人大众建设公司与朔铭电力工程公司均具有相应的资质,法律、法规也未规定专业分包合同需进行招投标,且《工程施工专业分包合同》也不具有法律、法规规定的合同无效的情形,故大众建设公司与朔铭电力工程公司签订的《工程施工专业分包合同》合法有效,故对大众建设公司提出大众建设公司与朔铭电力工程公司签订的《工程施工专业分包合同》无效的主张,本院不予支持。"

【案例启示】

对于总承包合同无效是否会导致专业工程分包合同无效的问题,现行法律暂无明确规定,司法实践中也尚存有争议。第一种观点认为,总包合同无效,分包合同也自然无效。其主要理由:专业分包合同可以看作总承包合同的从合同,主合同无效,从合同当然无效。

第二种观点则与本案二审法院观点一致。即总承包合同的效力不影响分包合同的效力。主要理由:总承包合同与专业工程分包合同分属不同的合同主

---

① 　现对应为《民法典》第153条第1款,违反法律、行政法规的强制性规定的民事法律行为无效。

体,从法律上是两个独立成立的合同,总承包合同的效力并不影响专业工程分包合同效力,即使总承包合同无效,也并不意味着专业工程分包合同当然无效。

对此,我们较为认可第二种观点。首先,一般而言合同的生效条件包括:(1)合同当事人订立合同时具有相应的缔约行为能力;(2)合同当事人意思表示真实;(3)合同不违反法律或社会公共利益。因此,总承包合同的效力不影响分包合同的生效。其次,总承包合同无效,可能导致分包合同无法履行。但合同无效与合同无法履行在法律上是两个完全不同的概念。当总包合同无效,承包人无法履行时,承包人与分包人之间的分包合同即失去了继续履行的必要性和可能性,使分包合同陷于履行不能。在此情形下,分包合同应予解除,而不应做无效的判断。

【实务评析】

为保障人民群众生产生活安全,我国通过法律对从事建筑活动的企业设置了一些禁止性的"红线"。如果从事建筑活动企业在生产经营过程逾越了这些"红线",不仅会受到相应的行政处罚,还会导致发包、承包双方间签订的合同失去法律效力。

一般导致建设工程合同无效的原因主要包括:(1)应当招标而未招标;(2)承包人不具有相应资质;(3)借用资质;(4)违反《招标投标法》效力性规定;(5)未办理建设工程规划许可证;(6)违法分包;(7)转包;(8)肢解发包。

现行法律法规目前没有关于总承包合同与专业工程分包合同的效力问题的明确规定,但总承包合同与专业工程分包合同又是紧密联系的,如果总承包合同无效,可能会导致专业工程分包合同无效,即使分包合同有效,分包合同也无法继续履行,分包合同也得终止。

在实务中我们建议:总承包人在招投标和合同签订过程中,要确保签订的总承包合同合法有效。在进行专业工程分包合同签订的时候,要考虑将总承包合同无效或终止作为专业分包合同终止的条件,同时在专业工程分包合同中明确合同终止后工程结算原则。

案例五　工程总承包合同被认定无效后对付款条件的影响

【典型案例】(2020)新民终 106 号

正信光电科技股份有限公司、民丰县昂立光伏科技有限公司与联合光伏(常州)投资集团有限公司建设工程施工合同纠纷

【裁判摘要】

最高人民法院《关于审理建设工程施工合同纠纷案件适用法律问题的解释》第 2 条①规定，建设工程施工合同无效，但建设工程经竣工验收合格，承包人请求参照合同约定支付工程价款的，应予支持。该条规定的原意是参照合同约定确定工程价款数额，主要指工程款计价方法、计价标准等与工程价款数额有关的约定，双方关于付款节点约定的条款，不属于可以参照适用的合同约定。

【案件概览】

2014 年 6 月 4 日，发包人民丰县昂立光伏科技有限公司(以下简称昂立公司)与总承包人常州普阳能源工程有限公司(以下简称普阳公司)签订《民丰县昂立光伏科技有限公司 20 兆瓦光伏并网发电项目 EPC 总承包合同》，合同约定

---

① 现调整为最高人民法院《关于审理建设工程施工合同纠纷案件适用法律问题的解释(一)》第 24 条：当事人就同一建设工程订立的数份建设工程施工合同均无效，但建设工程质量合格，一方当事人请求参照实际履行的合同关于工程价款的约定折价补偿承包人的，人民法院应予支持。

实际履行的合同难以确定，当事人请求参照最后签订的合同关于工程价款的约定折价补偿承包人的，人民法院应予支持。

总承包人将在"一揽子"价格的基础上负责昂立公司20MWp光伏并网发电项目的设计、光伏系统的采购和施工交钥匙工程总承包，合同总价款为7210万元。开工时间2014年6月15日，工程总工期110天，要求工程于2014年11月25日前具备上网（并网发电）条件。

2015年2月2日，昂立公司、正信光电科技股份有限公司（以下简称正信公司）、普阳公司、联合光伏（常州）投资集团有限公司（以下简称联合公司）签订《民丰县昂立光伏科技有限公司20兆瓦光伏并网发电项目EPC总承包合同及相关事项之补充合同》（以下简称《补充合同》），《补充合同》约定：昂立公司为业主方，正信公司与普阳公司为联合总承包方，联合公司为确认方，合同价总金额97,732,375万元。《补充合同》专用条款约定：合同固定总价为97,732,375元，其中普阳公司负责设计、建筑工程、工程安装及调试，合同金额为40,897,534元，正信公司负责设备采购及项目前期开发等，合同金额为56,834,841元；合同各方确认，普阳公司将其负责工程的全部款项债权转让给正信公司，共计40,897,534元，即昂立公司需依约将合同总价款全部支付给正信公司；按照80%、10%、10%的比例分三笔支付，其中80%合同价款的支付条件：（1）正信公司与联合公司共同完成对昂立公司注册资本增资实缴工作；（2）本项目及其配套设施工程全部完工及全部消缺工作完成；（3）本项目工程质量经第三方（TUV）检测机构检测，结果表明本项目工程质量达到本合同附件2——技术协议的相关要求，并经联合公司确认；（4）昂立公司已签署购售电合同；（5）本项目已整体竣工验收并完成工程决算及审计，且获得中国法律法规要求的本项目投入真实运营所需的全部资质文件、取得电力业务许可证等。10%合同价款的支付条件：本项目列入国家可再生能源电价附加资金补助目录后的10个工作日内。最后的10%合同价款作为项目保证金，其支付条件：质保期届满2个月内，正信公司、昂立公司双方委托认可的第三方检测机构（TUV）完成本项目工程质量二次检测，并经联合公司书面确认。

《补充合同》签订后，联合公司委托TUV检测机构于2015年7月7日出具《联合光伏新疆民丰20MW光伏电站技术尽职调查阶段－2》检测报告，检测结果为项目存在电击隐患、电气连接不可靠隐患、5块组件存在较严重隐裂、电池片功率混档现象。

2014年12月31日昂立公司20兆瓦光伏电站并网发电，2016年8月24日涉案光电项目列入国家可再生能源电价附加资金补助目录。

后该项目因工程款支付、违约金等问题,正信公司将昂立公司列为被告向人民法院提起诉讼。一审审理过程中,对于《补充合同》约定的付款条件是否成就成为争议焦点。

一审人民法院经审理后认为,首先,根据《补充合同》的约定,合同固定总价为97,732,375元,分三笔按照80%、10%、10%的比例支付,其中80%合同价款的支付条件有五个,第一个是正信公司与联合公司共同对昂立公司注册资本增资实缴,该工作已经于2015年8月8日完成;第二个是本项目及其配套设施工程全部完工以及全部消缺工作完成,该项工作因2015年7月7日《联合光伏新疆民丰20MW光伏电站技术尽职调查阶段-2》中未再出现《联合光伏新疆民丰20MW光伏电站技术尽职调查阶段-1》中的19项消缺事项,相关材料等正信公司也已移交昂立公司,证明项目已完工、阶段性的消缺工作已经完成;第三个是本项目工程质量经第三方(TUV)检测机构检测,结果表明本项目工程质量达到本合同附件2——技术协议的相关要求,而附件2的技术协议在原、被告双方提供《补充合同》中的内容均为空白页;对于第四个、第五个付款的条件昂立公司认可已经成就,故本院认为昂立公司按照合同总价款的80%付款条件已经成就。其次,因2016年8月24日涉案光电项目列入国家可再生能源电价附加资金补助目录(第六批),故本院认为昂立公司按照合同总价款的10%付款条件也已经成就。最后,根据《补充合同》约定质保期满前2个月内,昂立公司与正信公司双方委托第三方检测机构(TUV)完成本项目工程质量二次检测,并经联合公司确认,截至本案庭审结束,正信公司与昂立公司均未配合委托第三方做二次检测,故本院认为该笔合同总价款的10%付款条件未成就。一审法院并据此作出了相应判决。

因对一审判决结果表示不服,正信公司向新疆维吾尔自治区高级人民法院提起上诉。新疆维吾尔自治区高级人民法院经审理后对于昂立公司是否达到付款条件的问题认为:2014年6月4日昂立公司与普阳公司签订《民丰县昂立光伏科技有限公司20兆瓦光伏并网发电项目EPC总承包合同》以及2015年2月2日昂立公司、正信公司、普阳公司、联合公司签订《民丰县昂立光伏科技有限公司20兆瓦光伏并网发电项目EPC总承包合同及相关事项之补充合同》,依据《招标投标法》第3条第1款"在中华人民共和国境内进行下列工程建设项目包括项目的勘察、设计、施工、监理以及与工程建设有关的重要设备、材料等的采购，必须进行招标：(一)大型基础设施、公用事业等关系社会公共利益、公众安全的项目……"《工程建设项目招标范围和规模标准规定》①第2条"关系社会公共利益、公众安全的基础设施项目的范围包括：(一)煤炭、石油、天然气、电力、新能源等能源项目……"及第7条"本规定第二条至第六条规定范围内的各类工程建设项目，包括项目的勘察、设计、施工、监理以及与工程建设有关的重要设备、材料等的采购，达到下列标准之一的，必须进行招标：……(四)单项合同估算价低于第(一)、(二)、(三)项规定的标准，但项目总投资额在3000万人民币以上的"之规定，案涉项目属新能源项目，且总投资额远超3000万元，必须进行招标。而上述案涉合同及补充合同并未履行招投标程序，依据最高人民法院《关于审理建设工程施工合同纠纷案件适用法律问题的解释》第1条②"建设工程施工合同具有下列情形之一的，应当根据合同法第五十二条第(五)项③的规定，认定无效：……(三)建设工程必须进行招标而未招标或者中标无效的"之规定，案涉合同及补充合同违反法律、行政法规的强制性规定，应认定为无效合同。一审法院认定上述案涉合同及补充合同合法有效不当，本院予以纠正。最高人民法院《关于审理建设工程施工合同纠纷案件适用法律问题的解释》第

---

① 被国务院《关于〈必须招标的工程项目规定〉的批复》废止。与之相关的规定为《必须招标的基础设施和公用事业项目范围规定》第2条：不属于《必须招标的工程项目规定》第二条、第三条规定情形的大型基础设施、公用事业等关系社会公共利益、公众安全的项目，必须招标的具体范围包括：

(一)煤炭、石油、天然气、电力、新能源等能源基础设施项目；

(二)铁路、公路、管道、水运，以及公共航空和A1级通用机场等交通运输基础设施项目；

(三)电信枢纽、通信信息网络等通信基础设施项目；

(四)防洪、灌溉、排涝、引(供)水等水利基础设施项目；

(五)城市轨道交通等城建项目。

② 已调整为最高人民法院《关于审理建设工程施工合同纠纷案件适用法律问题的解释(一)》第1条第1款　建设工程施工合同具有下列情形之一的，应当依据民法典第一百五十三条第一款的规定，认定无效：

(一)承包人未取得建筑业企业资质或者超越资质等级的；

(二)没有资质的实际施工人借用有资质的建筑施工企业名义的；

(三)建设工程必须进行招标而未招标或者中标无效的。

③ 现为《民法典》第153条。

2 条①规定,建设工程施工合同无效,但建设工程经竣工验收合格,承包人请求参照合同约定支付工程价款的,应予支持。该条规定的原意是参照合同约定确定工程价款数额,主要指工程款计价方法、计价标准等与工程价款数额有关的约定,双方关于付款节点约定的条款,不属于可以参照适用的合同约定。故此,二审人民法院撤销了一审判决并结合具体付款进行了改判。

【案例启示】

　　本案中,新疆维吾尔自治区高级人民法院明确指出最高人民法院《关于审理建设工程施工合同纠纷案件适用法律问题的解释(一)》第24条(原最高人民法院《关于审理建设工程施工合同纠纷案件适用法律问题的解释》第 2 条)参照合同约定支付工程价款主要指工程款计价方法、计价标准等与工程价款数额有关的约定,双方关于付款节点约定的条款,不属于可以参照适用的合同约定。该观点与最高人民法院在"黄某盛、林某勇与江西通威公路建设集团有限公司、泉州泉三高速公路有限责任公司建设工程分包合同纠纷案[详见(2013)民一终字第 93 号民事判决书]"所持观点一致。因此,对于付款条件、付款方式、付款期限等约定在建设工程合同无效时,易被认定为无效约定。常见的情形:"背对背"条款、"审计后付款"条款等。

　　然而,我们也看到一些地方法院对此持有不同的审判观点。在江苏省高级人民法院《关于审理建设工程施工合同纠纷案件若干问题的解答》中我们看到:"5. 建设工程施工合同无效,建设工程经竣工验收合格的,合同约定的哪些条款可以参照适用? 建设工程施工合同无效,建设工程经竣工验收合格的,当事人主张工程价款或确定合同无效的损失时请求将合同约定的工程价款、付款时间、工程款支付进度、下浮率、工程质量、工期等事项作为考量因素的,应予支持。"

　　因此,在未有明确统一的裁判标准下,对于工程合同不论是发包人还是承包人,都应当密切关注工程合同的效力问题以及可能造成的影响,避免因合同

---

　　① 已调整为最高人民法院《关于审理建设工程施工合同纠纷案件适用法律问题的解释(一)》第24条 当事人就同一建设工程订立的数份建设工程施工合同均无效,但建设工程质量合格,一方当事人请求参照实际履行的合同关于工程价款的约定折价补偿承包人的,人民法院应予支持。

　　实际履行的合同难以确定,当事人请求参照最后签订的合同关于工程价款的约定折价补偿承包人的,人民法院应予支持。

无效导致损失的发生。

【实务评析】

工程总承包项目中发包、承包双方对于工程款通常采用进度款的支付方式，并留存一定比例的工程款作为质保金。在 2020 年 5 月 1 日后正式实施的《保障农民工工资支付条例》中更是明确提出"人工费用拨付周期不得超过 1 个月"的要求。工程进行过程中，承包人按照合同约定申报已完工程量按月取得款项，承包人资金压力比较小。但当发包人拖欠工程款时，承包人不清楚合同是否继续履行，一般会选择先行支付农民工工资、保险等费用。此情况下，如果按照前述合同无效发包人仅按照原合同金额支付款项，那么对于承包人而言先支付农民工工资无异于弊大于利，承包人也就不再先行支付费用。并且，工程案件诉讼周期较长，农民工长久得不到相应的工资，社会矛盾便由此产生。

换个角度想，工程质保金其本身仍属于工程款，双方通过协议约定，限制了该款项的支付，利于保证工程质量。但如果合同无效就认定双方对于工程款支付约定的条件无效，即工程质保金约定无效，那么对于工程质量的保障也将产生不良影响。

因此，当工程合同无效时，如果仅参考计价方法、计价标准等与工程价款数额有关的约定进行裁判，实践中不免会导致问题的出现。所以，在工程合同无效的情况下，还应更多考量无效后对社会、工程的影响，以实现各方的公平与正义。

案例六 工程总承包合同无效时，承包人能否主张逾期付款利息损失

【典型案例】（2020）甘民终 621 号

朱某与中国能源建设集团江苏省电力建设第三工程有限公司、博尔建设集团有限公司建设工程施工合同纠纷

【裁判摘要】

建设工程施工合同无效，但建设工程经竣工验收合格，承包人请求参照合同约定支付工程欠款的，应予支持。利息属于法定孳息，是发包人占用承包人工程款期间对承包人造成的损失，与当事人负有的付款责任同时产生，是承担付款责任的附随义务。同时，最高人民法院《关于审理建设工程施工合同纠纷案件适用法律问题的解释(一)》就利息的计付并没有区分建设工程施工合同有效或无效的情形，请求支付利息权利同样及于工程实际施工人。

【案件概览】

2013 年 10 月 20 日，华电新能源发展有限公司甘肃分公司作为发包人与中国电力工程顾问集团新能源有限公司、中国电力建设工程咨询公司作为总承包人签订《甘肃华电敦煌 40MWp 并网光伏发电项目设计、设备采购、建筑安装及调试 EPC 总承包合同》，合同价款 356,329,700 元。

2013 年 10 月 28 日，由中国电力工程顾问集团新能源有限公司作为发包人与中国能源建设集团江苏省电力建设第三工程有限公司(以下简称江苏三建)

作为承包人签订《甘肃华电敦煌40MW光伏发电项目土建及安装施工合同》，合同价款49,862,700元。

2013年12月5日，由中国电力工程顾问集团新能源有限公司作为发包人与江苏三建作为承包人签订《甘肃华电敦煌40MW光伏发电项目35kV开关站土建及安装施工合同》，合同价款3,295,000元。

2013年12月24日，江苏三建作为甲方与博尔建设集团有限公司（以下简称博尔公司）作为乙方签订《甘肃华电敦煌40MW光伏发电项目土建工程施工分承包合同》，合同价款33,430,000元。

2013年12月25日，由博尔公司作为甲方与朱某作为乙方签订《甘肃华电敦煌40MW光伏发电项目土建工程项目承包责任书》，由朱某承包完成该项目土建工程，价款暂定为33,430,000元。

2016年12月26日，江苏三建作为甲方与博尔公司作为乙方签订《甘肃华电敦煌40MW光伏发电项目35kV开关站土建及安装施工分承包合同》，合同价款2,600,000元。

2016年12月，博尔公司作为甲方与朱某作为乙方签订《甘肃华电敦煌40MW光伏发电项目35kV开关站土建及安装工程项目承包责任书》，由朱某承包完成开关站土建及安装工程，价款暂定为2,600,000元。

合同签订后，朱某以江苏三建敦煌项目部名义组织工程施工。2016年元月20日，中国电力工程顾问集团新能源有限公司与江苏三建签署甘肃华电敦煌40MW光伏发电项目土建及安装工程结算书，审定结算金额为49,320,000元，由朱某签署同意审核意见。2016年1月，江苏三建与博尔公司签署甘肃华电敦煌40MW光伏发电项目土建工程施工分承包项目竣工结算书，审核价款为32,891,556元，由朱某在批准人处签字。2019年1月30日，朱某签署确认函，确认江苏三建已支付给博尔公司的甘肃华电敦煌40MW光伏发电项目土建和35kV开关站土建安装项目工程款已全部支付给朱某。2019年8月21日，朱某签字确认40MW项目付款清单和35kV项目付款清单。

后因工程价款支付问题，朱某向甘肃省酒泉市中级人民法院（以下简称一审法院）提起诉讼，要求判令被告博尔公司支付工程款及自2015年1月1日起至付清时的利息，并判令被告江苏三建在欠付工程价款范围内承担责任（含利息）。

　　就关于利息损失支付问题,一审法院经审理后认为,最高人民法院《关于审理建设工程施工合同纠纷案件适用法律问题的解释》第 26 条①规定,实际施工人以转包人、违法分包人为被告起诉的,人民法院应当依法受理。实际施工人以发包人为被告主张权利的,人民法院可以追加转包人或者违法分包人为本案当事人。发包人只在欠付工程价款范围内对实际施工人承担责任。本案中,虽是朱某借用博尔公司名义与江苏三建签订的合同,根据合同相对性原则,原告朱某并非博尔公司与江苏三建所签合同的一方当事人,与朱某存在直接合同关系的是博尔公司,并非江苏三建,且原告朱某的工程款均是通过被告博尔公司向其支付,并非被告江苏三建直接向朱某支付,故原告朱某要求被告博尔公司向其承担付款义务,被告江苏三建在其欠付工程款的范围内承担连带责任的主张符合法律规定,应予支持。因博尔公司已将江苏三建支付的工程款全部支付给了朱某,江苏三建欠付博尔公司的款项与博尔公司欠付朱某的款项数额一致,故对该 1,984,357.67 元的欠付工程款应由博尔公司承担付款责任,江苏三建承担连带责任。因合同无效,原告朱某主张逾期付款利息损失缺乏依据,不予支持。

　　一审判决作出后,原告朱某对一审判决结果不服,上诉至甘肃省高级人民法院(以下简称二审法院)。

　　对于朱某上诉主张的利息损失问题,二审法院经审理后认为,关于朱某上诉请求逾期付款利息问题。最高人民法院《关于审理建设工程施工合同纠纷案件适用法律问题的解释》第 2 条②明确规定,"建设工程施工合同无效,但建设工程经竣工验收合格,承包人请求参照合同约定支付工程欠款的,应予支持。"利息属于法定孳息,是发包人占用承包人工程款期间对承包人造成的损失,与当事人负有的付款责任同时产生,是承担付款责任的附随义务。同时,最高人民法院《关于审理建设工程施工合同纠纷案件适用法律问题的解释》就利息的计付并没有区分建设工程施工合同有效或无效的情形,请求支付利息权利同样及于工程实际施工人,故一审判决关于"因合同无效,原告朱某主张逾期付款利息

---

　　① 现为最高人民法院《关于审理建设工程施工合同纠纷案件适用法律问题的解释(一)》第 43 条。

　　② 现最高人民法院《关于审理建设工程施工合同纠纷案件适用法律问题的解释(一)》已经删除该条规定,对应可以适用的条款应该是第 26 条。

损失缺乏依据"的判定显属不当,朱某上诉提出的要求江苏三建承担工程款逾期支付利息的主张符合本案事实和法律规定,本院予以支持。

【案例启示】

建设工程纠纷案件中,发包人因故拖欠承包人工程款的情形屡见不鲜。对此,新的最高人民法院《关于审理建设工程施工合同纠纷案件适用法律问题的解释(一)》第26条规定:"当事人对欠付工程价款利息计付标准有约定的,按照约定处理;没有约定的,按照中国人民银行发布的同期同类贷款利率计息"。因此,当发包人拖欠承包人工程款时,承包人可向发包人主张相应的利息损失。但实践中时常出现发包人与承包人签订的建设工程施工合同系无效合同的情形,而该规定对于施工合同无效时,承包人是否可以主张利息损失,并未明确体现。故而,实践中对无效合同能否主张利息损失的问题,也存在不同观点与争议。

通过本案我们看到,一审、二审法院对于"合同无效能否主张逾期利息损失"存在不同观点。对此,我们认同二审法院观点。《最高人民法院建设工程施工合同司法解释理解与适用》一书认为:"本条(指旧建工司法解释一第十七条)是关于计付欠付工程款利息支付标准的规定。利息属于法定孳息,发包人欠付承包人工程价款时就应当向债权人支付利息,这是民法债的一般原则。建设工程是一种特殊商品,建设工程的交付也是一种交易行为。乙方交付商品,对方就应当付款,该款就产生利息,欠付的价金利息与价金之间存在附属关系。"同样,在最高人民法院审理贵州弘润建筑劳务有限公司、贵州润茂置业有限公司建设工程施工合同纠纷一案中①亦采用了此种观点:"本院认为,因施工合同无效,合同中有关欠付工程款违约责任的约定亦属无效。因此,弘润公司的违约金请求不予支持,但考虑到润茂公司逾期支付工程款的行为客观上对弘润公司造成了资金占用损失,二审按年息18%的利息标准计算资金占用费,符合公平原则,并无不妥。"

通过以上案例及著述可知,逾期利息损失的主张与合同效力并无必然联系,在承包人有权向发包人主张工程价款,而发包人逾期支付时,承包人即有权请求发包人赔付逾期利息损失。

---

① (2018)最高法民申1429号。

【实务评析】

最高人民法院《关于审理建设工程施工合同纠纷案件适用法律问题的解释（一）》第 26 条规定："当事人对欠付工程价款利息计付标准有约定的，按照约定处理；没有约定的，按照同期同类贷款利率或者同期贷款市场报价利率计息"。

因此，不管是业主单位与总承包单位签订总承包合同，还是总承包单位与分包单位签订分包合同，出于公平协商，有利于推进争议处理的考虑，在合同条款中，要对欠付工程价款利息计付标准有明确约定。

《建筑安装工程费用项目组成》（2013 版）规定："（一）建筑安装工程费用项目按费用构成要素组成划分为人工费、材料费、施工机具使用费、企业管理费、利润、规费和税金。……"而《建设项目总投资费用项目组成（征求意见稿）》（建办标函〔2017〕621 号）第 6 条规定，"工程费用是指建设期内直接用于工程建造、设备购置及其安装的费用，包括建筑工程费、设备购置费和安装工程费"。第 7 条规定，"建筑工程费是指建筑物、构筑物及与其配套的线路、管道等的建造、装饰费用。安装工程费是指设备、工艺设施及其附属物的组合、装配、调试等费用。建筑工程费和安装工程费包括直接费、间接费和利润"。根据上述内容可知，当事人占用的工程款可按不同类别进行划分，但无论工程款的性质如何，建设工程经竣工验收合格的，承包人均有权主张相应款项。而工程款利息作为工程款逾期支付的法定孳息，从法律解释举重以明轻的角度，承包人同样有权主张，与工程款利息的性质及合同效力无关。

案例七　工程总承包合同无效时，管理费、保险等间接费用能否结算

【典型案例】(2019)苏08民终993号

陈某与柏某某、盐城永祥建设工程有限公司等建设工程施工合同纠纷

【裁判摘要】

上诉人作为无建设工程施工资质的个人，与被上诉人之间并未约定税金、规费、企业管理费等费用的归属，且无证据表明上诉人实际存在上述费用的支出，因此将税金和间接费(规费、企业管理费)从鉴定的工程价款中扣除，并无不当。

【案件概览】

2016年11月27日，金科公司将位于金湖县银涂镇湖滨村10MWp光伏发电站项目发包给永祥公司建设，并签订了EPC总承包合同(以下简称总包合同)。柏某某非原永祥公司职工，从永祥公司承包了10MWp光伏发电站项目部分工程，并将其承包的工程中的综控楼、箱式逆变承台、大门和围墙工程分包给了陈某。案涉总承包工程无建设工程规划许可证。

2016年12月8日，陈某开始施工，其施工部分约定工期为2016年12月8日至2017年3月8日；工程造价中扣除税费、各类规费及甲方利润；付款方式按总合同执行，保修金的返还时间以总合同的约定为准等。

截至2018年12月3日，柏某某支付给陈某工程款1,306,475元。此后各

方就所施工部分结算金额发生争议并诉至法院。

一审审理期间,原告陈某委托法院对涉案工程造价进行鉴定,按照市场定额价结合当事人提供的材料,计算委托鉴定项目工程造价为 1,790,476.48 元(其中企业管理费 84,693.55 元、利润 38,374.56 元、安全文明施工措施费 44,394.57 元、规费 56,572.82 元、税金 174,758.93 元)。各方对案涉工程的税金、规费、企业管理费等费用是否应当从工程造价中扣除亦有争议。一审法院认为:被告永祥公司与被告金科公司签订的总包合同及陈某与柏某某签订的工程分包施工协议,因涉案工程无建设工程规划许可证,陈某无建设工程施工资质,且存在违法分包行为,违背了法律法规的强制性规定,属无效合同。但陈某所施工的涉案工程被金科公司擅自使用,视为竣工验收合格。

关于税金、规费、企业管理费、利润及安全文明施工费是否应当在工程造价中扣除问题。柏某某及永祥公司认为应当扣除,理由:其一,双方合同中有约定,所以,扣减税费、各类规费及柏某某利润属于双方的意思自治,应予以参考。其二,鉴定意见是在以具备施工资质的单位作为施工人的前提下进行的鉴定,核算结果包含企业管理费、各项规费、保险费等费用,但本案原审原告陈某作为个人,并未取得施工资质,在鉴定意见中为其计取企业管理费、各项规费、保险费等间接费用缺乏事实依据。另外,陈某也并未实际产生上述间接费用或者缴纳税费。

陈某则认为,自己是涉案工程的实际施工人,三被告未参与实际施工,也未参与现场管理,故文明施工费、管理费用均是施工单位的费用,应当归陈某所有。若将上述费用判决归未参与施工单位所得,势必导致"劳而不获、不劳而获"的不正义后果。

对此,一审法院认为,陈某作为个人,无建设工程施工资质,涉案工程无建设工程规划许可证,且陈某也未提交证据证明已经缴纳税金、规费及实际产生企业管理费的事实,故税金和间接费(规费、企业管理费)应从鉴定的工程价款中扣除。对于柏某某、永祥公司主张在鉴定的工程价款中扣除利润及安全文明施工费的辩解意见,因为该两项并非工程造价中间接费的范围,其主张扣除依据不足,一审法院不予支持。综上,涉案工程价款 1,474,451.18 元(1,790,476.48 元 - 企业管理费 84,693.55 元 - 规费 56,572.82 元 - 税金 174,758.93 元)。

其后陈某对该结果不予认可,提起上诉。二审法院认为,上诉人陈某是无建设工程施工资质的个人,被上诉人柏某某与上诉人陈某之间亦未约定税金、规费、企业管理费归属上诉人陈某,因此,原审判决将税金和间接费(规费、企业管理费)从鉴定的工程价款中扣除,并无不当,这也与被上诉人永祥公司交纳税金的情况无关,据此驳回上诉人陈某的上诉请求。

【案例启示】

根据2020版《示范文本》通用合同条件第18.4条其他保险的内容可知,工程总承包项目的保险费用包含在合同总价款中,根据《建设项目总投资费用项目组成(征求意见稿)》的规定,①间接费是指施工企业为完成承包工程而组织施工生产和经营管理所发生的费用。而《建设项目工程总承包费用项目组成(征求意见稿)》同样规定,合同总价中包含管理费、保险费(包括建筑安装工程一切险、工程质量保险、人身意外伤害险等,不包括已列入建筑安装工程费中的施工企业的财产、车辆保险费)等总承包其他费用。从上述约定及规定内容可知,无论是EPC模式抑或其他类型的工程项目,保险费等间接费用或总承包其他费用,应当包含在发包、承包双方之间的合同总价款中。

但在实践中当出现因资质问题导致施工合同无效时,承包人或实际施工人能否主张保险、管理费等间接费用或总承包其他费用。尤其作为自然人的实际施工人能否主张该费用,实践中存在争议。一种观点认为,应"参照合同约定支付工程价款"的内容,合同价款中应包含直接费、间接费等项目。例如,最高人民法院(2017)最高法民终360号认为:"案涉工程的价值为工程造价,包括规费和利润。案涉工程项目由雅居园公司占有,雅居园公司应按照工程造价补偿晟元公司。私法救济目的是使双方的利益恢复均衡,如果自折价补偿款中扣减部分规费和利润,则雅居园公司既享有工程项目的价值,又未支付足额对价,获得额外利益,不符合无效合同的处理原则。"

同样,在《最高人民法院建设工程施工合同司法解释的理解与适用》一书中也认为:"如果合同无效,承包人只能主张合同约定价款中的直接费和间接费,则承包人融入建设工程产品当中的利润及税金就会被发包人获得,发包人依据

---

① 《建设项目总投资费用项目组成(征求意见稿)》第13条 间接费是指施工企业为完成承包工程而组织施工生产和经营管理所发生的费用。内容包括管理人员薪酬、办公费、差旅交通费、施工单位进退场费、非生产性固定资产使用费、工具用具使用费、劳动保护费、财务费、税金,以及其他管理性的费用。

无效合同取得承包人应得的利润,这与无效合同的处理原则不符,其利益向一方当事人倾斜,不能很好地平衡当事人之间的利益关系。"由此可见,其观点是支持合同无效之后,由相应的承包人或实际施工人取得间接费用或总承包其他费用。

而另一种观点则认为,如果承包人或实际施工人为个人,因其无资质或并未实际产生相关间接费用,应当从工程价款中予以扣除。如最高人民法院(2017)最高法民申 161 号认为:"由于该鉴定结论是在以具备施工资质的单位作为施工人的前提下所进行的鉴定,核算结果包含企业管理费、各项规费及各类保险费等相关费用。但本案中,周某某作为个人,并未取得建设工程施工资质,在鉴定结论中为其计取包括企业管理费、各种规费及保险费等间接费用缺乏事实依据。再者,经本院审查查明,周某某本人亦并未实际产生上述间接费用或缴纳税费。"

【实务评析】

本案纠纷要点是工程施工合同被认定为无效,税金、规费、企业管理费、利润等费用是否应当在工程造价中扣除问题,应对上述费用按性质划分不同分别分析。

1. 对于规费、企业管理费等间接性费用,根据《建筑安装工程费用项目组成》(建标〔2013〕44 号),对于建筑安装工程费用的组成项目进行调整,不再区分直接费和间接费,故间接费已丧失其法定身份,不再作为建筑安装费用的组成名目,人民法院在认定间接费时应予以考虑。此外,对于间接费的认定也应考虑间接费承包人主体身份,工程实施情况以及承包人相关费用支出合理性等因素。

2. 对于利润与税金,《建筑安装工程费用项目组成》(建标〔2013〕44 号)规定:"(一)建筑安装工程费用项目按费用构成要素组成划分为人工费、材料费、施工机具使用费、企业管理费、利润、规费和税金。"即利润与税金应为工程造价的一部分。根据《民法典》第 793 条的规定,建设工程施工合同无效,但是建设工程经验收合格的,可以参照合同关于工程价款的约定折价补偿承包人。故对于验收合格的工程,承包人可主张利润与税金。此外,一些司法裁判观点认为利润与税金应当认定为合同损失,应根据合同无效双方过错程度对合同损失按比例分担。

案例八 招投标文件构成工程总承包合同的组成文件,影响双方权利义务关系

【典型案例】(2016)皖 11 民终 1150 号

滁州市环境卫生社会化服务中心与凌志环保股份有限公司建设工程施工合同纠纷

【裁判摘要】

滁州市环卫中心在招标文件中已就进水水质对项目运行所带来的风险向凌志公司予以充分明示,凌志公司应实地考察垃圾渗滤液各项污染物的指标数值并据此作出是否参与投标的决定,一旦其公司向滁州市环卫中心作出投标报价,即表明其已经充分理解招标文件的各项条款,其公司应受招标文件各项条款的约束。且上述招标文件的各项条款亦属于双方 EPC 合同的一部分。

【案件概览】

2013 年 1 月 30 日,滁州市环卫中心就滁州市生活垃圾填埋场渗滤液处理站升级改造工程 EPC 总承包(二次)工程对外发布招标文件,载明:"第一章招标公告(二次)工程规模:投资估算价 1000 万元;招标范围:本工程'为交钥匙工程',原渗滤液处理站日处理能力为 200 吨,现对滁州市生活垃圾填埋场渗滤液处理站进行升级改造工程,承包方式为 EPC 总承包,改造后的渗滤液处理站日处理能力为 300 吨,净出水率不低于 70%,出水水质达到《生活垃圾填埋场污染控制标准》(GB 16889—2008)表 2 标准;工艺调试、试运行 6 个月、环保验收、人

员技术培训等,商业运营 5 年。后经评标,凌志公司中标该项目。"

2013 年 4 月 28 日,滁州市环卫中心作为发包人,凌志公司作为承包人,双方签订《滁州市生活垃圾填埋场渗滤液处理站升级改造工程 EPC 总承包工程合同书》(以下简称 EPC 合同),合同载明:"第一章合同协议书……3. 合同价:工程建设费用 8,800,000 元,项目运营费(按照出水计算)每吨 18.5 元;4. 合同形式:固定价合同;5. 项目工期:2013 年 5 月 20 日至 2013 年 8 月 20 日,工期 90 日历天,工艺调试、试运行 6 个月,环保验收。"

在施工及试运行过程中,凌志公司存在部分安装设备参数与设计文件不符合、现场安装部分设备品牌与投标文件中所报设备品牌不符的情况,同时凌志公司还存在延误工期的情况。并且项目工程处理污水能力不达标,无法及时处理垃圾渗滤液,滁州市环卫中心委托滁州市中冶华天水务有限公司运输污水。

故此,滁州市环卫中心将凌志公司告上法庭,要求凌志公司承担相应的违约责任及损失赔偿责任。对此,凌志公司辩称理由之一为:"招标文件第八章第 2.2.3 条设计进出水水质中载明的'投标人现场考察并预测未来渗滤液进水水质,今后运行中实际进水水质指标超过或低于本设计进水水质指标,导致处理后出水达不达标的风险由投标人承担'条款违反《中华人民共和国环境保护法》第四十一条以及《中华人民共和国环境影响评价法》①第二条、第四条、第十三条、第二十条、第二十二条、第二十四条、第二十五条、第二十六条、第二十七条、第二十八条、第二十九条的强制性规定,该条款应当认定为无效条款,对双方均无约束力。凌志公司按照滁州市环卫中心及评审专家要求的进水水质 NH_3–N 指标 1500mg/L 的标准进行案涉工程的施工,在项目运行中,实际进水水质 NH_3–N 指标在 2500mg/L,即比环评与可研报告的数据翻了 2.5 倍,滁州市环卫中心提供的进水水质严重超标,显属违约。"

---

①　该法已于 2018 年 12 月 29 日进行修订,《环境影响评价法》中第 20 条,修改为:建设单位应当对建设项目环境影响报告书、环境影响报告表的内容和结论负责,接受委托编制建设项目环境影响报告书、环境影响报告表的技术单位对其编制的建设项目环境影响报告书、环境影响报告表承担相应责任。

设区的市级以上人民政府生态环境主管部门应当加强对建设项目环境影响报告书、环境影响报告表编制单位的监督管理和质量考核。

负责审批建设项目环境影响报告书、环境影响报告表的生态环境主管部门应当将编制单位、编制主持人和主要编制人员的相关违法信息记入社会诚信档案,并纳入全国信用信息共享平台和国家企业信用信息公示系统向社会公布。

任何单位和个人不得为建设单位指定编制建设项目环境影响报告书、环境影响报告表的技术单位。

本案二审由安徽省滁州市中级人民法院进行审理。滁州市中级人民法院经审理后认为："凌志公司与滁州市环卫中心签订的 EPC 合同系双方当事人真实意思的表示，内容不违反法律、行政法规的强制性规定，应为合法有效，双方当事人均应按照合同的约定履行自己的义务。本案中，凌志公司的主要合同义务为，根据双方 EPC 合同的约定完成案涉工程的设计、采购、施工等合同内容。凌志公司认为滁州市环卫中心提供的进水水质超标，系导致其公司所施工的 EPC 工程出水量未达合同约定的根本原因。经查，招标文件中所载明的 NH3 - N（mg/L）≤1500 系设计进水参考水质，在设计进水主要污染物指标参考水质表各项数值下方，已明确载明'投标人现场考察并预测未来渗滤液进水水质，今后运行中实际进水水质指标超过或低于本设计进水水质指标，导致处理后出水不达标的风险由投标人承担'，滁州市环卫中心在招标文件中已就进水水质对项目运行所带来的风险向凌志公司予以充分明示，凌志公司应实地考察垃圾渗滤液各项污染物的指标数值并据此作出是否参与投标的决定，一旦其公司向滁州市环卫中心作出投标报价，即表明其已经充分理解招标文件的各项条款，其公司应受招标文件各项条款的约束。且上述招标文件的各项条款亦属于双方 EPC 合同的一部分，同时，凌志公司亦无其他证据证明滁州市环卫中心有故意隐瞒进水水质各项指标的情形，故凌志公司认为案涉 EPC 工程未能达到合同约定出水量的原因系滁州市环卫中心未能提供符合合同约定的进水水质的上诉理由不能成立，本院不予采纳。"

最终安徽省滁州市中级人民法院判令凌志公司赔偿滁州市环卫中心 5, 280, 000 元。

【案例启示】

一、招投标文件是合同重要的组成部分

一般情况下，承包、发包双方签订《工程总承包》合同后，对于合同的关注事项都较为集中在合同中的协议书、通用条款、专用条款及相关附件、补充协议等。往往忽视了中标通知书、招投标文件及其附件，而建设工程领域，多关注公共利益所以多数要求采取招标的方式进行发包，因此承包、发包双方的文件接触也肇始于招标文件和投标文件，最终在合同签订后，就合同的组成部分有本节这样的条款时往往被忽视。因此在工程总承包履约时须关注招标文件中隐含的要求,不能仅以"合同"作为履行依据。

二、深入解读招标文件,重视招标文件中所隐含的风险

可以看到,本案中对于进水水质应由谁负责问题成为案件争议焦点。对此招标文件已就进水水质对项目运行所带来的风险向凌志公司予以充分明示。投标人对此应重视,如投标人认为上诉约定还存在模糊不清,无法界定,则建议投标人可就上述事宜要求招标人进行澄清。

三、与传统的施工总承包相比,EPC 总承包需要具备更强的专业能力和风险识别能力

本案中双方在招标文件、合同中载明了相关进水水质问题,因此法院作出了承包人应进行赔偿的判决。但即便招标文件、合同未对此进行约定或者即使招标人提供存在错误,我们认为本案承包人亦可能承担相应的赔偿责任。比如《房屋建筑和市政基础设施项目工程总承包计价计量规范(征求意见稿)》中规定:"发包人应在基准日期前,将取得的现场地下、水文条件及环境方面的所有资料提供给承包人。发包人在基准日期后得到的所有此类资料,也应及时提供给承包人。承包人应负责核实和解释所有此类资料。除合同另有约定外,发包人对这些资料的准确性、充分性和完整性不承担责任。"该计量规范目前虽然没有生效,但仍体现了在国家规范层面对总承包人的能力和水平的严格要求趋势。

另外,如果承包人认为进水水质问题属于风险问题。则可考虑在 EPC 合同中对该风险的负担进行约定,比如《房屋建筑和市政基础设施项目工程总承包管理办法》第 15 条第 1 款就规定,建设单位承担的主要风险一般包括:"(一)主要工程材料、设备、人工费价格与招标时基期价相比,波动幅度超过合同约定幅度的部分;(二)因国家法律法规政策变化引起的合同价格的变化;(三)不可预见的地质条件造成的工程费用和工期的变化;(四)因建设单位原因产生的工程费用和工期的变化;(五)不可抗力造成的工程费用和工期的变化。"但在本案中不同的是,招标文件中已经对上述水质可能导致的风险问题进行了明示,而投标人的投标行为则意味着投标人对上述风险承担的认可。最终因对风险的忽视,加之业务能力的欠缺导致了巨额赔偿。

【实务评析】

关于合同的组成文件问题除了本案中提到的忽略组成文件情况发生,还存在对组成文件之间的解释优先顺序的忽略问题,2021年1月1日住建部发布的2020版《示范文本》对合同的组成文件解释的优先顺序做了一些调整和细化,具体在示范文本的通用合同条件的第1.5条:

"1.5 合同文件的优先顺序

组成合同的各项文件应互相解释,互为说明。除专用合同条件另有约定外,解释合同文件的优先顺序如下:

(1)合同协议书;

(2)中标通知书(如果有);

(3)投标函及投标函附录(如果有);

(4)专用合同条件及《发包人要求》等附件;

(5)通用合同条件;

(6)承包人建议书;

(7)价格清单;

(8)双方约定的其他合同文件。

上述各项合同文件包括合同当事人就该项合同文件所作出的补充和修改,属于同一类内容的文件,应以最新签署的为准。

在合同订立及履行过程中形成的与合同有关的文件均构成合同文件组成部分,并根据其性质确定优先解释顺序。"

与原示范文本相比,本条存在如下新的变化:

第一点变化是,将投标函和投标函附录的优先效力,调整至专用合同条件及其附件之前,意味着当专用条件没有另外约定的情况下,投标函及其附录与专用条件条款发生冲突的时候将以投标函为准。第二点变化是,合同组成文件加入了《发包人要求》;承包人建议书;价格清单;三项新文件。

案例九 非必须招标项目采用招标程序即受招投标法约束

【典型案例】（2019）最高法民终 1356 号

中国电建集团新能源电力有限公司与贵州赤天化桐梓化工有限公司建设工程施工合同纠纷

【裁判摘要】

《合同协议书》是赤天化公司中标通知书发出之日起 30 日内当事人订立的"书面合同"，但不是最高人民法院《关于审理建设工程施工合同纠纷案件适用法律问题的解释(二)》第 9 条①规定的"中标合同"。中标即招标人对投标的承诺，当事人意思表示一致。中标通知书是对投标文件的确认，是承诺的书面形式。中标通知书发出，"中标合同"即告成立并生效。如果中标通知书允许变更合同价款等实质性内容，则不构成承诺，"中标合同"不成立。"中标合同"文本由中标通知书、澄清文件和投标文件、招标文件构成，亦即中标人的投标文件是"中标合同"的书面载体，其记载的事项构成"中标合同"的主要权利义务，也是《招标投标法》第 46 条第 1 款规定的"书面合同"订立的根据，属于该"书面合同"的实质性内容。该"书面合同"是"中标合同"权利义务内容的"确认书"和"合同书"，是条文化、具体化及规范化的且有别于招投标文件的合同格式文本，不得对"中标合同"内容作出实质性变更。因此，招标人、中标人通过招投标程序订立并生效的"中标合同"与《招标投标法》第 46 条规定的"书面合同"应当

---

① 现为最高人民法院《关于审理建设工程施工合同纠纷案件适用法律问题的解释(一)》第 23 条。

并行不悖。

【案件概览】

2007 年 11 月，贵州赤天化桐梓化工有限公司（以下简称赤天化公司）作为发包人委托国信招标有限责任公司（以下简称国信公司）对案涉工程项目对外进行招标。国信公司于 2007 年 11 月向包括中国电建集团新能源电力有限公司（以下简称电建公司）在内的投标人发布了编号为 GXTC－0732014《贵州金赤化工有限责任公司桐梓煤化工一期工程热电及公用工程设计、采购、施工（EPC）总承包招标文件》（以下简称 EPC 总承包招标文件）。

2008 年 1 月，电建公司编制编号为 GXTC－0732014《贵州金赤化工有限责任公司桐梓煤化工一期工程热电及公用工程设计、采购、施工（EPC）总承包投标文件》（以下简称 EPC 总承包投标文件）。

2008 年 5 月，赤天化公司与电建公司（承包人）签订 EPC 总承包合同，约定赤天化公司将桐梓煤化工一期工程热电及公用工程（下称合同装置）的全套主体装置及界区内所有的辅助设备、辅助装置的勘探、施工图设计、设备材料采购、建筑安装施工、检验、培训、试运行及交付、竣工验收技术服务及装置性能保证，即设计采购施工 EPC 总承包工程发包给电建公司。

后因工程价款问题，电建公司作为原告将赤天化公司诉至贵州省高级人民法院。本案一审中，关于 EPC 总承包合同效力以及案涉工程价款总额成为案件争议焦点。

一审贵州省高级人民法院经审理认为，EPC 总承包合同合法有效，电建公司提出的合同无效的主张均不能成立。具体理由如下：

第一，本案中，赤天化公司并非国有企事业单位，工程资金来源为自筹，案涉工程为煤化工项目，不属于《招标投标法》《必须招标的工程项目规定》《必须招标的基础设施和公用事业项目范围规定》所规定的能源、交通、通信、水利、城建五大类基础设施和公用事业项目之列。

第二，电建公司以合同确定的合同总价 460,436,515 元与其投标报价 521,965,260 元不一致为由主张双方在招投标过程中进行了实质性谈判，合同无效。但是，电建公司的该项主张仅仅为其推断，并没有举证证明双方之间在案涉项目招投标过程中进行了实质性谈判。更为重要的是，从合同附件 19"投标澄清文件"的第 14 条、第 92 条、第 129 条约定的内容来看,电建公司在招投标过程中对其投标报价的合理性也进一步审查及澄清,电建公司的投标报价本身并非是完全按照其工程施工所必需的成本加上合理利润后得出的准确数字。因此,最终的合同价与投标报价之间存在差异并不能据此得出双方在招投标过程中就投标价格、投标方案等实质性内容进行谈判,电建公司的该项主张不能成立。

第三,退一步讲,在招标过程中,招标人与投标人之间就合同价格进行谈判的,并不必然导致合同无效。按照《招标投标法》第 55 条的规定,招标人与投标人就投标价格、投标方案等实质性内容进行谈判将导致合同无效必须具备以下两个条件,一是该项目属于"依法必须进行招标的项目",二是招标人与投标人进行谈判的行为影响中标结果,即导致最佳的投标报价者没有获取合同。但如前所述,案涉工程并不属于必招项目。因此,双方在案涉工程招投标过程中是否就合同价格进行了实质性谈判,都不影响合同的效力。

故此,一审贵州省高级人民法院依据前述以 460,436,515 元为工程总额对案件进行了裁判。一审判决作出后,电建公司不服向最高人民法院提起上诉。

最高人民法院经审理后认为,本案 EPC 总承包合同关于工程价款的约定因与投标文件不一致而无效,案涉工程价款应当以中标合同作为结算依据。

第一,《合同协议书》是赤大化公司中标通知书发出之日起 30 日内当事人订立的"书面合同",但不是前引司法解释第 9 条规定的"中标合同"。中标即招标人对投标的承诺,当事人意思表示一致。中标通知书是对投标文件的确认,是承诺的书面形式。中标通知书发出,"中标合同"即告成立并生效。如果中标通知书允许变更合同价款等实质性内容,则不构成承诺,"中标合同"不成立。"中标合同"文本由中标通知书、澄清文件和投标文件、招标文件构成,亦即中标人的投标文件是"中标合同"的书面载体,其记载的事项构成"中标合同"的主要权利义务,也是《招标投标法》第 46 条第 1 款规定的"书面合同"订立的根据,属于该"书面合同"的实质性内容。该"书面合同"是"中标合同"权利义务内容的"确认书"和"合同书",是条文化、具体化及规范化的且有别于招投标文件的合同格式文本,不得对"中标合同"内容作出实质性变更。因此,招标人、中标人通过招投标程序订立并生效的"中标合同"与《招标投标法》第 46 条规定的"书面合同"应当并行不悖。

第二,"投标澄清文件"是评标阶段对投标文件中含义不明确的内容所作的必要澄清或者说明,不是招标人与投标人就投标价格等实质性内容所进行的谈判,不构成对中标合同的变更。

　　第三,《合同协议书》的订立,不具备前引司法解释第 9 条但书条款规定的情形。该但书条款规定:"发包人与承包人因客观情况发生了在招标投标时难以预见的变化而另行订立建设工程施工合同的除外。"本案中,该例外情形的主张责任及举证责任在于赤天化公司。赤天化公司没有提出此项抗辩,也未举示相关证据。

　　第四,《招标投标法》第 46 条第 1 款规定是贯彻《合同法》①关于合同订立一般规定的特别规定,无论是必须招标项目还是非必须招标项目,均应一体适用,以维护招投标订约程序的严肃性、有效性及招投标市场的信用和秩序。当事人一经选择适用招投标程序订立合同,即使非必招项目,除符合前引司法解释第 9 条但书条款外,"不得再行订立背离合同实质性内容的其他协议"。该司法解释第 1 条、第 9 条和第 10 条均体现了这一立法意旨,进一步强化了中标合同的严肃性和权威性。案涉《合同协议书》第 3 条,以及与之相关的工程价款条款不具备前引司法解释第 9 条规定的排除情形,严重背离投标文件及澄清文件所确定的工程固定价款总额,违背了《招标投标法》第 46 条第 1 款第 2 句的规定。原审判决对电建公司的此项主张未经审理,即认定案涉合同有效,构成漏审漏判,应予纠正。

　　第五,《招标投标法》第 55 条规定的是就"依法必须进行招标的项目",招标人违反该法第 43 条规定,应当受到的行政处罚,进而,该法第 55 条第 2 款规定,前款所列行为影响中标结果的,中标无效;但是,这并不意味着本条规定排除了非必须招标项目违反该法第 43 条所导致的中标无效的法律后果。该法第 43 条是规范招投标程序的基本条款,无论是否属于必须招标项目,应当一体适用。非必须招标项目违反该规定,亦可构成因违反《合同法》第 52 条第 5 项②规定而使中标无效的法律后果。原审判决对《招标投标法》第 55 条与第 43 条的规范对象及规范功能未加以仔细区分,而以案涉项目不属于"依法必须进行招标的项目"为由直接适用该法第 55 条规定,认定当事人"双方在案涉工程招投标过

---

① 现为《民法典》合同编。
② 现调整为《民法典》第 153 条。

程中是否就合同价格进行了实质性谈判,都不影响案涉 EPC 总承包合同的效力",适用法律确有错误。

综上,EPC 总承包合同之《合同协议书》第 3 条等工程价款的约定,是发包人赤天化公司将依法不属于必须招标的建设工程进行招标后,与承包人电建公司另行订立的背离中标合同实质性内容的条款,且不存在前引司法解释第 9 条但书规定的情形,该等约定违反《招标投标法》第 46 条第 1 款第 2 句及其实施条例第 57 条规定,构成《合同法》第 52 条第 5 项(现为《民法典》第 153 条)规定情形,应当确认无效。依照前引司法解释第 9 条规定,当事人请求以中标合同作为结算建设工程价款依据的,人民法院应予支持。电建公司此项上诉理由成立,其以投标文件价款为结算依据的请求,应予支持,但应当扣除澄清文件所列明金额。因此,本案工程价款应为 511, 875, 031 元。

【案例启示】

《招标投标法》第 46 条第 1 款规定,招标人和中标人应当自中标通知书发出之日起 30 日内,按照招标文件和中标人的投标文件订立书面合同。招标人和中标人不得再行订立背离合同实质性内容的其他协议。

一般而言,招标人和中标人需依据招投标文件内容签署"书面合同"。该"书面合同"通常为"中标合同"。然而,因为相关利益纠葛,招标人与中标人间也会出现"书面合同"与"中标合同"就实质性内容不符的情况。

最高人民法院《关于审理建设工程施工合同纠纷案件适用法律问题的解释(一)》第 23 条规定,发包人将依法不属于必须招标的建设工程进行招标后,与承包人另行订立的建设工程施工合同背离中标合同的实质性内容,当事人请求以中标合同作为结算建设工程价款依据的,人民法院应予支持,但发包人与承包人因客观情况发生了在招标投标时难以预见的变化而另行订立建设工程施工合同的除外。

对于非必须招投标项目,发包人采取招投标方式进行时,亦应遵守《招标投标法》的相关规定;当背离实质性条款订立"书面合同"时,"投标文件"将作为"中标合同"作为工程结算依据。

【实务评析】

本案例体现了无论是必须招投标项目还是非必须招投标项目,只要选择了招投标程序,就必须遵守《招标投标法》、《民法典》和《招标投标法实施条例》等法律法规。

　　因此,对于业主单位提出如下实务操作建议:业主单位要根据《招标投标法》和《必须招标的工程项目规定》等明确项目是否属于必须招投标项目,如果是,要严格按照招投标法规和程序组织,在确定中标人前,招标人不得与投标人就投标价格、投标方案等实质性内容进行谈判;招标人和中标人应当自中标通知书发出之日起 30 日内,按照招标文件和中标人的投标文件订立书面合同,招标人和中标人不得再行订立背离合同实质性内容的其他协议等。如果不是必须招投标项目,业主单位要慎重考虑是否进行招投标程序,一旦选择招投标,就要遵守招投标的程序和法规。

案例十　经招投标程序的工程，承包人对外分包是否还需要招投标

【典型案例】（2018）最高法民终 153 号

平煤神马建工集团有限公司新疆分公司、大地工程开发（集团）有限公司天津分公司建设工程施工合同纠纷

【裁判摘要】

作为总包人，大地公司并非项目投资建设主体，而是该项目的执行单位。除非有法律规定的必须公开招标的项目，其有权依照约定的方式确定分包人。此外，资金的源头属性，不能无限制的延伸。国投哈密公司运用国有资金建设案涉项目，相关资金支付给大地公司后，属于大地公司的资产，并非仍是国有资金。因此，大地公司对外分包，不具有法定必须公开招标的情形。其通过邀请招标的方式确定平煤神马新疆分公司为案涉项目标段 B 的中标单位，亦符合合同约定。

【案件概览】

2013 年 1 月，发包人经过招标代理单位发布"哈密一矿选煤厂 EPC 总承包及运营"项目招标文件。2013 年 4 月，大地公司中标。2013 年 5 月，发包人与大地公司签订《EPC 工程总承包合同》，约定大地天津分公司为执行单位。

2013 年 4 月，大地天津分公司制作国投哈密公司哈密一矿选煤厂土建工程施工招标文件，平煤神马新疆分公司中标。

工程完工后，双方就结算价款及方式产生争议并进入诉讼程序。平煤公司认为新增工程量超过合同约定 3% 的范围，并要求通过司法鉴定确定工程款。

大地天津分公司认为应执行固定总价合同。

平煤公司认为:案涉项目是"国有资金占控股或者主导地位的依法必须进行招标的项目",是必须公开招投标的项目,案涉项目采取邀请招标方式,且仅对诉争"国投哈密一矿选煤厂项目"的土建工程进行邀请招标,并未对"建筑工程标段 B 项目"依法进行招标,根据《招标投标法实施条例》第 81 条①以及最高人民法院《关于审理建设工程施工合同纠纷案件适用法律问题的解释(一)》第 1 条第 3 款之规定,②合同无效。

大地天津分公司认为:首先,大地天津分公司通过邀请招标与平煤神马新疆分公司签订《合同协议书》,符合其与业主签订的总承包合同约定;其次,现行国家法律、行政法规对 EPC 总承包管理模式下分包商的选择方式没有明确规定,案涉双方签订《合同协议书》的方式,符合建设主管部门颁布实施的部门规章的要求;最后,案涉双方一直按《合同协议书》约定履行相应义务。故双方签署的《EPC 工程总承包合同》为有效合同,应按合同约定进行结算。

法院经审理后认为:第一,关于需要公开招标的项目经公开招标确定总包人后,总包人依法或依约确定分包人是否仍需要进行公开招标的问题。平煤神马新疆分公司认为,项目使用的资金源头系国有资金,总包人依约确定分包人时仍需要采取公开招标方式。《招标投标法实施条例》第 8 条第 1 款规定,国有资金占控股或者主导地位的依法必须进行招标的项目,应当公开招标。根据一审查明,国投哈密公司的资金系国有企业自有资金,哈密一矿选煤厂项目系国投哈密公司建设的煤炭能源项目,属于依法必须进行公开招标的项目。国投哈密公司依照法律规定通过公开招标的方式将哈密一矿选煤厂项目以 EPC 总包的方式发包给大地公司。该招投标行为符合法律规定。双方签订的《合同协议书》约定。承包商应按照本合同文件对施工单位的资质规定,通过招标的方式

---

① 《招标投标法实施条例》第 81 条 依法必须进行招标的项目的招标投标活动违反招标投标法和本条例的规定,对中标结果造成实质性影响,且不能采取补救措施予以纠正的,招标、投标、中标无效,应当依法重新招标或者评标。

② 现为最高人民法院《关于审理建设工程施工合同纠纷案件适用法律问题的解释(一)》第 1 条第 1 款第 3 项 建设工程施工合同具有下列情形之一的,应当依据民法典第一百五十三条第一款的规定,认定无效:

……

(三)建设工程必须进行招标而未招标或者中标无效的。

选择,确定合格的分包人,并报业主审核同意,以合同形式委托其完成承包合同范围内的部分项目。该协议授权总包方可以通过招标方式确定分包人。作为总包人,大地公司并非项目投资建设主体,而是该项目的执行单位。除非有法律规定的必须公开招标的项目,其有权依照约定的方式确定分包人。此外,资金的源头属性,不能无限制的延伸。国投哈密公司运用国有资金建设案涉项目,相关资金支付给大地公司后,属于大地公司的资产,并非仍是国有资金。

因此,大地公司对外分包,不具有法定必须公开招标的情形。其通过邀请招标的方式确定平煤神马新疆分公司为案涉项目标段 B 的中标单位,符合《合同协议书》的约定,国投哈密公司对平煤神马新疆分公司施工亦未提出异议,表明其认可大地公司的分包行为。故上述分包行为未违反法律、行政法规的强制性规定,合同有效。

【案例启示】

目前,涉及工程总承包单位进行分包的相关法律规定或规范性文件规定包括:

《建筑法》第 29 条第 1 款规定:"建筑工程总承包单位可以将承包工程中的部分工程发包给具有相应资质条件的分包单位;但是,除总承包合同中约定的分包外,必须经建设单位认可。施工总承包的,建筑工程主体结构的施工必须由总承包单位自行完成。"

《招标投标法实施条例》第 29 条规定:"招标人可以依法对工程以及与工程建设有关的货物、服务全部或者部分实行总承包招标。以暂估价形式包括在总承包范围内的工程、货物、服务属于依法必须进行招标的项目范围且达到国家规定规模标准的,应当依法进行招标。前款所称暂估价,是指总承包招标时不能确定价格而由招标人在招标文件中暂时估定的工程、货物、服务的金额。"

国务院办公厅《关于促进建筑业持续健康发展的意见》第 3 条规定:"……除以暂估价形式包括在工程总承包范围内且依法必须进行招标的项目外,工程总承包单位可以直接发包总承包合同中涵盖的其他专业业务。"

《房屋建筑和市政基础设施项目工程总承包管理办法》第 21 条规定:工程总承包单位可以采用直接发包的方式进行分包。但以暂估价形式包括在总承包范围内的工程、货物、服务分包时,属于依法必须进行招标的项目范围且达到国家规定规模标准的,应当依法招标。

上述规定表明:工程总承包项目,总包单位对外分包时无须再次进行招投标程序,但以暂估价形式包括在总承包范围内同时属于必须进行招标的项目范围除外。实践中另一种观点认为,《招标投标法》第3条规定:"在中华人民共和国境内进行下列工程建设项目包括项目的勘察、设计、施工、监理以及与工程建设有关的重要设备、材料等的采购,必须进行招标……"而一项完整的专业分包项目已包含了完成专业工程的所有工作包括提供专业技术、管理、材料的采购等内容,因此专业工程分包理应进行招投标程序。笔者认为,该种解读系对《招标投标法》的过度解释,且从最新颁布的国家发展改革委《关于〈必须招标的工程建设项目规定〉》(修订征求意见稿)以及《招标投标法(修订草案公开征求意见稿)》来看,专业分包无须再进行招投标更符合相关立法趋势及司法实践。

【实务评析】

关于EPC总承包对外分包是否一定要采用公开招标形式的问题,在国务院办公厅《关于促进建筑业持续健康发展的意见》(国办发〔2017〕19号)第3条"完善工程建设组织模式"中就进行了明确规定:"除以暂估价形式包括在工程总承包范围内且依法必须进行招标的项目外,工程总承包单位可以直接发包总承包合同中涵盖的其他专业业务"。

2020版《示范文本》通用合同条件4.5"分包"条款中也未对总承包单位在对外分包时是否需要进行招投标程序进行明确约定,而在第4.5.2条"分包的确定"条款中设置了"承包人应按照专用合同条件约定对工作事项进行分包,确定分包人"。

因此可以认为,2020版《示范文本》并未对分包必须进行招标进行指导规范,而是赋予了双方另行约定选择的条款,但如同《关于促进建筑业持续健康发展的意见》(国办发〔2017〕19号)和《房屋建筑和市政基础设施项目工程总承包管理办法》规定那样,对于暂估价项目如达到必须招标的条件则需进行招标,具体体现在2020版《示范文本》通用合同条件第13.4.1项"依法必须招标的暂估价项目"。

由此可见,对于承包人而言,除暂估价项目达到了必须招投标标准以外,承包人可以自行确定发包的形式,公开招标、邀请招标、直接发包均可。

从实务的角度出发,因当前现行国家法律、行政法规在工程总承包领域的制度尚不健全,很多细节并没有明确的规定或者说能作为依据条款的法律效力不高,因此,建议工程总承包单位应在企业层面制定工程总承包项目分包采购管理办法,纳入企业的项目管理体系中,并在实际操作中形成完整的记录,以规避不必要的质疑和麻烦。

案例十一 发包、承包双方应在工程 总承包合同中明确约定 风险承担范围

【典型案例】(2020)赣民终64号

鞍钢集团工程技术有限公司、方大特钢科技股份有限公司建设工程合同纠纷

【裁判摘要】

鞍钢工程公司作为专业的施工企业,在未对原材料价格波动、施工现场状况等风险因素作出合理预判的情况下,与方大特钢公司签订《EPC合同》,约定合同固定总价款,系其自愿承担商业风险行为。在合同履行过程中,因钢材市场材料价格上涨等原因造成施工成本增加,鞍钢工程公司以此为由要求变更合同价格。在三方达成一致意见并形成《会议纪要》,同意增加工程款和工程延期至2017年10月底以及工程尚未完工的情况下,鞍钢工程公司于2017年9月26日退出施工现场,其行为表明不再履行合同主要义务,方大特钢公司向鞍钢工程公司发出解除合同通知,属于行使合同解除权,符合合同约定,应予支持。

【案件概览】

2016年12月5日,发包人方大特钢公司与承包人鞍钢工程公司签订一份《EPC合同》,约定:方大特钢公司在其厂区内新建一套炼钢厂钢渣热焖系统及其辅助设施,承包方式为总承包,从质量、工期、安全等方面向方大特钢公司总负责。合同总价28,580,000元整为含税价格,具体组成为:设计及技术服务费

700,000 元;设备材料费 19,747,400 元;建筑及安装工程费 8,132,600 元。双方税费各自负担。合同价格在合同范围内为最终的和固定的,包含承包方履行全部合同义务所产生的任何费用,因人工、材料、设备、施工机构、国家政策性调整因素以及合同包含的所有风险和责任等一切认为可能发生的费用,均不得调整该合同总价。

2017 年 1 月 10 日,鞍钢工程公司、中冶公司(分包施工方)签订一份《方大特钢科技股份有限公司炼钢厂钢渣处理技术改造工程合同》,约定:工程名称为炼钢厂钢渣处理技术改造工程;地点在方大特钢公司厂区内。

2017 年 4 月 12 日,鞍钢工程公司向方大特钢公司发出《关于要求尽快解决方大特钢钢渣技术改造项目停工事宜的告知函的回复》,其中载明:案涉工程施工方为中冶公司,2017 年 4 月 7 日施工方撤离了施工现场,鞍钢工程公司将停工有关原因向方大特钢公司转述,主要有:(1)开工后钢材涨价幅度非常大;(2)由于钢材上涨,导致设备、电气等材料的价格隐性上浮,工程成本大大超出原投标价;(3)该项目为三边工程,合同签订后,设计还在根据业主的要求进行修改调整。要求方大特钢公司:(1)材料价格给予调差;(2)主材(钢材)、设备由方大特钢公司订货并直接支付,中冶公司组织施工;(3)避开材料价格上涨的高峰期,暂缓施工,一旦价格回落,再继续施工。

2017 年 4 月 26 日,方大特钢公司、鞍钢工程公司、中冶公司相关人员达成一份《会议纪要》,内容包括:对案涉工程停工事宜进行了协商,中冶公司决定在 2017 年 5 月 5 日复工,2017 年 10 月底进行试生产,但是自 2016 年 9 月至 2017 年 4 月,市场材料大幅上涨等因素,导致该工程出现 360 万元(暂估)的费用增加,具体为 A 材料及设备上涨差额 104 万元;B 钢筋混凝土工程增量 87 万元;C 制作、安装费用差额(预算与投标报价差额)169 万元。中冶公司希望由三家共同承担。

2017 年 10 月 11 日,方大特钢公司通过电子邮件方式向鞍钢工程公司发出《工程复工催告函》,要求鞍钢工程公司于 2017 年 10 月 14 日复工,否则将解除合同等。

2017 年 9 月 16 日,鞍钢工程公司和中冶公司再次向方大特钢公司发函,载明由于市场材料价格上涨,在用完业主所拨工程款 6,984,562 元后,中冶公司又垫了 200 多万元,并形成 100 多万元的劳务欠款,工程还需大量资金,中冶公司很难承受。要求方大特钢公司在后继项目进行中的设备、三电及电缆订货、提货款及大宗钢材货款采用直付方式,另工期申请延至 2017 年 11 月 30 日等。

2017 年 10 月 18 日,方大特钢公司通过 EMS 向鞍钢工程公司发出《关于解除炼钢厂钢渣技术改造工程 EPC 总承包合同的通知》(以下简称《解除通知》),内容包括:"我司现决定自即日起依法解除与你司签订的《炼钢厂钢渣技术改造工程 EPC 总承包合同》"等。

后因工程价款返还、违约金等问题,方大特钢公司对鞍钢工程公司提起诉讼,要求鞍钢工程公司返还超付工程价款、支付违约金等。

本案一审过程中,鞍钢工程公司提出案涉工程主要材料涉及钢材,案涉合同履行过程中,因钢材价格剧烈上涨,超出双方订立合同时可预见的情况,应根据情势变更原则调整合同价格。对此,一审法院认为,依照最高人民法院《关于适用〈中华人民共和国合同法〉若干问题的解释(二)》第 26 条规定,①合同成立以后客观情况发生了当事人在订立合同时无法预见的、非不可抗力造成的不属于商业风险的重大变化,继续履行合同对于一方当事人明显不公平或者不能实现合同目的,当事人请求人民法院变更或者解除合同的,人民法院应当根据公平原则,并结合案件的实际情况确定是否变更或者解除。

就本案情形而言,其一,钢材价格的上涨并不属于双方订立合同时不可预见的情况。钢材的市场价格从来就是波动的,有上涨的可能,亦有下跌的可能,正因如此,在建设工程合同中,常会约定有钢材价格调差条款。鞍钢工程公司作为专业从事工程承包的企业,对钢材价格存在波动这一市场风险常识是应知的。然而,其在与方大特钢公司签订案涉合同时,不但未约定钢材价格调差,还明确约定合同价为不得调整的固定价,此系其自愿承担钢材价格波动风险的明确意思表示。其二,钢材价格的变化并不足以构成客观情况的重大变化。案涉合同约定的工程总价为 28,580,000 元,其中包括 3 个部分,设计及技术服务费 700,000 元、设备材料费 19,747,400 元及建筑及安装工程费 8,132,600 元,可见建筑及安装工程费仅占合同总价 28.45%,并非主要部分,而钢材款又仅仅是建筑及安装工程费中的一部分。合同的主要部分设备材料费 19,747,400 元,按双方在庭审中的陈述,是鞍钢工程公司向第三方采购的设备材料,与鞍钢工

---

① 现为《民法典》第 533 条。

程公司采购钢材的价格并无直接关联,鞍钢工程公司亦未提供证据证明因钢材价格变化导致设备采购价的明显上涨。参照最高人民法院《关于审理建设工程施工合同纠纷案件适用法律问题的解释》第 22 条①规定,当事人约定按照固定价结算工程价款,一方当事人请求对建设工程造价进行鉴定的,不予支持。鞍钢工程公司以钢材价格上涨主张情势变更,无充分依据,不予认可。

一审法院依据前述,对本案作出一审裁判。鞍钢工程公司对一审判决表示不服,向江西省高级人民法院提出上诉。

江西省高级人民法院经审理后,对于钢材价格上涨是否导致合同总价变更的问题,法院认为:从现有证据和鉴定意见来看,一审法院认定鞍钢工程公司已施工部分工程工期逾期 85.5 天依据充分,鞍钢工程公司在施工工期方面存在违约。鞍钢工程公司作为专业的施工企业,在未对原材料价格波动、施工现场状况等风险因素作出合理预判的情况下,与方大特钢公司签订《EPC 合同》,约定合同固定总价款,系其自愿承担商业风险行为。在合同履行过程中,因钢材市场材料价格上涨等原因造成施工成本增加,鞍钢工程公司以此为由要求变更合同价格。在三方达成一致意见并形成《会议纪要》,同意增加工程款和工程延期至 2017 年 10 月底以及工程尚未完工的情况下,鞍钢工程公司于 2017 年 9 月 26 日退出施工现场,其行为表明不再履行合同主要义务,方大特钢公司向鞍钢工程公司发出解除合同通知,属于行使合同解除权,符合合同约定,应予支持。最终,江西省高级人民法院仍判令鞍钢工程公司返还工程价款并承担违约金。

【案例启示】

《房屋建筑和市政基础设施项目工程总承包管理办法》第 16 条第 1 款规定:"企业投资项目的工程总承包宜采用总价合同,政府投资项目的工程总承包应当合理确定合同价格形式。采用总价合同的,除合同约定可以调整的情形外,合同总价一般不予调整。"

工程总承包模式的显著特征之一是固定总价合同。由于在工程总承包模式中,承包人握有项目设计的权利,因此将合同总价固定,有利于限制承包人无限制地扩大设计,增加项目成本,保障发包人的利益。

而建设项目的设计、施工都是一个动态发展的过程,在过程中不免存在对

---

① 现为最高人民法院《关于审理建设工程施工合同纠纷案件适用法律问题的解释(一)》第 28 条。

固定总价调整的事件发生。这就需要承包、发包双方进行明确的约定。

在 2011 版《示范文本》通用条款第 14.1.1 条至第 14.1.3 条对合同价格调整的条件和情形进行了约定，其中第 14.1.1 条指向了第 13.7 条"法律变化引起的调整"和第 13.8 条"市场价格波动引起的调整"，第 14.1.2 条和第 14.1.3 条指向了专用合同条件另行约定的情形。

可见 2020 版《示范文本》对价格的调整设置了较为合理的空间。而在实践中我们却经常看到，部分发包人将合同价款调整的权利掌握在自己手中，明确约定对于材料、人工价格增加不作为调整固定总价的依据。一些时候，发包、承包双方还在合同中忽略了对此进行约定，这些都不免导致双方争议的产生。

相较本案，发包人依靠强势的甲方地位，在合同中特别约定"合同价格在合同范围内为最终的和固定的，包含承包方履行全部合同义务所产生的任何费用，因人工、材料、设备、施工机构、国家政策性调整因素以及合同包含的所有风险和责任等一切认为可能发生的费用，均不得调整该合同总价"。结合工程总承包模式中对承包人的施工能力的要求，风险预见能力的要求，法院认为该条款属于合同双方对于风险约定的意思自治，因此发包人获得了人民法院的支持。

反观承包人在投标过程中则一定要预先评估目标项目关于风险分担的规则对自身造成的影响，且该影响是否在自身可承受范围内。避免因盲目投标签约，而造成不可逆转的巨大损失。

虽然《房屋建筑和市政基础设施项目工程总承包管理办法》性质上仍属于规范性文件，对合同性质并不能起到决定性作用，但我们认为《房屋建筑和市政基础设施项目工程总承包管理办法》仍有其积极的指导意义与推广工程总承包的意义。随着工程总承包单位的能力的提升，优质、高效的承包单位在市场供需中的地位也将逐步提高，届时将全部风险都归于承包方的合同也将逐步被公平、合理分担风险的合同所替代。

【实务评析】

工程总承包一般采用总价合同，总价在合同约定的风险范围内一般不予调整。国家层面出台了《公路工程设计施工总承包管理办法》《房屋建筑和市政基础设施项目工程总承包管理办法》，均有合同总价风险范围条款；2020 版《示范文本》也有合同总价风险范围条款。国家层面倡导的是合理的风险分配。但是实际执行和操作过程中，发包单位处于优势地位，总承包项目由于业主不同、总承包单位不同、项目不同等，总承包合同总价风险分配约定"五花八门"。

一、工程风险全部强加于总承包单位

某些总承包项目，发包单位将项目的风险全部强加给总承包单位。比如本案例中，方大特钢公司与鞍钢工程公司签订的总承包合同"合同价格在合同范围内为最终的和固定的，包含总承包方履行全部合同义务所发生的任何费用，因人工、材料、设备、施工机构、国家政策性调整因素以及合同包含的所有风险和责任等一切认为可能发生的费用，均不得调整该合同总价"。这样的合同一般是遇到了一个很强势的发包单位，对于这样的总承包合同，一旦发生一项或者几项风险，合同执行就会出现问题，影响工程进度，甚至出现解除合同，对簿公堂的局面。

二、工程风险大部分强加于总承包单位

某些总承包项目，发包单位将工程风险大部分强加于总承包单位。某项目总承包合同中关于总承包价格的条款："本项目实行总价合同。合同价格不随市场、政策、法律、规范、资金滞后、前期工作（包括征地拆迁、管线改移、绿化迁移等）延误等因素的变化进行调整，总价包干风险完全由承包人承担。除不可抗力和发包人变更外，合同价格不予调整，发包人不接受承包人合同价格索赔。"这样的合同一般是遇到了比较强势的发包单位，总承包合同执行比较困难，尤其是发生风险的时候。

三、工程风险双方合理分担

某些发包单位就比较开明，基本能遵循"谁有能力控制风险，就由谁承担风险"的原则，相对合理分配发包单位与总承包单位在合同价格的风险。这是某总承包项目合同价格条款"各合同价已包括了为完成本合同工程发生的所有费用，除以下情况及本合同专用条款另行约定外，合同价款原则上不予调整：（一）建设单位提出的建设范围、建设规模、建设标准、功能需求、工期或者质量要求的调整；（二）主要工程材料价格和合同签订时基价相比，波动幅度超过合同约定幅度±5%的部分；（三）因国家法律法规政策变化引起的合同价格的变化；（四）难以预见的地质自然灾害、不可预知的地下溶洞、采空区或者障碍物、有毒气体等重大地质变化，其损失和处置费由建设单位承担；因工程总承包单位施工组织、措施不当等造成的上述问题，其损失和处置费由工程总承包单位承担"。这样的总承包合同一般是遇到了比较开明、有经验的发包单位，工程总承包合同执行就会比较顺利，工程也会比较顺利，实现发包单位与总承包单位共赢局面。

作为总承包单位，首先要学习国家出台的相关总承包政策、地方的总承包政策，运用政策和沟通艺术，从有利于推进工程实现的角度，阐述"谁有能力控制风险，就由谁承担风险"的风险分担原则，与业主友好协商总承包合同总价的风险分担比例。当然最重要的是遇到的业主是否开明，如果遇到了开明的业主，自然会比较容易接受合理分担风险的建议；如果遇到不开明的业主，硬是要将总价的风险全部或者大部分强加给总承包单位，这时总承包单位就要结合工程的现场条件、工期、市场未来的发展趋势等综合评估，风险可以承受，就签订总承包合同，风险太大，就应该考虑放弃该项目。

案例十二 对"视为认可"的结算条款,必须有充分一致的意思表示

【典型案例】(2019)最高法民再 110 号

福安市京典房地产有限公司与中建海峡建设发展有限公司建设工程施工合同纠纷

【裁判摘要】

2006 年 4 月 25 日最高人民法院作出的〔2005〕民一他字第 23 号《复函》进一步明确:建设工程施工合同格式文本中通用条款的约定,不能简单地推论出,双方当事人具有发包人收到竣工结算文件一定期限内不予答复,则视为认可承包人提交的竣工结算文件的一致意思表示,承包人提交的竣工结算文件不能作为工程款结算的依据。尽管该《复函》中所述合同格式文本中具体通用条款的条目与本案所涉合同格式文本中通用条款的条目有所不同,但该《复函》的实质精神是明确的,即双方当事人必须具有"发包人收到竣工结算文件一定期限内不予答复,则视为认可承包人提交的竣工结算文件"的一致意思表示,才能据此办理。

【案件概览】

2010 年 11 月 3 日,福安市京典房地产有限公司(以下简称京典公司)与中建海峡建设发展有限公司(以下简称海峡公司)签订一期《建设工程施工合同》。合同内容约定:工程名称、工程建设规模等;其中竣工结算条款特别约定:

"工程竣工验收报告经发包人认可后 28 天内，承包人出具公函向发包人递交竣工结算报告及完整的结算资料，双方按照协议书约定的合同价款及专用条款约定的合同价款调整内容，进行工程竣工结算。发包人应当自收到结算资料之日起 7 天内对资料的完整性进行审查，并将审查结果书面告知承包人。发包人未在 7 天内将审查结果告知承包人的，视为结算资料已完整。发包人应从收到完整结算资料之日起，在合同约定时限内向承包人出具书面审查意见，予以核减的，应在审查意见中逐项明确理由和依据；发包人未在合同约定时限内出具书面审查意见的，视同认可承包人的竣工结算报告。发包人在 5 天内无正当理由不支付工程竣工结算价款，从第 15 天起按同期向银行贷款利率支付拖欠工程价款的利息。"

2010 年 12 月 8 日，京典公司与海峡公司签订《施工承包协议书》，合同主要内容：工程名称、工程概况等，其中工程款支付中特别约定："单体工程竣工验收合格后 30 天内，承包人提供竣工结算书及结算资料，发包人收到结算书 60 天内提出审核意见，双方并在 30 天内核对完毕。"

2012 年 3 月，京典公司与海峡公司就工程结算总价、甲定乙购材料计价方式、防水材料、入户门、防火防盗门、塑钢门窗等报价签订《补充协议书》。

2013 年 9 月 17 日，福安市韩阳煌都一期工程通过竣工验收并交付使用。海峡公司于 2014 年 1 月 22 日向京典公司提交了《工程竣工结算报告》，并于 2014 年 7 月 15 日向京典公司提交了完整的结算资料，报送造价 306, 591, 837. 9 元。京典公司已经支付工程款 221, 247, 637 元。

2014 年 9 月 22 日，京典公司与海峡公司就"京典·韩阳煌都"（一期）工程后期事宜召开协调会，《会议纪要》达成两条意向：一是甲方（京典公司）承诺按如下计划支付工程进度款。依据"安京典（2014）358 号"承诺书，甲方尚欠乙方（海峡公司）工程进度款，甲方争取于 2014 年 9 月 30 日前与乙方商讨工程进度款支付事宜。二是乙方请求甲方加快进度审结造价。乙方已经报送的结算资料，甲方将于 2014 年 10 月提出初审意见，双方就初审意见尽快落实相关的其他事宜。

后因工程价款数额及利息支付问题，海峡公司向福建省宁德市中级人民法院（以下简称一审法院）提起诉讼，要求判令京典公司依据海峡公司提供《工程竣工结算报告》支付工程价款及利息。其主要理由为京典公司未在合同约定时限内就海峡公司提交的《工程竣工结算报告》出具书面审查意见的,根据合同约定,应视同京典公司已认可了海峡公司提供《工程竣工结算报告》。

一审法院经审理后认为:"诉争双方虽在合同中约定,海峡公司所报送的结算书在送达京典公司60日内没有答复的视为结算依据。海峡公司虽于2014年7月15日送达给京典公司结算资料,但双方又于2014年9月22日召开协调会,并就报送的结算资料达成京典公司于2014年10月提出初审意见和双方就初审意见尽快落实相关的其他事宜的新协议。在新协议中,没有重新约定京典公司在2014年10月没有提出初审意见则海峡公司的结算意见即作为结算依据的新约定。因此,合同约定的60日内没有答复则视为结算依据的约定,已经被新的约定所代替,应按照新约定执行。但由于京典公司没有提出新的初审意见,无法按照海峡公司送审的结算意见作为工程结算依据。"因此,一审法院未采纳《工程竣工结算报告》,而是通过委托造价咨询公司对案涉项目进行造价评估,依评估结果作出了相应裁判。

一审判决作出后,海峡公司表示不服,上诉至福建省高级人民法院(以下简称二审法院)。海峡公司在上诉状中提出,一审法院认为海峡公司报送的结算书不能作为案涉项目的结算依据,该认定错误。2014年7月15日海峡公司向京典公司提交了完整的结算资料。根据《建设工程施工合同》约定,京典公司未在2014年9月13日前出具书面审查意见,则合同中关于对结算造价默示认可的法律效果已经产生。

二审法院经审理后认为:"海峡公司于2014年7月15日向京典公司提交了完整的结算资料,京典公司在60日内未予审核。2014年9月22日海峡公司与京典公司召开协调会,双方约定京典公司于2014年10月提出初审意见和双方就初审意见尽快落实相关的其他事宜,但京典公司亦未按该约定的期限提出初审意见。故京典公司未按合同约定期限审核,根据合同约定,海峡公司的《工程竣工结算报告》应作为结算依据,即案涉工程的总造价为306,591,837.9元。在60日届满之后,按报送价结算已经成就,之后的约定未明确海峡公司放弃该结果。一审法院认为合同约定的60日内没有答复则视为结算依据的约定已经被新的约定所代替,没有事实根据,适用法律亦不当,应予纠正。"据此,二审法院依据前述撤销部分一审判决结果并进行了改判。

二审判决作出后,京典公司认为二审判决存在错误,遂向最高人民法院申

请再审。最高人民法院经审理后,对于《工程竣工结算报告》能否作为双方结算依据,进行了详细的论述,具体如下:

案涉工程造价以海峡公司提交的《工程竣工结算报告》为依据缺乏事实基础,二审判决适用法律有误。

1. 根据最高人民法院《关于审理建设工程施工合同纠纷案件适用法律问题的解释(一)》第 21 条①"当事人约定,发包人收到竣工结算文件后,在约定期限内不予答复,视为认可竣工结算文件的,按照约定处理。承包人请求按照竣工结算文件结算工程价款的,应予支持"的规定,承包人请求按照竣工结算文件结算工程价款,其前提必须是当事人对"发包人在约定期限内不予答复即视为认可竣工结算文件",这一内容有明确的约定,即必须是双方当事人协商一致的结果。2006 年 4 月 25 日最高人民法院作出的〔2005〕民一他字第 23 号《复函》进一步明确:建设工程施工合同格式文本中通用条款的约定,不能简单地推论出,双方当事人具有发包人收到竣工结算文件一定期限内不予答复,则视为认可承包人提交的竣工结算文件的一致意思表示,承包人提交的竣工结算文件不能作为工程款结算的依据。尽管该《复函》中所述合同格式文本中具体通用条款的条目与本案所涉合同格式文本中通用条款的条目有所不同,但该《复函》的实质精神是明确的,即双方当事人必须具有"发包人收到竣工结算文件一定期限内不予答复,则视为认可承包人提交的竣工结算文件"的一致意思表示,才能据此办理。

2. 京典公司与海峡公司 2010 年 11 月 3 日签订的《建设工程施工合同》通用合同条款第 17.5.1.4 条虽有"发包人未在合同约定时限内出具书面审查意见的,视同认可承包人的竣工结算报告"的内容,但专用合同条款就同一事项进行约定时,双方未将前述通用合同条款的内容写入专用合同条款所对应的内容之中。换言之,本案中,同一合同项下的通用条款和专用条款对同一事项作出了不同的约定。如何认定不同约定的法律效力,就需要结合建设工程施工合同中通用合同条款和专用合同条款的不同地位以及合同解释的有关规定加以分

---

① 现为最高人民法院《关于审理建设工程施工合同纠纷案件适用法律问题的解释(一)》第 2 条第 1 款 招标人和中标人另行签订的建设工程施工合同约定的工程范围、建设工期、工程质量、工程价款等实质性内容,与中标合同不一致,一方当事人请求按照中标合同确定权利义务的,人民法院应予支持。

析认定。

首先,建设工程施工合同中的通用合同条款一般是指工程建设主管部门或行业组织为合同双方订约的便利,针对建设工程领域的共性问题,给订约双方提供的可通用的合同条款和范本。通用合同条款作为格式条款,不是合同双方事先通过谈判,协商一致后确定的条款。建设工程施工合同中的专用合同条款是订约双方根据各方需要,针对合同项下工程项目的具体事项,经过谈判协商而作出的相应约定,系订约双方协商一致的结果。在专用合同条款就同一事项作出与通用合同条款中示范性内容不一致的约定时,应该理解为订约双方通过协商对通用合同条款中的相关事项进行了修改或者变更,双方当事人应该遵从专用合同条款的约定。针对合同法律文本适用的先后顺序,案涉《建设工程施工合同》专用合同条款第1.4款亦作了如此约定,即优先适用专用合同条款。因此,双方是否达成了"发包人在约定期限内不予答复即视为认可承包人提交的竣工结算文件"的一致意思表示,应以专用合同条款的约定为认定依据。

其次,如前所述,通用合同条款是格式条款,专用合同条款是当事人协商确定的非格式条款。根据《民法典》第498条规定,格式条款和非格式条款不一致的,应当采用非格式条款。就本案而言,通用合同条款确定了发包人对承包人结算资料的审查时限,同时也确定了发包人逾期未提交审查意见的法律后果(视为认可承包人提交的竣工结算文件);专用合同条款仅约定发包人对承包人结算资料的审查时限,而未约定发包人逾期未提交审查意见的法律后果。这种情况下不能作出发包人即接受了通用合同条款所预设的法律后果的解释,因为"视为认可承包人提交的竣工结算文件"这一责任后果,相对于发包人承担的在约定期限内不予答复的不利后果而言,并不具有唯一性。因此,在本案中不应作出"双方就'发包人收到承包人竣工结算文件后,在约定期限内不予答复,视为认可竣工结算文件'达成了一致约定"这一事实的认定。

3.本案其他事实也可以印证京典公司与海峡公司未就"发包人在约定期限内不予答复即视为认可竣工结算文件"达成一致。本案中,双方在2010年11月3日签订《建设工程施工合同》后,又于2010年12月8日签订了《施工承包协议书》,该协议第7条第4项约定:"单体工程竣工验收合格30天内,承包人提供竣工结算书及结算资料,发包人收到竣工结算书60天内提出审核意见,双方并在30天内核对完毕……"结合该协议详细约定的合同价款计价方式和标准等内容,可见该协议是双方反复磋商的结果,充分展示了双方当事人的真实意思表示。然而,从该协议前述第 7 条第 4 项的内容看,与案涉《建设工程施工合同》专用合同条款的约定方式一样,也仅约定发包方审查的时限,未约定通用合同条款中有关在约定期限内不予答复,视为认可竣工结算文件的内容。从专用合同条款和《施工承包协议书》的内容可以看出,但凡是经过双方磋商达成的约定,均没有上述通用合同条款中的示范性内容,也体现了京典公司在条款磋商过程中意思表示的前后一致性,即未接受通用合同条款中有关在约定期限内不予答复,视为认可竣工结算文件的内容。而且,在 2014 年 9 月 22 日双方召开协调会时,按照海峡公司的意思,京典公司此时已经过了提交初审意见的时限,那么在给予京典公司宽限期时完全可以在《会议纪要》中明确京典公司逾期未提交初审意见即视为认可海峡公司结算报告的内容,但双方仍未将此内容写入《会议纪要》,也可以说明双方对在约定期限内不予答复即视为认可竣工结算文件的内容并未形成一致意思表示。

4. 京典公司虽未对海峡公司报送的结算资料提出详细具体的审查意见,但其于 2014 年 10 月 13 日向海峡公司发出了有关海峡公司结算价差异较大的函件,表明京典公司对海峡公司单方作出的竣工结算提出了异议。即便如海峡公司所言,通用合同条款的前述约定对双方有约束力,但因京典公司已在双方约定的时限内提出了异议,海峡公司单方作出的《工程竣工结算报告》和结算资料亦不能作为认定案涉工程造价的依据。虽然海峡公司反驳称其未收到京典公司的上述函件,但京典公司出具函件的时间(2014 年 10 月 13 日)与投递的时间(2014 年 10 月 13 日)一致,海峡公司在一审期间亦确认快递单存根联所记载的收件人江建端为其原法定代表人、收件地址亦是其公司地址,而顺丰速递查询结果显示邮件已签收。故京典公司主张其于 2014 年 10 月 13 日向海峡公司寄送上述函件的事实具有高度可能性。最高人民法院《关于适用〈中华人民共和国民事诉讼法〉的解释》第 108 条第 1 款规定:"对负有举证证明责任的当事人提供的证据,人民法院经审查并结合相关事实,确信待证事实的存在具有高度可能性的,应当认定该事实存在。"本院据此确认京典公司主张的事实存在。而对于海峡公司的反驳主张,因其未提交证据予以佐证,本院不予采信。

由此,二审判决认定京典公司与海峡公司就"发包人在约定期限内不予答复即视为认可承包人提交的竣工结算文件"达成了一致,缺乏足够的事实基础。

本案不具备适用最高人民法院《关于审理建设工程施工合同纠纷案件适用法律问题的解释(一)》第 21 条的前提条件,二审判决适用该条规定以海峡公司提交的《工程竣工结算报告》作为认定案涉工程款的依据,属适用法律错误。

最终,最高人民法院撤销了二审法院判决,重新维持了一审法院判决。

【案例启示】

本案虽然属于施工总承包模式下的建设工程争议案件,但主要的争议焦点在于"视为认可条款",而该条款在《建设工程施工合同示范文本》(GF - 2017 - 0201)和 2020 版《示范文本》(GF - 2020 - 0216)都存在(见表 3 - 3),因此本案对于工程总承包项目同样有很好的借鉴意义。

表 3 - 3　2017 版、2020 版"视为认可条款"对比

示范文本	具体条文
《建设项目工程总承包合同(示范文本)》(GF - 2020 - 0216)	通用合同条件 14.5.2(1)"除专用合同条件另有约定外,工程师应在收到竣工结算申请单后 14 天内完成核查并报送发包人。发包人应在收到工程师提交的经审核的竣工结算申请单后 14 天内完成审批,并由工程师向承包人签发经发包人签认的竣工付款证书。工程师或发包人对竣工结算申请单有异议的,有权要求承包人进行修正和提供补充资料,承包人应提交修正后的竣工结算申请单。 发包人在收到承包人提交竣工结算申请书后 28 天内未完成审批且未提出异议的,视为发包人认可承包人提交的竣工结算申请单,并自发包人收到承包人提交的竣工结算申请单后第 29 天起视为已签发竣工付款证书"
《建设工程施工合同(示范文本)》(GF - 2017 - 0201)	通用条款 14.2"发包人在收到承包人提交竣工结算申请书后 28 天内未完成审批且未提出异议的,视为发包人认可承包人提交的竣工结算申请单"

首先,依据《民法典》第 140 条规定,行为人可以明示或者默示作出意思表示。沉默只有在有法律规定、当事人约定或者符合当事人之间的交易习惯时,才可以视为意思表示。其中"默示"作为意思表示的情况在建设工程领域合同中较多出现,一般表现为"视为认可"的结算条款。

其次,在本案中最高人民法院明确《复函》精神不仅适用于《建设工程施工合同示范文本》(GF - 1999 - 0201),也可适用于相关工程合同。

在本案中最高人民法院提出:"尽管该《复函》中所述合同格式文本中具体通用条款的条目与本案所涉合同格式文本中通用条款的条目有所不同,但该

《复函》的实质精神是明确的，即双方当事人必须具有'发包人收到竣工结算文件一定期限内不予答复，则视为认可承包人提交的竣工结算文件'的一致意思表示，才能据此办理"。据此我们认为，不论是《建设工程施工合同示范文本》（GF-2017-0201）还是2020版《示范文本》，在后续司法审判实践中都将一定程度受到《复函》精神的影响。

最后，"视为认可"结算条款仅列入通用条款，未列入专用条款，在审判中恐将不被认定为承包、发包双方达成一致的意思表示。

本案中，最高人民法院通过细致分析通用条款与专用条款的区别，并依照格式条款的相关规定以及参考双方当事人对通用条款、专用条款的优先顺序综合认定"视为认可"的结算条款达成一致意思表示不应仅以双方在通用条款有约定作为认定依据。

实践中，承包、发包双方在工程合同中较多依照示范文本的规定，对通用条款、专用条款优先顺序进行约定。例如：

《建设工程施工合同示范文本》（GF-2017-0201）通用条款第1.5款约定：除专用合同条款另有约定外，解释合同文件的优先顺序如下：(1)合同协议书；(2)中标通知书（如果有）；(3)投标函及其附录（如果有）；(4)专用合同条款及其附件；(5)通用合同条款；(6)技术标准和要求；(7)图纸；(8)已标价工程量清单或预算书；(9)其他合同文件。

2020版《示范文本》通用合同条件第1.5款约定组成合同的各项文件应互相解释，互为说明。除专用合同条件另有约定外，解释合同文件的优先顺序如下：(1)合同协议书；(2)中标通知书（如果有）；(3)投标函及投标函附录（如果有）；(4)专用合同条件及《发包人要求》等附件；(5)通用合同条件；(6)承包人建议书；(7)价格清单；(8)双方约定的其他合同文件。

上述各项合同文件包括合同当事人就该项合同文件所作出的补充和修改，属于同一类内容的文件，应以最新签署的为准。在合同订立及履行过程中形成的与合同有关的文件均构成合同文件组成部分，并根据其性质确定优先解释顺序。

可见，在2020版《示范文本》中，专用条款解释优先顺序均在通用条款之前。所以，施工企业如将结算工程款寄希望于"视为认可"结算条款，则应当将"视为认可"结算条款内容列入专用合同条款中，避免类似本案不被人民法院认可的事件再次发生。

最后,承包、发包双方就工程结算事宜进行的磋商、谈判,形成的文件等也将影响"视为认可"的结算条款。

本案中,人民法院不仅从法理上论述了本案双方未对"视为认可"结算条款形成一致的意思表示,还从双方实际磋商过程中也对此进行了论述。"2014年9月22日双方召开协调会之时,按照海峡公司的意思,京典公司此时已经过了提交初审意见的时限,那么在给予京典公司宽限期时完全可以在《会议纪要》中明确京典公司逾期未提交初审意见即视为认可海峡公司结算报告的内容,但双方仍未将此内容写入《会议纪要》,也可以说明双方对在约定期限内不予答复即视为认可竣工结算文件的内容并未形成一致意思表示。"可见,承包、发包双方在"视为认可"结算条款条件成就后形成的磋商、谈判等也将影响条款的适用。在最高人民法院(2018)最高法民终620号民事判决书中,对此则阐述了更为明确的态度:"……因对结算价款存在争议,双方仍一直在就此事宜进行协商,直至2017年9月21日,双方才形成了《银河游泳馆改造项目(恒源时代中心)工程造价结(决)算汇总表》,对最终结算总造价及欠付工程款的数额达成了一致。虽然当事人在合同中对发包人收到竣工结算文件后在约定期限内不予答复的后果进行了约定,但当事人此后的行为表明其对该约定实际上进行了变更"。

结算条款对于承包人而言属于建设工程合同中的重点条款,但通过本案我们看到承包人在适用"视为认可"的结算条款时受到较多因素影响,因此,承包人在订立合同以及以"视为认可"的结算条款提起诉讼时,不仅要考虑法律规定还要结合最新的审判实践观点重新审视当时签订的视为认可的结算条款是否完善,后续是否通过相关事实行为改变了视为认可的意思表示。

【实务评析】

本案例从项目管理的角度进行分析,重点是要实现以下方面的风险控制:

一、重视合同组成及效力的先后次序

从逻辑关系来看,合同文件的先后次序具有以下特点:

1. 当事人依据合同约定的"变更条款"及"变更流程",形成的合同变更文件排在"优先级"的第一位。

但并非所有当事人双方签定的书面文件都属于这类文件,合同专用条款中应详细规定这类文件的成立条件。

2.合同签订日双方签订的系列合同文件排在"优先级"的第二位,通常包括合同协议书、专用合同条件、通用合同条件、合同附件。

该系列合同文件内部再进行"优先级"排序如下:

A.合同协议书排名第一;

B.专用合同条件及专用合同条件明确"指向"的相关合同附件排名第二(如工业项目中专用合同条件中往往仅规定"性能保证项"和达不到性能保证时双方的权利和责任,而将具体的"性能保证值""性能保证条件""性能试验适用标准""性能试验结果修正规则"等放在合同附件中);

C.合同通用条件排名第三;

D.关于工程目标、合同工作范围、适用设计标准和主要技术要求方面的相关附件(在FIDIC银皮书中称之为"雇主要求")排名第四;

E.其他合同附件排名第五。

3.招标文件(包括在投标截止日之前对招标文件的修改和澄清回复)排在"优先级"的第三位。

4.投标文件(包括投标后、合同签订前投标澄清回复)排在"优先级"的第四位。

合同当事人不宜在合同条款"合同组成及先后次序"中盲目使用示范版本,应根据项目特点在"专用合同条件"中细化。

例如,国际工程业主在招标时通常会聘请招标技术顾问编制详细的"通用技术条件"和系列"专项技术条件",对所有可能导致"质量"与"成本"争议的技术要求进行规定,这样可以明确投标人报价技术标准,减少当事人合同执行技术要求"认知"差异造成的争议。

而国内许多业主由于意识不够或不愿花钱聘请招标顾问,招标文件技术要求并不具体明确,一方面容易造成各投标人报价基准不统一,另一方面也容易造成合同执行过程双方发生争议。

聪明的投标人会在"你不明确要求、我来明确要求"的指导思想下,在投标时通过投标设计方案等明确相关技术标准,这样在合同执行时,如果业主方提出比投标文件高的技术要求,承包人可据此拒绝或要求补偿(在合同文件、招标文件都未对此进行明确约定时,投标文件具有优先级,投标人报价可以默认为按投标文件进行报价）。

二、防范"通用合同条件"格式条款带来的风险

本案例中最高人民法院认为，由于在专用条款合同中双方未就发包人逾期确认竣工结算文件视为发包人认可竣工结算进行再约定，因此即使通用合同条件中有此要求，最高人民法院也未支持承包人的主张。本人对此不敢苟同，但无权反对。

从逻辑关系看，只要专用合同条件没有规定，通用合同条件就应该是合同当事人认可的约定，如果这成为惯例，通用合同条件还有什么用？

为防范这类格式条款带来的风险，在签订建设工程合同时，许多合同当事人不将合同条款分为"通用合同条件"和"专用合同条件"，而将其糅合在一起形成唯一的"合同条款"。

如果发包人招标文件分为"通用合同条件"和"专用合同条件"，承包人宜利用"合同谈判"的机会对专用合同条件进行必要的完善细化。

三、遵守合同，及时提出主张

本案例中，发包人胜诉的一个重要原因是"发包人在约定的时间内提出主张"，发包人在收到承包人竣工结算文件后，确实未能在通用合同约定的时间内对承包人报送的结算资料提出详细具体的审查意见，但其在约定的时间内向承包人发出了有关海峡公司结算价差异较大的函件，这一点也值得我们借鉴和学习。

案例十三　固定总价合同价格条款约定不明导致承包人巨额损失

【典型案例】（2020）最高法民终481号

北京蓝图工程设计有限公司与新疆大黄山鸿基焦化有限责任公司建设工程施工合同纠纷

【裁判摘要】

第一部分"协议书"、第二部分"通用条款"中均没有约定具体的合同价款，第三部分"合同专用条款"7.1约定合同价款（暂定价）为7800万元。而"通用条款"23.1约定"协议书中表明的合同价款为固定合同总价，任何一方不得擅自改变。合同价款所包含的工程内容为初步方案设计范围所包含的工作范围"。按照合同第三部分"合同专用条款"2.2"合同文件及解释优先顺序"中约定的合同条款解释顺序，合同价款应理解为固定总价（暂定价）7800万元。

【案件概览】

2012年11月9日，北京蓝图工程设计有限公司（以下简称北京蓝图公司）与新疆大黄山鸿基焦化有限责任公司（以下简称大黄山鸿基焦化公司）签订《新疆大黄山鸿基焦化有限责任公司煤气综合利用项目填平补齐技术改造工程承包合同》，约定由北京蓝图公司作为总承包方负责对大黄山鸿基焦化公司的煤气综合利用项目填平补齐技术改造工程在项目设计、原材料及设备采购、施工、安装等方面进行EPC工程总承包。

该合同签订后，北京蓝图公司遂组织进行施工。大黄山鸿基焦化公司、大黄山鸿基焦化阜康分公司在上述合同履行过程中，通过转账、代付农民工工资、抵账等多种方式共支付工程款 71,624,151.67 元。

后,北京蓝图公司陆续完成所有工程项目并将工程交付大黄山鸿基焦化公司使用。经北京蓝图公司单方核算,案涉工程造价为 167,317,086 元。大黄山鸿基焦化公司对此表示质疑,拒绝付款。北京蓝图公司向人民法院提起诉讼。

本案经历一审、二审,二审由最高人民法院审理。二审中,北京蓝图公司提出:《新疆大黄山鸿基焦化有限责任公司煤气综合利用项目填平补齐技术改造工程总承包合同(EPC)》(以下简称 EPC 合同)的价款为可调价,双方实际履行的是据实结算。

北京蓝图公司主张:EPC 合同并不是固定价款合同。(1)案涉工程是边设计、边施工、边采购的三边工程,合同中约定的 7800 万元是暂定价。(2)一审判决将合同专用条款中 7800 万元暂定价款与通用条款中的固定价联系,无任何依据。关于固定价的表述是在合同通用条款第 23.1 款,该条约定"协议书中标明的合同价款为固定合同总价,任何一方不得擅自改变",但该合同第一部分"协议书"中并没有约定合同价款。(3)合同中约定的文件效力解释顺序为协议书、通用条款、专用条款,由于协议书、通用条款均没有约定价格,最终本案的价款确定就只能按照专用条款的约定即暂定价 7800 万元认定。(4)北京蓝图公司一审提供的相关证据证明 EPC 合同所包含的设计、设备材料采购、土建、安装等实际施工造价合计约 1.4 亿元。如果合同价款是固定总价 7800 万元,北京蓝图公司不可能在设备材料及土建近 9000 万元的情形下进行后续施工,显然 7800 万元并非固定价款。

EPC 合同在履行过程中已变更为据实结算。首先,2013 年 4 月 7 日北京蓝图公司向大黄山鸿基焦化公司发送的函件表明 7800 万元为暂定价的原因是设计概算未完全出来。2016 年 4 月 19 日及 2016 年 4 月 25 日双方的往来函件中,大黄山鸿基焦化公司对 7800 万元为暂定价并未表示异议,两份往来函件证明了双方实际按照工程量据实结算。其次,大黄山鸿基焦化公司在项目建设中聘请了造价审计机构新疆宝中工程造价咨询有限公司(以下简称宝中公司),该公司出具的六本报告清楚反映出进度款的支付情况、双方据实结算的法律事实及结算依据。经宝中公司审核,2013 年 3 月至 9 月应当支付工程款约 1.32 亿元,该报告中《工程款支付证书》均有大黄山鸿基焦化公司及监理公司的盖章确认,且该款项并不包括已施工的防腐保温、消防等工程。

大黄山鸿基焦化公司答辩称,一审判决认定案涉工程为固定价有事实和法律依据。

EPC合同通用条款中已明确约定合同价款为固定总价。虽然在专用条款中有7800万元暂定价的陈述,但亦明确约定了合同价款调整的条件,即因我方变更而导致合同价款增减时才可调整,且合同价款变更必须经我方同意。本案中我方既没有变更也没有同意调整价款。因此合同价款不存在调整的情形,合同价款应为7800万元。

在合同条款出现歧义的情况下,按照合同约定的解释顺序,合同通用条款优先于合同专用条款,所以无论是从合同约定还是从合同的实际履行来看,合同价款均是固定总价。

案涉合同是总承包合同,将设计费、材料采购费、施工服务费、工艺流程打通(试车)费用均包含在合同内的交钥匙工程。价格变动的商业风险应当由北京蓝图公司自行承担。对于设计的缺陷和不足,由北京蓝图公司进行调整,与我方无关。

最高人民法院经审理后认为,本案的争议焦点之一在于"工程价款的认定问题"。关于该问题,最高人民法院作出如下论述:

案涉合同第一部分"协议书"约定"将本工程项目设计、采购、施工及开车任务,委托总承包商进行EPC工程总承包"。合同中对工程价款的约定有以下几部分:(1)案涉合同第二部分"通用条款"第23条"合同价款及调整"第23.1款约定"协议书中表明的合同价款为固定合同总价,任何一方不得擅自改变。合同价款所包含的工程内容为初步方案设计范围所包含的工作范围",该条同时约定了合同价款调整的情形及合同价款所包含的风险。该部分第31条"变更价款的确定"约定了对合同价款做出调整的具体操作及遵循的原则。(2)案涉合同第三部分"合同专用条款"第7条"合同价款、支付及调整"7.1"合同价款"中约定,"本合同价款(暂定价)为人民币柒仟捌佰万元整(7800万元),其中包括建设工程设计费150万元。投资详见本项目的设计概算书。

该合同"通用条款"第23.1款约定合同价款为固定合同总价,但合同第一部分"协议书"、第二部分"通用条款"中均没有约定具体的合同价款,第三部分"合同专用条款"第7.1款约定合同价款(暂定价)为7800万元。按照合同第三部分"合同专用条款"第2.2款"合同文件及解释优先顺序"中约定的合同条款解释顺序,合同价款应理解为固定总价(暂定价)7800万元。该合同附件十一"项目投资估算表"对该工程各项造价分项估算计算出的建设投资总计7808万元,与合同约定的价款7800万元相符。约定合同价款为固定总价并非不能变更,根据合同的约定,在符合"通用条款"第23.1款约定的情形时按照该部分第31条"变更价款的确定"的约定可对合同价款进行变更。北京蓝图公司上诉称案涉合同并非固定总价7800万元、合同价款为暂定价7800万元,与合同约定并不矛盾。

北京蓝图公司上诉称双方在合同履行过程中将合同价款变更为据实结算,与事实不符。(1)北京蓝图公司与大黄山鸿基焦化公司的往来函件不能证明双方对工程价款进行了变更。①大黄山鸿基焦化公司于2013年4月7日致北京蓝图公司的函中并未就合同约定的工程款进行变更,也未就进行变更达成一致,北京蓝图公司无证据证明双方完成了合同价格的调整。②2016年4月19日北京蓝图公司致大黄山鸿基焦化公司《关于12万吨/年合成氨填平补齐项目决算及出具发票的函》中称"由于实际造价与合同暂定价差异较大,经双方协商同意按照实际工程量按实结算",大黄山鸿基焦化公司在复函中并未提及据实结算,北京蓝图公司无证据证明大黄山鸿基焦化公司同意据实结算,仅以其在函件中单方所称、大黄山鸿基焦化公司未提异议为由认为大黄山鸿基焦化公司认可据实结算,缺乏事实依据。(2)《工程款支付证书》系宝中公司出具报告的一部分,不能证明双方对工程价款进行了变更。北京蓝图公司以案涉工程2013年3月至9月《工程款支付证书》中大黄山鸿基焦化公司审核的应付款总额远超合同所约定的7800万元为由,认为双方对合同价款变更为据实结算。对此本院认为,案涉六本《报告书》系大黄山鸿基焦化公司委托宝中公司出具,是为了对工程进度款的支付进行审核,《工程款支付证书》是审核中的过程资料,并非最终的支付依据,而且《工程款支付证书》中记载最终以宝中公司审核为准,宝中公司审核的应付款金额并未超过合同约定价款,大黄山鸿基焦化公司已支付的工程款也未超出合同约定的价款,因此《工程款支付证书》不能证明双方是据实结算。综上,北京蓝图公司上诉主张双方对合同约定的价款变更为据实结算的上诉理由不能成立。

合同"通用条款"第23.1款约定合同价款所包含的工程内容为初步方案设计范围所包含的工作范围,案涉工程设计由北京蓝图公司设计,设计费包含在合同价款内,合同"通用条款"第 29 条"工程变更"约定"对初步设计方案性的变更甲乙双方原则上不得随意变更"。对于双方是否对初步设计方案进行变更问题,北京蓝图公司称签订案涉合同时没有初步设计方案,工程是边设计边施工的;大黄山鸿基焦化公司称没有变更,案涉合同是 EPC 合同,设计是由北京蓝图公司负责。北京蓝图公司所称与合同约定不符,不予采信,按照北京蓝图公司所称也就不存在超出初步方案设计范围的内容。

北京蓝图公司二审庭审中称,实际工程量发生重大变更,应当据实结算。合同中约定了工程款暂定价,同时约定了对于价款调整的情况及变更价款的确定,北京蓝图公司未提供证据证明出现了合同"通用条款"部分第 23.1 款中约定的价款调整的情况,即"由于业主变更引起的合同价款的增减(变更引起的工程建设费用累计增减额 50 万元以内的变更不予调整);合同约定的其他价款增减或调整"。北京蓝图公司以实际工程量发生变更认为应当据实结算的理由不能成立。

【案例启示】

对于典型的工程总承包模式而言,其核心是发包人基于对承包人专业能力的信任,将项目工程的"设计、施工、采购"交于承包人之手,承包人凭借其专业能力以及丰富经验,通过"固定总价"的商业模式获得经济效益。

然而,部分承包单位对于 EPC 模式尚缺乏经验,对于相关合同约定不够熟悉,导致在工程合同中采取"固定总价"的承包单位,不仅未获取利润,反而遭受严重损失。

目前 2020 版《示范文本》的结构主要是"协议书""通用条款""专用条款"及附件几个部分。因"通用条款"内容较多,且相关内容一般通用于该类项目,所以"通用条款"往往得不到重视。而本次案件争议之所以产生,其直接原因产生于"通用条款"的约定。如前文所述,第一部分"协议书"、第二部分"通用条款"中均没有约定具体的合同价款,第三部分"合同专用条款"7.1 约定合同价款(暂定价)为 7800 万元。而"通用条款"第 23.1 款约定"协议书中表明的合同价款为固定合同总价,任何一方不得擅自改变。合同价款所包含的工程内容为初步方案设计范围所包含的工作范围"。按照合同第三部分"合同专用条款"第 2.2 款"合同文件及解释优先顺序"中约定的合同条款解释顺序,合同价款应理解为固定总价(暂定价)7800万元。因此,承包单位在签订工程合同时,不仅要关注"协议书""专用条款"部分,对于常规的"通用条款"也应重点关注,并且应对各部分间的关联性进行统一梳理,避免产生歧义。

【实务评析】

在各种类型的工程总承包合同中,"总价"合同承包人的风险最大,其中"可研"完成后即进行投标的风险尤其巨大,投标人缺乏风险意识,往往会遭遇"滑铁卢",遭受巨大损失。

一、不同阶段发标特点及总价合同风险研判

(一)可研完成后发标

可行性研究阶段完成的是"投资估算",其依据的是深度非常浅的"工程设想"所形成的工程量,对项目实施风险的研判不够(地震/地质风险、自然气候风险、资源获取风险、社会环境风险等),投资估算并不能完全反映这些风险所造成的安全、质量、进度与成本风险。

(二)方案设计/预初步设计/基础设计完成后发标

对于大型综合体民建项目(如体育馆),往往需要先完成方案设计才进行工程总承包招标,有些发包人为了细化技术要求,还会在招标前进行预初步设计(确定主要技术原则和主要技术要求,但深度比正规初步设计要浅很多)。

某些典型的工业项目,往往可以在可研完成后发标,但对于非典型工业项目,发包人在发包前往往会完成预初步设计或基础设计(深度与预初步设计基本相同,国际项目惯用说法),以便进一步细化发包人要求/雇主要求。[1]

有了方案设计、预初步设计或概念设计,发包人的招标限价会比较准确,投标人的报价风险也降低很多。

(三)"初步设计"后发标

工业项目很少采用"初步设计"后发标,因为等到初步设计后再发标,不利于EPC建设模式工程综合进度控制和发包人实现风险的转移。

但初步设计完成后,所有技术要求已明确,可以形成详细的工程量清单和比较接近实施成本的"初步设计概算",在此基础上即使采用"总价"模式,投标人的报价风险也相对减少。

---

① 参见FIDIC银皮书定义。

二、"总价"合同投标阶段风险控制要点

(一)合同工作范围

所有总价 EPC 合同都应在合同中明确合同工作范围,通常分为包括在合同内的工作范围、不包括在合同内的工作范围和合同工作分界点。

对于可研完成后发标的项目,发包人招标文件中合同工作范围描述较粗,需要依据承包人的投标方案,通过合同谈判在合同文件中进一步明确和细化合同工作范围。

案例合同中简单描述"合同价款所包含的工程内容为初步方案设计范围所包含的工作范围",这说明合同中并非对合作工作范围进行详细约定,这样的描述可能会扩大承包人在合同工作范围方面的风险。

例如,对于工业总包项目而言,生产运行设施(家具、运行标识、运行车辆、检修设备、试验仪表、职业健康设施等)通常不包括在总包工作范围内(除非合同另有约定),而初步设计文件通常都包括上述运行设施的要求,本案例中发包人可默认这些都属于承包人的范围。

(二)合同技术要求

对于可研后发标的总包项目,招标文件通常仅会明确项目建成后的预期目标(建设规模、性能保证等)、主要设计原则和主要技术要求,投标人在投标文件中应提交设计方案/技术方案,投标人依据设计方案/技术方案并充分考虑各类实施风险进行报价,最后双方将依据招标文件和投标文件,在合同附件中明确技术要求。

案例中如果投标人在投标阶段做了达到预初步设计/基础设计深度的设计方案/技术方案,一定会发现可研阶段的工程量并不靠谱,就不会签这么低的总价合同。

(三)投标阶段开展"项目实施条件调研"

对总价合同而言,仅有设计方案和工程量难以控制报价风险,投标阶段应开展"项目实施条件调研",以研判项目实施条件带来的项目风险(包括成本风险)。

例如,项目地质条件如何、地材获取条件如何、交通物流条件如何、水文气象条件如何,这些都可能影响履约成本,都应反映在投标报价中。

案例中的总承包投标报价前做了项目实施条件调研吗?一定没做,即使去了项目现场踏勘也一定是走马观花。

（四）合同设备寻源与询价

总包合同阶段应根据招标技术方案或投标技术方案，对合同设备进行寻源（确定潜在合格供方）并进行询价，必要时还要预测项目实施过程中合同设备的涨价风险。

本案例招标人没有做招标技术方案，总包方在投标阶段也没做投标技术方案，更谈不上寻源与询价了，因此执行过程合同设备的采购成本远远高于预期就成为必然。

三、合同执行阶段"合同报价"风险控制要点

目前不少总包企业投标和实施截然分离，市场经营团队一心想拿项目，签到合同就是业绩，至于合同签得好不好他不管，导致某些项目合同签了就意味着失败，案例中的项目就是如此。

但有些企业的项目实施团队也缺乏合同风险意识和成本控制思维，结果项目按期完成，业主挺满意，但企业亏损了，案例项目成本大幅增加有没有这方面的原因？

总包执行团队应在启动与项目总体策划阶段，采用以下措施来控制项目合同风险，包括但不限于：

1. 主合同交底：投标团队应对项目实施团队进行合同交底，包括合同报价交底；

2. 组织深入的项目实施条件调研，研判项目实施风险；

3. 组织"合同二次评审"，研判合同风险，提出控制合同风险的管理措施；

4. 编制项目预算和项目费控指标。

就本案例而言，如果采取了上述措施，应该在初步设计完成时就会发现合同价太低，就应该发起与业主的"合同变更谈判"，即使未采取上述措施，也应该发现"初步设计概算"远远高于签约合同价。

此外，可以看出本案例总包企业对合同成本的管理完全失控，项目履约成本增加这么多，实施过程不闻不问，至于什么原因要问当事人了。

有经验的承包商在遇到案例情况下，如果无法与业主进行合同变更，恐怕早就采取合同或法律措施了，甚至不惜终止或解除合同。

案例十四 没有施工图,承包人能否突破固定总价的约定要求调整价款

【典型案例】(2014)津高民一终字第 0001 号

中国京冶工程技术有限公司与天津市东丽区建筑工程有限公司建设工程施工合同纠纷

【裁判摘要】

关于诉争工程造价的计价标准确定问题。双方合同虽然约定合同价款一次性包死,但在双方签订合同时京冶公司没有交付施工图纸,且通过双方的邮件往来也可看出京冶公司关于合同造价 4726 万元的工程量清单是在 2010 年 10 月才向东丽公司提供的,上述事实证明在双方签订合同之时,东丽公司无法确定其承包的实际工程量,其报价缺乏客观性,在此基础上双方确定一次性包死的合同造价有违公平原则,亦不符合交易惯例。同时双方合同虽约定"合同造价一次性包死",但双方还约定"业主进行调整并签署确认的除外",该约定也表明双方对于一次性包死的合同造价约定了例外条款,即业主有权对合同造价作出调整。

【案件概览】

2010 年 5 月,发包人天津中冶天管环保资源开发有限公司(以下简称中冶天管公司)与承包人中国京冶工程技术有限公司(以下简称京冶公司)签订《建设工程总承包合同》,约定京冶公司承包中冶天管公司钢铁渣粉工程项目(一期

60 万吨/年矿渣粉生产线),工程内容为年产 60 万吨矿渣粉生产线设计、设备供货、施工、安装及调试。实行"交钥匙"工程。开工日期:2010 年 6 月 1 日(以开工日期为准),竣工日期:2011 年 1 月 15 日竣工交付(总工期 229 天)。合同总金额 13,380 万元,其中土建费用 4726.31 万元。本合同为固定总价合同,合同总价款为一次性包死,不作调整。京冶公司为中冶天管公司的股东之一。

2010 年 5 月 28 日京冶公司与天津市东丽区建筑工程有限公司(以下简称东丽公司)签订《建设工程施工合同》,合同第 1 条工程概况中工程内容:年产 60 万吨矿渣粉生产线所有土建施工。第 3 条合同工期,开工日期:2010 年 6 月 1 日(以开工日期为准),竣工日期:2011 年 1 月 15 日,合同工期总日历天数 229天。第 5 条合同价款:本合同承包范围内的全部。

工作内容的总价格(一次性包死的合同总价,不因任何因素进行调整,业主进行调整并签署确认的除外)为人民币 4726 万元。该合同未进行招投标、未备案。

合同签订后东丽公司进场施工。关于开竣工实际日期:2010 年 8 月 8 日,实际竣工日期双方存在争议,东丽公司主张为 2011 年 12 月 2 日,京冶公司主张为 2011 年 12 月 20 日。工程竣工后,未经验收即进行使用。至东丽公司起诉前,京冶公司已支付东丽公司工程款 36,904,000 元。其后因工程施工过程中发生变更、增减项,双方为工程款的结算发生争议并诉至法院。

诉讼过程中,东丽公司提出书面鉴定申请,要求按照国家《建设工程工程量清单计价规范》及天津市定额标准对双方诉争的《建设工程施工合同》实际图纸工程量进行造价鉴定。鉴定意见:……东丽公司承建的施工图纸范围内工程造价(不含变更、签证及办公楼装修、总图部分):67,196,463.71 元……工程变更、签证部分工程造价 2,668,995 元。其中,双方签字认可部分工程造价893,554 元,无京冶公司签证认可部分工程造价 1,775,441 元。

京冶公司认为:应按合同约定向东丽公司支付剩余工程款。其理由:(1)合同约定固定总价包死,且附了 4726 万元的《工程量清单》,系双方真实意思表示;(2)根据 EPC 项目特点,发包时为固定总价,总承包单位分包时也应执行固定总价,否则合同目的无法实现;(3)温某某(中冶天管公司员工)不是中冶天管公司的工程项目经理或授权代表,签字行为无效力可言;(4)双方因诉争工程施工中存在洽商变更和签证,且只有在《工程量清单》中没有综合单价的情况下,才应按照天津市市场材料价格计算,因此审计结果错误。

东丽公司认为:(1)双方虽约定为固定总价合同,但在合同签订之时,没有施工图纸,工程量无法固定,所以不具备签订固定总价合同的条件和基础。(2)双方合同约定业主可以通过签署工程变更签证的形式改变结算的方式,在合同执行过程中,双方对原合同价款作出了书面变更的调整签证,法院依据业主的变更调整签证委托中介机构所做鉴定符合客观事实。(3)温某某虽为中冶天管公司的代表,但与京冶公司存在关联性,且李某是京冶公司的项目代表,二者均在变更调整签证上签字,京冶公司虽不认可温某某的身份,但温某某在诉争工程施工过程中,多次作为中冶天管公司代表签字,其身份无可争议。(4)工程竣工后,东丽公司向京冶公司送达了竣工报告,京冶公司也确认收到了东丽公司按照国标计价规范编制的竣工报告,京冶公司并没有提出任何质疑,现委托鉴定单位所做鉴定亦是以国标计价规范来核算的造价,两者标准是统一的。(5)关于工期延误的问题,诉争工程属边施工边出图,图纸不能及时交付导致工程延期。同时工程现场水、电、道路等基本施工条件不具备,亦影响施工。另外,村民堵路、冬季停工、雨季无法施工、工程款不到位等因素都是影响工程进度的原因,故法院认定东丽公司不存在延误工期且不承担违约责任是正确的。

法院经审理认为:关于诉争工程造价的计价标准确定问题。双方合同虽然约定合同价款一次性包死,但在双方签订合同时京冶公司没有交付施工图纸,且通过双方的邮件往来也可看出京冶公司关于合同造价4726万元的工程量清单是在2010年10月才向东丽公司提供的,上述事实证明在双方签订合同之时,东丽公司无法确定其承包的实际工程量,其报价缺乏客观性,在此基础上双方确定一次性包死的合同造价有违公平原则,亦不符合交易惯例。同时双方合同虽约定"合同造价一次性包死",但双方还约定"业主进行调整并签署确认的除外",该约定也表明双方对于一次性包死的合同造价约定了例外条款,即业主有权对合同造价作出调整。东丽公司现提供了业主方中冶天管公司温某某签署的签证作为调整工程造价的依据,京冶公司及中冶天管公司虽否认温某某系诉争工程的项目负责人,但东丽公司提供的工程进度会议记录或工程变更、现场签证表等证据均证明在工程施工过程中温某某作为中冶天管公司的代表参与了诉争工程。同时,京冶公司的证据也印证了这一点。

关于温某某签字中确认的计价方法如何理解问题,双方均认可温某某签字中提出的"国标工程量计价规范"指的是 2008 年《建设工程工程量清单计价规范》，鉴定单位亦是以该规范作为鉴定依据，本院予以确认。对于温某某签字中提出的"按施工期间市场材料价格编制清单"，对该项表述京冶公司认为市场材料价格应是诉争工程施工时的市场实际价格，而非鉴定单位采用的天津市建委发布的造价信息。对此问题，法院认为，温某某签署的内容为"施工期间市场材料价格"，如在合同履行期间双方就该价格达成一致意见可以作为鉴定依据，但因双方对此问题没有协商，并未形成一致意见，而建筑市场材料价格并不统一，鉴定机构据此采用天津市建委发布的造价信息，并无不当。

【案例启示】

根据《房屋建筑和市政基础设施项目工程总承包管理办法》第 16 条第 1 款内容可知，企业投资项目的工程总承包宜采用总价合同，除合同约定可以调整的情形外，合同总价一般不予调整。然而 EPC 模式下，执行总价合同会因发包阶段提前以及承包范围的扩大而产生相应问题。传统承包模式中，发包人往往在完成项目施工图设计，并据此编制完毕详细的工程量清单后进行发包，此种情形下因工程量及工程范围大体确定，执行总价合同并不会产生根本上的争议。但在 EPC 模式下，项目的发包时间节点往往更接近项目前期的可行性研究阶段、方案设计或初步设计阶段。此时项目并没有完整的施工图纸，项目的各类参数、指标、边界条件等处于模糊状态，此种情形下项目无法达到执行固定总价的条件。

实践中的情形是合同双方缔约时并无完整、最终的施工图纸，自然也没有详细、具体的工程做法、质量标准，相关施工措施费亦无法准确计算，此时总价合同应继续按合同约定总价金额执行还是此时项目的计价方式应被认定为暂定价，发承双方基于各自的利益角度会就此产生争议。从审判实践中看，法院在审理此类纠纷时往往更看重合同主体在履行合同过程中是否对项目的计价方式达成新的合意，并据此认定。如签约时并无完整施工图，但合同主体根据固定总价达成过结算协议，则可认定双方依然认可固定总价；或者没有施工图，且项目执行过程中合同双方达成过价款调整的约定，此时可认定双方达成了突破固定总价的意思合意。

本案法院在认定案涉工程的计价方式时，虽认可双方签约时因无施工图，其固定总价的报价不具有客观性并有违公平原则,但真正突破固定总价的依据是双方在合同中已就固定总价作了例外约定,且在执行合同过程中存在工程变更的签证,法院认为此时双方已就合同的计价方式事实上达成了新的合意,其决定性因素并非施工图纸的缺失。类似案例也可参见辽宁省高级人民法院作出的(2019)辽民终 1660 号判决书内容。该案中,案涉 EPC 工程同样在签约阶段无施工图纸,但法院认为双方在竣工验收后进行结算时,依然以合同约定的固定总价为基础进行结算,辽宁省高级人民法院认为并无相反证据推翻结算协议,认为案涉工程依然按照固定总价进行结算。由此可见,签约时施工图缺失与否并非突破固定总价约定的决定性因素,法院在审理时会综合考虑合同履行情况探究双方真实意思表示。

【实务评析】

一、工程总承包合同固定总价和施工图没有直接联系

关于工程总承包,国家层面,目前就出台了两个政策文件,分别是 2015 年 6 月出台的《公路工程设计施工总承包管理办法》,2019 年 12 月出台的《房屋建筑和市政基础设施项目工程总承包管理办法》。通过对上述两个工程总承包管理办法的解读,可以确定工程总承包合同固定总价和施工图没有直接联系。

(一)《公路工程设计施工总承包管理办法》

根据《公路工程设计施工总承包管理办法》第 5 条"……公路工程总承包招标应当在初步设计文件获得批准并落实建设资金后进行"、第 9 条"投标文件应当包括以下内容:……(四)报价清单及说明;(五)按招标人要求提供的施工图设计及技术方案"、第 14 条"……总承包采用总价合同,除应当由项目法人承担的风险费用外,总承包合同总价一般不予调整"、第 13 条"……项目法人承担的风险一般包括:……"可以明确:(1)工程总承包是初步设计批复后进行的,工程总承包内容包括施工图设计、采购和施工等内容。(2)工程总承包价格是投标人在投标时,根据招标人提供的前期资料(初步设计报告和图纸),经过复核,进行一定的施工图设计,然后提出相应的报价清单及说明,确定总承包价格。由于投标阶段不可能进行完整的施工图设计,主要根据招标人要求进行一定的施工图设计,因此此时的总承包价格和施工图有一定的关系,但不是一一对应的关系。(3)投标人中标后,投标价格即工程总承包合同价格,工程总承包合同价

格除非发生应当由项目法人承担的风险,否则合同价格不予调整。因此,总承包合同价格跟施工图是否出来没有关系,只和项目法人承担的风险是否发生有关系。

(二)《房屋建筑和市政基础设施项目工程总承包管理办法》

根据《房屋建筑和市政基础设施项目工程总承包管理办法》第7条"……采用工程总承包方式的企业投资项目,应当在核准或者备案后进行工程总承包项目发包。采用工程总承包方式的政府投资项目,原则上应该在初步设计审批完成后进行工程总承包项目发包……"、第16条"企业投资项目的工程总承包宜采用总价合同,政府投资项目的工程总承包应当合理确定价格形式。采用总价合同的,除合同约定可以调整的情形外,合同总价一般不予调整",可以明确:
(1)企业投资项目在核准或者备案后进行工程总承包项目发包,其总承包内容包括初步设计、施工图设计、采购和施工等;政府投资项目原则上应该在初步设计审批完成,其总承包内容包括施工图设计、采购和施工等。(2)总承包采用总价合同,除合同约定可以调整的情形外,合同总价一般不予调整,合同总价与施工图没有关系,只与合同约定可以调整的情形发生有关系。

二、对发包单位实务操作建议

(一)公布完整前期资料

发包单位为确保投标人对工程充分理解,报价合理,需要在招标时公布完整前期资料,包括但不限于可研报告和图纸、初步设计报告和图纸等。

(二)招标文件明确招标控制价

发包单位在招标的时候,可以根据批复初步设计投资,下浮一定金额作为招标控制价,也可以根据下浮率作为一个控制价指标,要求投标人根据自己对工程前期资料的了解,根据自己企业成本和利润,确定总承包合同价格。

(三)总承包合同明确合同价格调整条款

对于已经出台了总承包管理办法的公路工程、房屋建筑和市政基础设施工程领域,发包单位可以根据管理办法中关于风险分担的原则,在总承包合同中约定双方风险分担内容;对于其他没有出台总承包管理办法的工程领域,可以借鉴已经出台的总承包管理办法,也可以根据工程特点、业主的风险偏好,自己确定双方风险分担内容。当然,发包单位在合同谈判过程中处于强势地位,可以把工程的全部风险或者大部分风险强加给总承包单位,但是,为保证工程顺利推进，建议风险分担还是遵循"谁有能力控制风险，就由谁承担风险"的原则。

（四）合同执行中，做好风险承担内容的管理

在合同执行过程中，对于总承包合同中明确发包单位承担的风险，并不十分必要，建议发包单位不要实施；对于确实很有必要，或者外界条件引起由发包单位承担的风险，需要监理单位及时、准确记录风险事件信息，加强风险事件的风险控制。

三、对总承包单位实务操作建议

（一）合理确定投标价格

总承包单位需要全面熟悉、复核发包单位提供的前期资料，对工程现场条件进行踏勘，充分考虑招标文件的控制价和企业成本，提出合理总承包合同价格。

（二）合同谈判过程中争取合理的风险分担

在总承包合同谈判中，发包单位一般处于强势地位，会尽量将工程的风险推给总承包单位。总承包单位可以依据目前已经出台的两部工程总承包管理办法，项目所在地出台的总承包有关政策文件（如果有），与发包单位进行友好协商，从有利于推进工程进展的角度，争取将风险合理分配给更有控制风险能力的单位。

（三）利用施工图设计减少工程总承包风险

总承包价格在招投标的时候就确定了。总承包单位在施工图设计过程中，第一，要根据总承包合同价格及合同要求进行限额设计，坚决杜绝施工图设计投资超过合同价格，因为这个风险完全是总承包单位自己承担的；第二，施工图设计与现场紧密结合，实现施工图良好可施工性，减少甚至规避由于施工图设计导致的工程返工或者施工困难引起的工期滞后和成本增加；第三，进行施工图设计优化，通过优化，加快施工进度，节约工程投资，为不可预见的风险腾出空间。

（四）施工过程中控制合同价格风险

施工过程中，总承包单位要根据现场施工条件、市场条件，及时识别和预判可能影响合同价格风险的因素，做好应急预案。

案例十五 总承包单位在分包时须具备法定前提
——分包约定或分包许可

【典型案例】(2017)辽 04 民终 834 号

中冶东方工程技术有限公司秦皇岛研究设计院与辽宁建设安装集团有限公司抚顺分公司、中冶东方工程技术有限公司建设工程施工合同纠纷

【裁判摘要】

秦皇岛设计院在与抚顺新钢铁有限责任公司签订的总承包合同中未约定分包施工业务,也未提交经建设单位抚顺新钢铁有限责任公司同意分包施工合同的书面材料,因此一审判决认为秦皇岛设计院将工程总承包项目中的施工业务分包给建安抚顺公司属于违法分包,双方签订的《建安工程施工合同》无效,并无不当。

【案件概览】

2015 年 2 月 6 日秦皇岛设计院与抚顺新钢铁有限责任公司签订一份《建安工程施工合同》,承包内容:抚顺新钢铁有限责任公司新建石灰竖窑建安工程(土建、安装、电气工程)等涉及的全部工作内容,承包方式为包工包料,计价方式为总价包干,合同金额为 12,330,000 元,其中钢筋为抚顺新钢铁有限责任公司供应,双方在结算款项前依据新钢铁销售提供的数量及同期钢筋销售价格确定所发生材料费用,在结算款内扣除。

2015 年 3 月 6 日,秦皇岛设计院与建安抚顺公司签订了一份《建安工程施工合同》,秦皇岛设计院将抚顺新钢铁有限责任公司新建石灰竖窑建安工程中

的土建、安装等工程分包给建安抚顺公司,承包方式:承包人包工包料,计价方式为总价包干,合同金额为 10,400,000 元,其中钢筋为抚顺新钢铁有限责任公司供应,双方在结算款项前依据新钢铁销售提供的数量及同期钢筋销售价格确定所发生材料费用,在结算款内扣除。

2016 年 5 月 7 日,建安抚顺公司将本案案涉工程竣工材料交付秦皇岛设计院。2016 年 6 月 30 日,建安抚顺公司向秦皇岛设计院出具了一份《关于抚顺新钢铁有限公司新建石灰竖窑建安工程结算的申请函》,内容:由辽宁建设安装集团有限公司抚顺分公司施工的抚顺新钢铁有限公司新建石灰竖窑建安工程(土建、安装工程),按合同约定工期按时完成,竣工资料已全部上交贵设计院,现申请给予我单位进行工程结算,请批准及大力协助为盼。

2016 年 7 月 5 日,秦皇岛设计院给建安抚顺公司回函,内容:今收到贵公司关于抚顺新钢铁有限责任公司新建石灰窑建安工程的结算申请,由于中冶集团对我院进行整编重组,各部门职能未确定,待恢复正常工作后,我院开始审查贵公司提交的竣工资料,审查合格后,开展工程结算工作,望谅解。

双方因结算事宜发生诉讼,并经历了一审、二审,两审结果虽然没有改变,但对双方之间的合同性质是否构成工程总承包,二审法院对此进行了论述,二审法院认为:(1)建设工程合同是承揽合同的一种特殊类型,建设工程合同在合同主体及合同标的物上区别于一般承揽合同。本案从抚顺新钢铁有限责任公司与秦皇岛设计院签订合同名称、主体及承建内容看,均适用《建筑法》等法律法规的调整,并非普通主体所能承揽。抚顺新钢铁有限责任公司与秦皇岛设计院签订《建安工程施工合同》《设备供货合同》,将新钢铁石灰竖窑项目,包括设计、供货、土建、安装和电气工程等一切工作内容发包给秦皇岛设计院,两份合同构成建筑工程总承包合同,秦皇岛设计院是工程总承包人。秦皇岛设计院将其中施工合同分包给建安抚顺公司,双方形成的法律关系是建设工程施工合同关系。

(2)关于合同效力问题。《建筑法》第 29 条第 1 款规定:"建筑工程总承包单位可以将承包工程中的部分工程发包给具有相应资质条件的分包单位;但是,除总承包合同中约定的分包外,必须经建设单位认可。"《建设工程质量管理条例》第 78 条第 2 款规定违法分包行为第 2 项:"建设工程总承包合同中未有约定,又未经建设单位认可,承包单位将其承包的部分建设工程交由其他单位完成的。"《合同法》第 272 条①同样作出上述规定。本案秦皇岛设计院在与抚顺新钢铁有限责任公司签订的总承包合同中未约定分包施工业务,也未提交经建设单位抚顺新钢铁有限责任公司同意分包施工合同的书面材料,因此一审判决认为秦皇岛设计院将工程总承包项目中的施工业务分包给建安抚顺公司属于违法分包,双方签订的《建安工程施工合同》无效,并无不当。

【案例启示】

工程总承包模式相较于施工总承包或其他传统施工模式,有着更宽泛的分包权能。但不能认为工程总承包模式下,总包单位可以任意分包。工程总承包模式下,分包需符合法定条件、合同约定或经招标人/发包人的同意。

如二审法院论述,《建筑法》第 29 条规定:"建筑工程总承包单位可以将承包工程中的部分工程发包给具有相应资质条件的分包单位;但是,除总承包合同中约定的分包外,必须经建设单位认可。"《建设工程质量管理条例》第 78 条第 2 款规定违法分包行为第 2 项:"建设工程总承包合同中未有约定,又未经建设单位认可,承包单位将其承包的部分建设工程交由其他单位完成的。"

《民法典》第 791 条第 2 款规定:"总承包人或者勘察、设计、施工承包人经发包人同意,可以将自己承包的部分工作交由第二人完成。第三人就其完成的工作成果与总承包人或者勘察、设计、施工承包人向发包人承担连带责任。承包人不得将其承包的全部建设工程转包给第三人或者将其承包的全部建设工程肢解以后以分包的名义分别转包给第三人。"

依据上述法律规定可知,工程总承包单位在分包时须具备法定前提——分包约定或分包许可。工程总承包项目因包含施工、设计等内容而具有天然的分包倾向。其分包路径通常为:发包人—工程总承包人—施工总承包人—分包人。然而实践中,虽然工程总承包单位具有相比于施工总承包更宽泛的分包权能,但该分包权能的行使前提必须为合同约定或经建设单位同意,否则总承包单位无权单方面签订分包合同,此等分包合同因违反效力性强制性规定而无效。

【实务评析】

违法分包导致合同无效,将会打乱整个工程建设的节奏,在当前工程总承

---

① 现为《民法典》第 791 条。

包的法律环境下,作为工程总承包商,务实的做法是:主体工程的设计、施工,不宜都分包出去。明确要进行分包的事项,尽可能在合同中约定。在工程实施过程中予以分包的事项,及时将分包人的相关资质、业绩、能力资料上报业主方,得到正式同意。严格控制施工总承包商的违法转包行为,确保主体工程的实施不存在违法行为。

　　2020 版《示范文本》通用合同条件的第 4.5 条分包条款中,对严禁非法转包和违法分包进行再次明确,强调严禁非法转包和违法分包;明确承包人不得将设计或施工的主体、关键性工作分包给第三人;关于分包范围的确定,也明确了要在专用条款中确定具体的分包范围,但这个范围仍然要排除设计或施工的主体、关键性工作。

　　但值得关注的是,《房屋建筑和市政基础设施项目工程总承包管理办法》中并未规定分包范围中要排除设计或施工的主体、关键性工作。而在个别地方住建部门的规定中则明确了要将上述范围进行排除,如 2020 年 4 月 2 日发布的《四川省房屋建筑和市政基础设施项目工程总承包管理办法》第 23 条①中就明确规定了上述范围要排除在分包范围内。另外关于总承包人提出分包申请的等待期由原来的 15 天调整为 14 天。

---

　　① 《四川省房屋建筑和市政基础设施项目工程总承包管理办法》第 23 条　经建设单位同意,同时具有相应工程设计和施工资质中标或者以联合体形式中标的工程总承包单位,可以将工程总承包项目中的非主体设计或者非主体结构、非关键性专业施工业务分包给具备相应资质的单位,但不得将工程总承包项目中的主体设计或者主体结构、关键性专业施工业务分包。工程总承包单位不得将工程总承包项目中的设计和施工的全部业务一并转包,不得将工程总承包项目中的设计或施工的全部业务分别分包给其他单位,也不得以专业工程名义违法分包给具有施工资质的单位。

　　工程总承包项目不得分包的内容应当在招标文件中明确。

案例十六　工程总承包中的"甲指采购"合同因总承包合同未签订而解除

【典型案例】（2017）最高法民终 805 号

无锡尚德太阳能电力有限公司、中科恒源科技股份有限公司买卖合同纠纷

【裁判摘要】

《130 兆瓦 EPC 总承包合同》虽然是江西顺风公司子公司与中科恒源公司签订,但该合同中并未约定由中科恒源公司负责采购太阳能组件,不符合《补充协议》项下所应签订的《工程建设总承包（EPC）合同》的约定,不构成《太阳能组件销售合同》履行的基础。且没有证据证明中科恒源公司不正当促成了《太阳能组件销售合同》解除条件的成就,因此,一审判决认定《太阳能组件销售合同》解除条件已于 2015 年 1 月 1 日成就,并无不当。

【案件概览】

2013 年 12 月 23 日,发包人江西顺风公司与承包人中科恒源公司签订《2014 年光伏电站项目合作协议》,约定江西顺风公司或江西顺风公司项目公司作为发包方,采用 EPC 合同模式,将项目的建设交由中科恒源公司实施;中科恒源公司作为工程建设总承包方。中科恒源公司必须选用江西顺风公司指定无锡尚德公司的组件产品,应用于江西顺风公司项目,组件产品质量责任由江西顺风公司承担;江西顺风公司在 2014 年内向中科恒源公司发包的 EPC 总承包项目规模为 200 兆瓦。协议同时约定,"EPC"是指光伏电站项目建设中,承

包人完成设计、采购、施工，将可以实际投入运营的光伏电站交付给发包方的行为；"组件"指太阳能电池片或由激光机切割开的不同规格的太阳能电池组合在一起构成发电单元。协议还就保密、不可抗力、争议解决等作了约定。

2013年12月23日，中科恒源公司与无锡尚德公司签订《太阳能组件销售合同》，约定中科恒源公司向无锡尚德公司采购太阳能组件。

2013年12月24日，中科恒源公司与无锡尚德公司签订《补充协议》，对《太阳能组件销售合同》作补充约定：《太阳能组件销售合同》的签订建立在江西顺风公司及其子公司同意将其储备的200兆瓦地面光伏电站交由中科恒源公司做工程总承包、并签订《工程建设总承包（EPC）合同》基础上，如果《工程建设总承包（EPC）合同》不能签订，则《太阳能组件销售合同》签订基础不存在，该合同终止履行；合同终止后，无锡尚德公司退还已经支付的合同价款及同期银行贷款利息。

2014年8月22日，中科恒源公司向无锡尚德公司寄送《解除合同通知书》一份，载明：解除《太阳能组件销售合同》，返还合同价款及利息，否则将承担违约责任。

其后双方诉至人民法院。中科恒源公司主张解除合同返还价款及相应利息；无锡尚德公司反诉主张赔偿其经济损失。

一审法院认为，《补充协议》所载《太阳能组件销售合同》签订基础所指向的江西顺风公司及其子公司交由中科恒源公司做工程总承包的《工程建设总承包（EPC）合同》，应是指中科恒源公司作为承包方负责完成采购的材料包括太阳能光伏组件的EPC合同。虽然无锡尚德公司及江西顺风公司、平罗中电科公司（案外人）均主张2014年5月20日中科恒源公司与平罗中电科公司所签订的《130兆瓦EPC总承包合同》属于上述《补充协议》所指《工程建设总承包（EPC）合同》项下的合同，但是该《130兆瓦EPC总承包合同》在合同其他条款中明确太阳能光伏组件由平罗中电科公司提供，这与《2014年光伏电站项目合作协议》关于组件由中科恒源公司向无锡尚德公司采购并用于江西顺风公司项目的约定完全不同。故该《130兆瓦EPC总承包合同》的签订及履行并不构成中科恒源公司与无锡尚德公司之间《太阳能组件销售合同》的基础。

综上，《太阳能组件销售合同》所附解除条件于2015年1月1日成就，无锡尚德公司应当返还中科恒源公司2.06亿元货款，并支付违约金及相应利息。

无锡尚德公司关于中科恒源公司应当赔偿损失的反诉请求不应支持。无锡尚德公司不服提起上诉。

最高人民法院经审理后认为：无锡尚德公司、江西顺风公司、平罗中电科公司均主张2014年5月20日中科恒源公司与平罗中电科公司签订的《130兆瓦EPC总承包合同》属于《补充协议》项下江西顺风公司及其子公司将200兆瓦地面光伏电站交由中科恒源公司做工程总承包所签订的《工程建设总承包（EPC）合同》。然而，《130兆瓦EPC总承包合同》约定的"固定综合单价"中明确表述组件除外，在合同其他条款及合同工程量清单等附件中亦多次明确表述光伏组件由业主方平罗中电科公司提供。该《130兆瓦EPC总承包合同》虽然是江西顺风公司子公司与中科恒源公司签订，但该合同中并未约定由中科恒源公司负责采购太阳能组件，不符合《补充协议》项下所应签订的《工程建设总承包（EPC）合同》的约定，不构成《太阳能组件销售合同》履行的基础。除此之外，无锡尚德公司、江西顺风公司、平罗中电科公司未能提供证据证明2014年度江西顺风公司及其子公司将200兆瓦地面光伏电站交由中科恒源公司做工程总承包并签订《工程建设总承包（EPC）合同》。

本案中，按照无锡尚德公司、江西顺风公司、平罗中电科公司的主张，其认为《130兆瓦EPC总承包合同》已经是在履行《补充协议》项下签订《工程建设总承包（EPC）合同》的约定；而《130兆瓦EPC总承包合同》履行过程中，双方却发生了争议，最终该合同所涉工程项目由平罗中电科公司于2014年8月1日另行发包给其他承包方进行施工。此种情况下，无锡尚德公司、江西顺风公司、平罗中电科公司未有证据证明江西顺风公司及其子公司计划另行将200兆瓦地面光伏电站项目发包给中科恒源公司并签订《工程建设总承包（EPC）合同》，以及该发包计划确因中科恒源公司发出《解除合同通知书》或提起诉讼而未能付诸实施。因此，无锡尚德公司、江西顺风公司、平罗中电科公司未有证据证明中科恒源公司存在不正当促成解除条件成就的情形。因此，一审判决认定《太阳能组件销售合同》解除条件已于2015年1月1日成就，无锡尚德公司返还合同价款及利息并无不当。

【案例启示】

甲指分包或甲定分包，是由业主方挑选或指定项目实施、货物采购的分包商的行为,其形式为总承包单位与业主方指定的分包商签订合同,非由业主方直接签约。指定分包可以在招标文件中指定,也可以由业主提供一些可供选择的分包商名单,总承包单位从这些名单中选择某些专业或部分工作的分包商,还可在项目开工后由业主或工程师根据合同约定指定分包商。

指定分包在国际工程中很常见。根据《FIDIC 施工合同条件》第 5 条相关内容,发包人可于项目开启前选定指定分包商或在项目进行过程中根据"变更和调整"条款指示承包单位选择分包商。如承包人反对该分包商,则应在合同约定期限向工程师提出反对理由,并附有相关证明资料,则承包商无义务继续雇佣指定分包商。若业主方强制性选择指定分包商,则业主方应保证承包商不承担由雇佣该分包商产生的一切后果。

目前有法律、部分部门规章及政策性文件对甲指分包或甲指供材行为作出了相应规定,如《建筑法》第 25 条规定:"按照合同约定,建筑材料、建筑构配件和设备由工程承包单位采购的,发包单位不得指定承包单位购入用于工程的建筑材料、建筑构配件和设备或者指定生产厂、供应商。"《招标投标法》第 20 条规定:"招标文件不得要求或者标明特定的生产供应者以及含有倾向或者排斥潜在投标人的其他内容。"《工程建设项目施工招标投标办法》第 66 条规定:"招标人不得直接指定分包人。"《房屋建筑和市政基础设施工程施工分包管理办法》第 7 条规定:"建设单位不得直接指定分包工程承包人。"

2020 版《示范文本》通用合同条件将采购的相关内容作为工程总承包合同的组成部分,即采购工作受总承包合同的规制。采购工作通常由承包人通过分包的形式选择供应商进行,实践中一些发包单位基于自身优势地位,会指定采购供应商,即甲指分包或甲指供材。因供应商并非承包人选择,承包人对其掌控力不足,此种情形下会产生诸如采购进度无法把控,采购合同能否正常履行等问题。因此为保障承包人利益,当发包人提出甲指分包时,承包单位应在专用条款中对该分包进行特别约定,例如,约定非因承包人原因采购合同解除的,则发包人及其关联单位不应向承包人主张违约责任等。

【实务评析】

实践中业主方基于优势地位进行甲指分包或甲指采购的行为屡有发生。但实际履行过程中会发生诸多问题,承包人对甲指分包或甲指采购的管理是实务中的难点。管不管？如何管？管到什么程度？都涉及三方关系的协调处理问题。

在具体实操中，为了强化总承包商的管理、厘清各方职责，最好签订三方协议，明确各方的职责和义务，明确发包方授权在承包商对甲指分包或甲指采购的管理，而不是仅仅一个总承包商与甲指分包或甲指采购签订的合同，将重要的相关方——发包方排除在外。

总承包商也应扭转观念，切实强化对甲指分包管理，积极帮助发包方对甲指分包单位进行管理，从工程整体效益的视角做好管理工作。

在出现"甲指分包"的情形时，建议总承包单位做好如下操作：

1. 签订好分包合同。

"甲指分包"由于和业主的特殊关系，往往比较难管。管理的基础是合同，为了更好地管控"甲指分包"，签订好分包合同就很关键了。在分包合同中约定合同范围，总承包方的权力，质量管理、安全管理条款，进度款付款条款，违约条款，奖罚条款等。

2. 在施工过程中加强管理。

工程总承包单位对其承包的全部建设工程质量负责，分包单位对其分包工程的质量负责，分包不免除工程总承包单位对其承包的全部建设工程所负的质量责任。因此，总承包单位对分包单位的施工要加强管理，利用合同条款、设计图纸、规程规范进行管理。

管理过程中，要留下"痕迹"，即要有书面文件。对于施工过程中存在安全隐患的，要及时下发安全整改通知，甚至根据合同条款开具罚单；对于施工过程中质量管理，要加强事前管理和事中管理，提前发现问题，提前采取措施，要求施工单位及时整改，对于已经形成实体的，下发通知要求施工单位进行维修加固，保证满足合同合格要求，经过维修整改无法满足合同合格要求的，要求施工单位拆除重建。注意，考虑业主和"甲指分包"的特殊关系，甲方可能要承担过错责任，管理过程中所有书面通知都要抄送甲方。如果条件允许，要与甲方形成合力，共同对"甲指分包"进行管理，避免出现质量、安全问题或者事故。

在安全生产监督管理工作范围中广为流行这样一句话"尽职免责，失职追责"，只要总承包单位做好了对"甲指分包"的管理，若出现了质量问题或者安全问题，即使不能免责，责任也不会很大。

案例十七 工程总承包项目中分包单位的抗辩权行使

【典型案例】(2016)最高法民再 53 号

沙伯基础创新塑料(中国)有限公司与福建省土木建设实业有限公司深圳分公司、福建省土木建设实业有限公司侵权责任纠纷

【裁判摘要】

EPC 项目总包合同解除,分包合同因丧失履约基础而解除,故分包单位无权基于分包合同继续占有项目现场;即便总包单位存在违约,分包单位无权以此为由拒绝退出以及主张退出赔偿事宜。

【案件概览】

2003 年 12 月 8 日,发包人沙伯基础创新塑料(中国)有限公司(以下简称沙伯公司)与总包单位三星工程株式会社(以下简称三星公司)签订《关于扩建中华人民共和国广州南沙经济技术开发区工程塑料厂的中国国内工程、采购和建筑协议》(EPC 总包合同),总包单位将该项目的打桩工程发包给分包单位福建省土木建设实业有限公司深圳分公司(以下简称土木公司深圳分公司)。总包合同约定工程竣工日期为 2004 年 9 月 1 日。

2004 年 11 月 15 日,总包单位三星公司未按总包合同约定的时间完成,总包单位通知分包单位停工。

2004 年 12 月 31 日,总包单位三星公司与分包单位土木公司深圳分公司签订《和解协议》,约定在分包单位于重新复工后的 161 天内全部完成土建工程。发包人及南沙经济技术开发区指挥部作为共同见证人在该协议上签名。分包

单位于 2005 年 1 月 4 日按总包单位通知正式复工。

2005 年 12 月 16 日,因未能在《和解协议》约定的完工日期即 2005 年 6 月 30 日完工,发包人致函总包单位,通知总包单位于 2005 年 12 月 31 日解除双方之间的合同关系并附表列明要求移交资料。总包单位书面确认同意解除总包合同。

2005 年 12 月 19 日,总包单位书面通知分包单位土木公司深圳分公司,发包人沙伯公司已与总包单位解除了合同关系,并将于 2005 年 12 月 31 日生效,总包单位与分包单位之间的合同关系相应地也于发送该函之日起 14 天后解除,分包单位必须立即退出项目场地,并且递交与项目有关的建筑文件及其他文件。2005 年 12 月 20 日,分包单位土木公司深圳分公司收到上述函件,并于同月 23 日函复称,由于总包单位违约给分包单位造成巨大损失,在双方就退场费用和赔偿事宜达成一致并签订终止协议前,将依法保护施工现场,其他单位无权干涉。

2005 年 12 月 19 日至 23 日,发包人致函分包单位土木公司深圳分公司,要求分包单位于 2006 年 1 月 15 日之前必须无条件离场,之后又通知其参加现场移交会,分包单位于 2006 年 1 月 9 日回函,但仍拒不离场。

2006 年 2 月 3 日,总包单位沙伯公司提起本案诉讼,同时提出先予执行申请,请求依法强制分包单位立即撤离项目场地。2006 年 3 月 9 日,分包单位土木公司深圳分公司以总包单位及发包人为被告提起另案起诉,请求判令解除《和解协议》并支付欠付工程款及赔偿各项损失,并就相关工程优先受偿。最终广东省高级人民法院作出(2011)粤高法民一终字第 1 号终审判决,判令解除《和解协议》,总包单位支付分包单位工程款及相应违约金,并就其施工工程享有优先受偿权,驳回分包单位其他诉求。

一审法院认为:总包合同与分包合同(《和解协议》)是两个独立的合同,发包人与总包单位解除总包合同并不影响分包合同的效力。发包人作为业主见证总包单位与分包单位签订的《和解协议》合法有效,分包单位依据《和解协议》占有涉案工程施工场地有合同依据。鉴于《和解协议》系 2011 年 12 月 20 日通过(2011)粤高法民一终字第 1 号民事判决书判决解除的,因此,在《和解协议》合法解除前,分包单位没有将涉案场地交回发包人的义务,发包人认为分包单位占有施工场地构成侵权并要求排除妨碍赔偿损失无依据,先予执行造成分包单位退场费用由发包人承担。二审法院维持了一审法院的判决结果。

发包人沙伯公司不服,向最高人民法院申请再审,最高人民法院认为:分包合同(《和解协议》)虽然独立于上述总包合同,但总包合同是签订、履行分包合同的前提和基础。发包人与总包单位之间的总包合同解除后,总包单位即丧失了总承包人的法律地位,总包单位与分包单位之间的分包合同即失去了继续履行的必要性和可能性,使分包合同陷于履行不能。在此情形下,分包合同应予解除。即使总包单位可能因此向分包单位承担相应的违约责任,但这不能作为阻却分包合同解除的事由。总包合同解除必然导致分包合同解除。事实上,总包单位于2005年12月19日致函土木公司深圳分公司,告知其发包人与总包单位之间的总包合同将于2005年12月31日解除,相应地,总包单位与分包单位之间的分包合同将于14日后解除,分包单位必须立即退出项目场地并移交项目文件。分包合同解除的时间应与总包合同解除的时间同步,即发包人与总包单位一致认可的2005年12月31日。一审、二审法院以总包合同与分包合同各自独立,总包合同解除并不必然导致分包合同解除为由是错误的,因发包人作为施工场地的土地使用权人,于2005年12月31日发函通知土木公司深圳分公司应于2006年1月15日前撤场,则分包单位最后的撤场时间应为2006年1月15日。

分包单位撤场是其与总包单位之间的分包合同解除的必然法律后果,至于双方因分包合同解除而产生的债权债务关系,双方可另寻法律途径解决。即使总包单位应就分包合同解除向分包单位承担损失赔偿责任,分包单位对总包单位享有的该债权也不能对抗发包人就施工场地享有的物权。因此,分包单位以总包单位严重违约给其造成巨大损失,出于保护施工现场及未经验收在建工程目的为由,主张其在与总包单位就分包合同解除、退场赔偿事宜达成协议前有权拒绝退场,不能得到支持。故判令分包单位应于2006年1月15日前离场,因先予执行产生的退场费用(现场清理费、评估费等)由分包单位承担。

【案例启示】

2020版《示范文本》通用合同条件中新增了10.5竣工退场条款,约定工程竣工后承包人应承担现场清理、临时工程拆除、物料人员的撤离及地表还原等各项承包人退场义务,并且在合同解除条款(发包人解除、承包人解除、不可抗力解除)中进一步明确合同解除后承包人应履行的退场义务及退场的费用负担。上述约定表明,相比于旧版《示范文本》,2020 版《示范文本》通用合同条件对于承包单位退场的法律后果及相关义务作出更加系统、细致的规定。然而实践中,仍有一些承包单位退场问题未在 2020 版《示范文本》通用合同条件中体现,例如退场费用及因退场导致的损失如何界定;总包合同解除或无效,分包单位是否应退场以及退场费用如何负担等。上述问题均可能导致业主单位、总包单位、分包单位有涉诉风险。

本案系 EPC 项目总包合同解除后,分包合同施工主体应否退场导致的法律纠纷。实务中总包单位往往会将工程的非主体部分分包给其他施工人进行施工,然而分包的工程施工过程中一旦出现总包合同解除的情形,此时分包人的施工尚未结束,一旦总包单位与分包单位就已完工程量的认定及工程价款结算支付方面产生分歧,分包单位为保障自身利益可能会以保护现场进行结算工作(或要求总包单位或发包人承担违约责任)为由不予退场。

2020 版《示范文本》通用合同条件虽约定了发包人与总包单位之间关于竣工退场及合同解除情形下承包单位的退场义务及退场费用承担,但 2020 版《示范文本》通用合同条件并未涉及分包单位退场的权利义务约定。根据《民法典》第 807 条"发包人未按照约定支付价款的,承包人可以催告发包人在合理期限内支付价款。发包人逾期不支付的,除根据建设工程的性质不宜折价、拍卖外,承包人可以与发包人协议将该工程折价,也可以请求人民法院将该工程依法拍卖。建设工程的价款就该工程折价或者拍卖的价款优先受偿"以及《民法典》第 235 条"无权占有不动产或者动产的,权利人可以请求返还原物"的内容,结合本案审理过程可知,总包合同一旦解除,则分包合同因丧失履行基础也应一并解除,此时虽然存在发包人或总包单位违约,但分包单位无权以拒绝离场的方式进行抗辩,分包单位应当撤离现场并以其他方式(另案主张工程款或请求依法拍卖施工工程并优先受偿)主张权利。

【实务评析】

能把工程收尾做好,才是真本事。对于工程建设项目来说,在前期阶段,参建各方一般能做到"心往一处想、力往一处使",大家的合作总体上较为愉快。但是,到工程收尾阶段,因为要兑现各种承诺、各种利益,冲突矛盾会明显增多。

　　对于本案例中这种"非正常退场"特殊的收尾,矛盾冲突更是尤为明显。因此,非常有必要在总包合同专用条款中明确约定总包单位及分包单位退场义务,并约定总包单位应协调分包单位的离场等事宜,避免因离场产生的纠纷影响到工程建设。

　　为应对上述风险,我们建议在总包合同专用条款中明确约定总包单位及分包单位退场义务[可参照 2020 版《示范文本》通用合同条件中竣工立场及其他条款相关约定],并约定总包单位应协调分包单位的离场,并要求总包单位对出现的分包单位离场纠纷导致的损失承担连带责任。另外,应明确不同情形下(协商解除、违约解除)退场费用的范围(人员遣散、临时工程拆除、地表还原、现场清理等),并明确不同情形下退场费用的承担。

案例十八 "边设计、边施工"的固定总价项目中新增工程认定

【典型案例】(2019)豫民初 27 号

新煤化工设计院(上海)有限公司与中国铝业股份有限公司河南分公司、中国铝业股份有限公司建设工程合同纠纷

【裁判摘要】

对于因新增工程请求增加费用,新煤化工(承包人)没有提供相应签证予以确认。《商务合同》也约定在合同有效期内,本合同工程承包范围及内容不发生变化时,合同总价不变。该设备及材料增加后,没有证据证明项目功能明显超越原合同约定的功能。故新煤化工主张的增加项目属于合同外工程项目不予支持。

【案件概览】

2014 年 12 月,新煤化工设计院(上海)有限公司(以下简称新煤化工)中标中国铝业股份有限公司河南分公司(以下简称中铝公司河南分公司)招标的"中国铝业股份有限公司河南分公司氧化铝节能减排升级改造项目自备煤气站工程"(以下简称自备煤气站)项目。《中标通知书》载明的中标金额为 34,401.73 万元。

2015 年 3 月 18 日,承包人新煤化工与发包人中铝公司河南分公司签订 EPC《商务合同》和《技术协议》,双方对合同价款约定为 33,500 万元。其中《商务合同》关于工程承包范围第 2.2.1 条约定:该工程为交钥匙工程,承包人的工程内容详见招标文件技术部分及签订的技术协议。第 2.2.1.2 条约定:属于发包

人要承担的范围,承包人必须单独列出,如未列出,均属承包人范围。第2.2.1.3条约定:如现场发包人提出变更,或本协议没有明确的事项,双方现场协商解决,牵涉商务因素可以签订补充协议。第5.4.(2)条约定:如发包人需要对项目范围进行增减,价格变动执行"分项报价表"。如需在本合同工程承包范围及内容之外额外补充的,由双方协商确定补充合同价款。

2017年2月至2018年8月,新煤化工对涉案工程进行了设计、设备采购、安装和施工。

2018年8月,新煤化工取得《交(竣)工验收证书》。该工程已经竣工并交付中铝公司河南分公司投入生产使用。

2018年4月23日,新煤化工向中铝公司河南分公司提交《结算书》,中铝公司河南分公司未予确认。新煤化工主张自备煤气站工程施工过程中,增加了相关工程,中铝公司河南分公司及中铝矿业公司对新煤化工主张的增加工程不予认可,认为涉案工程为交钥匙工程,不存在增加工程。

其后新煤化工向人民法院提起诉讼主张包括新增工程在内的未支付工程款及相应利息。一审审理期间,新煤化工向法院申请对争议的新增工程进行工程造价鉴定,双方对已付工程款金额无争议。

人民法院经审理后,对相关争议问题进行了如下论述:

关于案涉合同性质问题:

EPC合同是业主将设计、采购、施工等内容通过交钥匙合同一并交给承包商,并通过招标文件、投标须知以及最后形成的合同文件明确工程范围、设计标准、价款、工期、质量、验收和安装调试、运行等方面协商一致签订的总承包协议。

在EPC合同模式下,承包商的工作范围包括设计、工程材料和机电设备的采购以及工程施工,直至工程竣工、验收、交付业主后能够立即运行。设计不但包括工程图纸的设计,还包括工程规划和整个设计过程的管理工作。该合同条件通常适用于承包商以交钥匙方式为业主承建工厂、发电厂、石油开发项目以及大型基础设施项目或高科技项目等,这类项目业主的要求一般是价格、工期和合格的工程,承包商需要全面负责工程的设计和实施,从项目开始到结束,业主很少参与项目的具体执行。故EPC合同要求承包商承担工程量和报价风险。EPC合同是边设计、边施工、边修改,在施工过程中的不可预见性、随意性较大,导致变更较多,对由于非承包商过错或疏忽,属于业主的责任造成损失的,总包商可以向业主提出补偿。而业主应承担的风险为业主负责设计或者业主要求的设计失误、错误、缺陷或遗漏造成的损失。

关于新增工程价款及其他新增费用问题:

总包单位主张的新增工程很多是总包单位设计修改或设计缺陷产生的,且事前未经业主单位确认。EPC 项目将设计、采购、施工等内容通过交钥匙合同一并交给承包方。在这种 EPC 模式中业主与承包方签订工程总承包合同把建设项目的设计、采购、施工等工作全部委托给承包方负责组织实施,业主只负责整体、原则的目标管理和控制。设计、采购和施工是承包方统一策划、组织、指挥、协调和全过程控制。在此情况下,业主介入实施的程度较低,总承包商运用其管理经验对项目建设中的相关零星设备和材料进行适当调整,也是 EPC 项目建设过程中边施工、边设计、边改进的常见现象。对于项目实施过程中需要重大调整和改进的工程项目,承包方按照合同约定可以启动索赔或者追加项目费用。对于本案请求的这些项目增加费用,新煤化工没有提供在涉案项目施工过程中双方经常采用的《澄清说明》《联系函》《备忘录》《设计变更单》等书面文件予以确认。《商务合同》也约定在合同有效期内,本合同工程承包范围及内容不发生变化时,合同总价不变。该设备及材料增加后,没有证据证明将项目功能明显超越原合同约定的功能。故新煤化工主张的增加项目属于合同外工程项目不予支持。

【案例启示】

对于固定总价的 EPC/工程总承包项目,由于工程发包时项目往往处于设计阶段的初期甚至未开始设计阶段,总包单位中标后实际履行合同时处于"边设计、边施工"的状态,这可能导致项目实施过程中因发承包双方无法预见的情况或因设计、规划问题,总包单位突破原有的工程量清单或相关约定主张新增工程进而主张额外的价款。而固定总价尤其是固定总价的交钥匙工程,发包人约定固定总价的目的是包死价格直接拿到符合其要求的工程,因而对于是否构成"新增工程"或是否产生合同外价款发承包双方基于各自立场往往会产生争议,进而产生涉诉风险。

虽然总包单位以新增工程超出约定的工程量为由主张额外工程费用,但法院根据工程总承包合同性质认为案涉工程边设计、边施工、边修改的情况下，应当由总包单位承担工程量和报价风险。且案涉合同的承包范围包括可行性研究报告和设计方案，在案涉合同履行过程中，发包人遵循 EPC 工程模式特点，并未过多介入或干预总包单位项目的执行，新增工程也非因发包人原因而是因总包单位设计问题导致，对于该新增工程总包单位也未通过工程签证等形式得到发包人增加工程价款的认可，故人民法院认定总包单位主张的新增工程价款仍在固定总价合同价款内。

实践中一些工程总承包合同虽然约定了固定总价，但业主单位基于强势地位将固定总价约定为"任何变更均不调整价款"。根据 2013 版《建设工程工程量清单计价规范》3.4.1① 规定，此种由总包单位承担无限风险的约定可能因违反强制性规范导致无效，此外这种约定也可能因违反《民法典》第 151 条和第533 条②规定的情势变更制度与显失公平规定而被撤销或无法履行。一旦合同中并未约定合理的调价机制，发承包双方可能因人材机价格上涨或对新增工程无结算依据而产生纠纷。此外，对于一些固定总价的 EPC 交钥匙工程，发包人会过多地介入项目实施，例如对工程擅自整改或变更设计等。一旦发包人实施类似行为，将导致原本应由总包单位承担的工程量与报价风险部分转嫁于发包人。因此，除对合同固定总价及调价机制内容进行有效管理与约定外，对于发包人来说，应遵循 EPC 模式特点，不应过多介入项目实施；对于承包商来说，一旦出现新增工程或其他主张合同外价款事由时，应按约定启动变更或索赔程序，以维护自身权益。

【实务评析】

对于固定总价的 EPC 项目，承包人承担设计方案、工程量错漏项、报价等风险；发包人承担要求的设计失误、错误、缺陷或遗漏造成的损失风险。

---

① 《建设工程工程量清单计价规范》3.4.1　建设工程发承包，必须在招标文件、合同中明确计价中的风险内容及其范围，不得采用无限风险、所有风险或类似语句规定计价中的风险内容及范围。

② 《民法典》第 151 条　一方利用对方处于危困状态、缺乏判断能力等情形，致使民事法律行为成立时显失公平的，受损害方有权请求人民法院或者仲裁机构予以撤销。

第 533 条　合同成立后，合同的基础条件发生了当事人在订立合同时无法预见的、不属于商业风险的重大变化，继续履行合同对于当事人一方明显不公平的，受不利影响的当事人可以与对方重新协商；在合理期限内协商不成的，当事人可以请求人民法院或者仲裁机构变更或者解除合同。

人民法院或者仲裁机构应当结合案件的实际情况，根据公平原则变更或者解除合同。

1. 对于承包人,在 EPC 模式中,总承包单位应尽量实现设计、采购、施工深度融合,提高工程建设效率。设计是龙头,设计质量的好坏决定了工程总承包的成败。总承包单位要切实保证设计的质量,第一,要和业主方明确设计的基础参数,最好由业主批准编制的《项目基础技术数据表》;第二,要设置"设计接口工程师","设计接口工程师"要加强和规范设计接口管理(包括外部设计接口和内部设计接口),以保证设计接口使用版本的正确性;第三,要确保工程整体设计方案的合理性和准确性;第四,要组织设计团队主要人员进行现场踏勘,根据项目建设条件进行工程设计,必要时要实行现场设计,确保设计的可施工性;第五,在施工阶段严格控制设计变更。

根据现场情况或者最新的工艺确实需要调整的,根据合同中条款执行,以书面形式提交监理人合理化建议书。监理人与发包人同意并发出变更指示后,方可进行设计变更。

2. 对于发包人,应遵循 EPC 模式特点,不应过多介入项目实施,不提或者减少提出设计变更。

案例十九　设计变更（优化）突破招投标文件确定的"合同总价"导致合同无法继续履行

【典型案例】（2017）琼民终 54 号

中交第一航务工程勘察设计院有限公司、中交第四航务工程局有限公司、中交广州航道局有限公司与海南如意岛旅游度假投资有限公司建设工程合同纠纷

【裁判摘要】

案涉工程总承包项目虽有明确的中标总价及相关调价条款，但项目设计过程中因出现设计变更导致设计成果对应的工程价款超过了总包联合体投标时明确的中标工程总价，且经优化设计后设计成果对应的工程价款仍高于投标总价，双方履约出现僵局。二审法院认为合同僵局系合同总价条款约定不完善导致无法最终确定合同总价，双方均存在过错，故发包单位单方解除合同不构成违约，合同解除后发包单位应据实结算总包费用，其他损失双方自行承担。

【案件概览】

2013 年 9 月 26 日，业主单位如意岛公司为准备如意岛填岛工程项目的招标文件，与中交一航院签订《海口市东海岸如意岛项目填岛方案设计咨询服务合同》，将本项目的填岛方案设计咨询服务委托给中交一航院，设计咨询服务费用总计 110 万元，其后中交一航院因后来参加本项目的总承包投标而将该笔费

用转为投标担保金。

2013 年 11 月 20 日,中交第一航务工程勘察设计院有限公司(以下简称中交一航院)、中交第四航务工程局有限公司(以下简称四航局)、中交广州航道局有限公司(以下简称航道局)签订《联合体协议书》。该协议书约定:三单位自愿组成联合体,共同参加海口市如意岛项目填岛 EPC 总承包工程的投标。中交一航院作为联合体牵头人负责按招标文件及合同书的要求办理工程款收款事宜,并及时支付给联合体其他成员单位。

2014 年 1 月 10 日,发包人如意岛公司组织进行了"海口市如意岛 EPC 总承包工程"招标。中交联合体参与投标,报价为 26 亿元。

2014 年 1 月 25 日,如意岛公司于 2014 年 1 月 25 日发出中标通知书,确定中交联合体为中标人,中标价为 26 亿元。随后,中交联合体(承包商)与如意岛公司(业主)商定总承包合同,并签订了作为总承包合同组成部分的《合同协议书》。协议书约定:(1)业主愿将海口如意岛填岛工程东标段的设计、采购、施工、安装、技术、服务、质量保修、任何缺陷的修补以及执行其他所有为建设该项目而需要的辅助行为等,即 EPC 总承包工作交由承包商实施。(2)合同暂定价款总计为 2,640,791,662 元;合同暂定总价明细见本合同中已标价工程量清单,清单中除分部分项清单中工程量暂定外,综合单价、一般项目费、设计费全部固定不变,待扩初图纸完成并经业主审查合格后按扩初图纸重新计算工程量。(3)确定最终合同总价的原则为:一般项目费、设计费执行本合同价格固定包干,实体工程的工程量依据上述原则进行计算,综合单价执行本合同约定价格固定不变,如(重计量合同价 – 合同暂定总价)/合同暂定总价的百分比在 ±2% 以内(含 2%)时,最终合同总价 = 合同暂定总价;当(重计量合同价 – 合同暂定总价)/合同暂定总价的百分比超出 ±2% 时,超出 ±2% 以外的部分给予调整,合同双方签订补充协议确定合同总价。(4)《工作范围与技术要求》3.1.10、3.2.8第 3 项,《专用合同条款》4.1.11、4.10 和《通用合同条款》5.1 等多个合同条款明确约定,承包商必须了解施工现场的状况,了解其他与本工程施工有关的地形情况;业主提供的资料仅供参考,承包商应对其做出自己的分析和判断,并可自费进行现场调查;除合同另有说明外,承包商应被认为已取得了对工程可能产生影响和作用的有关风险、意外事件和其他情况的全部必要资料;承包商在其投标报价中,应充分考虑地形及工程条件的影响……承包商从业主或其他方面收到任何数据或资料,不应解除承包商对设计和工程施工承担的职责……合同签订后,中交一航院未按期提交设计成果,其间中交一航院要求业主单位补充提交勘察报告等资料,并提出设计变更。

2014 年 4 月 30 日,如意岛公司向中交联合体发出《关于海口如意岛项目设计变更专项汇报问题》,要求如对投标阶段确认的方案进行设计变更且涉及成本调整应向业主专项汇报,并确定项目开工日期。

2014 年 6 月 6 日,中交一航院于 2014 年 6 月完成并向如意岛公司提交初步设计成果并于该日期召开初步设计评审会。本次会议形成如下原则性意见:在边界条件未变的情况下,初步设计调整所导致的工程量调整不得突破投标方案对应的工程量;当边界条件变化且导致工程量发生较大变化时,应提供具体的说明,并应明确阐述变化的原因、调整的依据和对应的工程量。

2014 年 6 月 12 日中交一航院根据初步设计提出的工程总造价为 33.5 亿余元。

2014 年 6 月 29 日,中交一航院对初步设计进行优化后于 2014 年 6 月 29 日将工程总价款调整为 27.9 亿余元,仍超出合同暂定总价 1.5 亿余元。如意岛公司不接受该造价。

2014 年 7 月 5 日,中交一航院于会议纪要中表示接受可以大幅降低成本的地基处理方案;不接受设计施工图单独委托;应依据甲方提出的(东西标段)总体成本控制(50.5 亿元)努力设计和实施。

2014 年 7 月 21 日,如意岛公司发出《关于确定合同总价推进施工进度的函》,要求中交联合体于收到本函 7 日内尽快确认按原中标价格施工并如期推进项目,否则将依据法律规定以及合同规定行使解约权并追究相关法律责任。

2014 年 9 月 4 日,如意岛公司发出《终止合同的通知》,通知中交联合体解除本案总承包合同。

2014 年 9 月 15 日,中交联合体向如意岛公司发出《律师函》,指出如意岛公司解除合同无事实和法律依据,要求如意岛公司立即组织相关部门和人员对承包商提交的设计方案进行审定,并在 10 日内提出审定意见,否则视为对相关设计方案无异议。

2014 年 10 月,中交联合体开始将其现场人员和设备陆续撤出。

2016 年 1 月 13 日,中交联合体提起本案诉讼。截至如意岛公司通知解除合同时,中交一航院已向如意岛公司提交可供评审的完整初步设计成果,并根据评审意见进行优化。此后,如意岛公司未组织对最后一次优化的初步设计进行评审。中交一航院在进行初步设计的同时,进行施工图设计,并完成了施工图设计的主要工作;中交联合体完成少量工程施工,按相应综合单价计算,该项工程造价为 2, 135, 271 元。

本案经历一审和二审及再审,目前再审裁定指令再审的最终结果未出,但本案中一审、二审法院的观点仍值得我们学习和思考。

一审法院认为:本案的主要争议焦点为如意岛公司是否负有提供补充资料的合同义务? 如意岛公司未及时提供其同意提供的补充资料,能否成为中交一航院迟延提交设计成果的正当理由? 承包商根据业主提供的补充资料在初步设计中调整工程量,能否成为调整合同暂定总价的充分理由? 如意岛公司单方解除合同是否符合合同约定或法律规定? 解除合同的法律后果与责任承担?

根据合同约定,业主并不负有在总承包合同签订之后提供补充数据和资料的合同义务。业主单位提供补充数据与资料并未免除总包单位的相关义务,但基于工程的稳定性和安全性考虑,在明知确实需要补充基础资料的情况下,仍然要求中交联合体在原定期限提交设计成果有违情理,故业主方提供补充资料应理解为业主同意调整设计成果提交日期,中交一航院并不构成迟延交付设计成果。

本案项目的设计费、一般项目费、综合单价固定不变,导致合同暂定总价调整的唯一因素是工程量变化,但是,工程量变化并非导致合同暂定总价必然调整。初步设计评审会形成的原则性意见提出,在边界条件未变的情况下,初步设计调整所导致的工程量调整不得突破投标方案对应的工程量。所有这些在合同履行中形成的文件均表明,设计方案调整原则上不得突破投标方案对应的工程量,不增加投标总价;即使是根据如意岛公司提供的补充资料完成的初步设计也不能成为调整造价直接依据,还需审查初步设计调整的工程量是否由于"边界条件"变化引起,并在双方协商签订的补充协议(最终合同)中据实测算并确定最终合同总价。但何为"边界条件"即双方签订补充协议确定最终合同总价的条件并不明确,双方当事人对总价无法确定均有一定责任。

不论中交联合体未按合同约定期限提交初步设计成果及开工是否存在期限顺延的事由,如意岛公司在合同工期还剩余 2/3 的情况下,单方以中交联合体违约在先为由解除合同无事实及法律依据。在责任承担上,对于已经实际履行的设计和实体工程,应按合同约定或参照合同约定公平处理;双方当事人的其他损失和费用,则各自负担。

二审法院认为:本案合同仅完成了大部分的设计工作和挤密砂桩试验段的施工,实体填海工程并未真正施工且难以继续履行。双方均主张对方违约致使合同不能顺利履行,双方观点均不够全面。本案合同不能顺利履行的主要原因是双方未能对合同总价款达成一致,未完成总承包合同的协商,致使已签订的合同文件不能继续履行。

有关如意岛公司单方解除合同是否构成违约的问题,中交联合体的报价超出合同暂定价款所约定的 ±2% 的浮动范围,事实上已经激活了双方重新协商合同总价的条款。依据该条款,双方均有权利对合同暂定价款进行重新协商。出于工程质量及安全的考虑,本案无法认定中交联合体的提高报价的行为违反合同约定;同时,依据合同的约定,本案也不能认定如意岛公司拒绝高于合同暂定价 2% 的报价属违约行为。不论是中交联合体的报价行为,还是如意岛公司的拒绝行为,均是合同允许的范围以内。且双方均不存在恶意磋商或恶意终止合同协商的事由,如意岛公司单方终止合同履行不构成违约。鉴于双方无法就总价款合同条款达成一致,已签订的合同文件事实上无法实际履行,合同目的无法实现。在此情况下,合同任何一方均可依据《合同法》第 94 条第 5 项①"法律规定的其他情形"的规定解除合同。

有关责任的承担问题,如前所述,双方约定了合同价款变更条款,但又未能就合同价款的变更达成一致意见,以致总承包合同未实际完成协商,已签订的合同文件无法实际履行,双方均未违约,不产生违约及相应的赔偿责任。对于已经实际履行的设计和实体工程,应按合同约定或参照合同约定公平处理;双方当事人的其他损失和费用,则各自负担。最终二审法院判决驳回上诉维持一审判决结果。即判决:(1)如意岛公司于本判决生效之日起 10 日内向作为联合体牵头人的中交一航院支付价款 11,845,383 元;(2)驳回中交联合体其他诉讼请求;(3)驳回如意岛公司的反诉请求。本诉案件受理费 201,026.91 元、反诉案件受理费 359,288 元由如意岛公司负担;本诉案件受理费 351,894.16 元由中

---

① 现为《民法典》第 563 条第 5 款。

交联合体负担。如意岛公司负担的本诉案件受理费 201,026.91 元,因中交联合体已预付,限如意岛公司于本判决生效之日起 10 日内支付给中交联合体。

本案二审后中交一联合体向最高人民法院提起再审,最高人民法院认为二审法院未能查明涉案 EPC 总承包合同的约定及履行过程,未查明如意岛公司终止合同通知的具体内容及中交联合体主张的准备工作损失等基本事实,以及如意岛公司解除权是否成就等问题,裁定发回重审。无论法律责任如何,事实上因合同无法继续履行造成的损失已然发生。

【案例启示】

工程总承包项目的特点决定了其结算方式往往采用固定总价的结算方式,无论是国际通行的 FIDIC 示范文本,还是我国的 2020 版《示范文本》,对于合同结算方式的约定均为总价合同,而工程总价的确定在于施工图的总概算或综合预算,即以施工图内容确定工程总价。作为工程总承包项目的典型模式,EPC项目往往要求总包单位或总包联合体完成项目设计工作,实践中会出现先以总价招标,后根据投标总价进行设计工作的情形。一旦项目设计过程出现重大设计变更或设计单位无法按发包单位指令完成设计优化,会出现设计成果突破定标时确定的"固定总价"并由此产生合同履行方面的风险。

本案纠纷的发生具有一定的典型性,一是发包单位虽然基于成本考虑在招标阶段即确定了投标总价,但因此时并没有成熟的设计方案,此阶段的投标总价只能按暂定合同总价处理。虽然发包单位在合同中约定了调价机制及承包人对于设计工作的责任条款,但实际履行中也未明确签订调价补充协议的明确标准,最终导致双方对合同价款无法达成一致从而合同无法继续履行。2020 年9 月 29 日发布的《辽宁省房屋建筑和市政基础设施项目工程总承包管理实施细则》中明确规定,采用工程总承包方式的政府投资的房屋建筑和市政公用工程项目,原则上应当在初步设计审批完成后进行工程总承包项目发包,鼓励在可行性研究批复后即开展工程总承包发包。上述规定意在要求发包单位对项目成本与项目可行性具有一定程度了解的前提下进行发包,以避免合同总价无法确定或投标总价不符合项目要求的情况。本案另一个启示是要求发包单位在招标阶段即应明确不同情况的调价机制及签订调价补充协议的明确标准,以及一旦合同确因客观情况无法履行时,约定解除条款应当具体明确。

【实务评析】

固定总价是工程总承包模式最明显的特征之一。围绕固定总价调整的分歧，是实务中经常遇到的问题。涉及金额较少时，对工程建设进度影响不大，但是牵扯金额大时，往往会严重影响到合同的履约，本案就是后者。

双方签订一份完美的工程合同，是非常难得的。我们能做到的是，尽量减少合同里不明确和存在歧义的约定。在本案中，双方可以接受的固定总价调整的情形为因"边界条件"变化引起的初步设计工程量调整。但是，"边界条件"属于含义模糊的专业词汇，由此导致双方签订补充协议确定最终合同总价的条件并不明确，合同双方实际上就合同总价调整的情形并未确定下来。

在实务中，对于工程总承包的核心条款，涉及专业词汇时，建议由技术专家参与进来，对此类词汇在合同中的含义予以明确界定。明确约定在先，就不会影响到工程建设本身了，也就能尽量避免"双输"局面出现了。

案例二十 "发包人要求"不当导致的后果及责任承担

【典型案例】（2018）最高法民终 1240 号

东辰控股集团有限公司与中建安装工程有限公司建设工程合同纠纷

【裁判摘要】

关于竣工迟延的责任问题，根据中建安装公司（总承包人）提交的《工程联络单》《设计变更通知》可知，案涉工程存在大量设计变更以及项目增加保温设备系东辰控股公司（发包人）提出并要求中建安装公司执行，且由发包人负责采购的设备迟延进场同样影响了工程进度。因此对于东辰控股公司主张案涉工程逾期交工原因完全在于中建安装公司的主张不予认可。

【案件概览】

2011 年 2 月 16 日，发包人东辰控股集团有限公司（以下简称东辰控股公司）与承包人中建安装工程有限公司（以下简称中建安装公司）签订《20 万吨/年芳烃联合装置项目设计、采购、施工总承包合同》，约定东辰控股公司将 20 万吨/年芳烃联合装置项目的设计、采购、施工总承包工作交中建安装公司实施，即设计、采购、施工（EPC）交钥匙总承包。承包商的工作范围应包括 EPC 阶段的详细工程设计、总承包管理、设备材料采购服务、采购、材料和设备供货；制造、安装、施工、单机试车至中间交接；在联动试车、投料试车和开车工程中给业主提供技术、人力支持，确保开车成功，以及所有合同规定的事项，并对承包工程的质量、安全、工期全面负责，最终向业主提交一个满足使用功能、具备使用条件的工程项目。项目工期 456 日历天（开工至中间交接工期为 14 个月）。

　　2011 年 5 月 27 日,项目开始施工。2012 年 10 月至 11 月,双方就项目中 28 项分项工程办理了中间交接,2013 年 5 月 29 日,其余项目、设备装置完成中间交接。

　　2013 年 7 月至 8 月东辰控股公司认可案涉项目于 2013 年 7 月进行试车调试,2013 年 8 月开始生产试运行。

　　其后双方就工程结算金额及工程逾期竣工责任问题产生争议,中建安装公司起诉至法院要求东辰控股公司支付拖欠工程款及逾期付款利息损失、赔偿金。东辰控股公司提出反诉要求中建安装公司延误工期赔偿金以及工程逾期完工造成的相关损失。

　　本案经历了一审、二审,二审法院最终维持一审法院判决。

　　一审法院在判决过程中主要论述如下:

　　案涉项目的保温工程于 2013 年 5 月 19 日完成中间交接,其余工程于 2012 年 11 月完成中间交接,均晚于合同约定时间,项目存在工期迟延的问题。关于工期迟延的责任问题,中建安装公司提交了 215 份《工程联络单》以及 109 份《设计变更通知》,主张案涉工程存在大量设计变更、东辰控股公司未及时采购设备等情形,导致工期延误。东辰控股公司主张,案涉工程是 EPC 交钥匙工程,顺延工期应当经发包人签证确认,且中建安装公司负责项目设计,相关设计变更与东辰控股公司无关。对此,一审法院认为:第一,虽然总承包合同约定中建安装公司负责工程设计、采购、施工(EPC)交钥匙总承包,但因东辰控股公司亦负责一部分设备的采购工作,故双方在履行合同过程中需要相互协调配合;第二,经审查 215 份《工程联络单》,案涉工程确实存在大量设计变更,且其中有相当数量的设计变更系由东辰控股公司提出,并要求中建安装公司予以配合执行;第三,关于保温工程的问题,东辰控股公司在 2012 年 9 月 24 日尾号为 2404 的《工程联络单》中称:"208 单元部分设备由于设计没有保温,根据生产实际需要,我公司决定增加下述设备的保温……"东辰控股公司还在 2012 年 12 月 5 日、2013 年 1 月 25 日、2013 年 6 月 8 日的《工程联络单》上继续要求增加保温设备,后东辰控股公司、中建安装公司将保温工程分包给多家公司进行施工。同时,2012 年 2 月、4 月的多份《工程联络单》显示由东辰控股公司负责采购的三机组相关设备迟延进场,影响了工程进度。由此可见,工期延误不能完全归责于中建安装公司,东辰控股公司亦负有一定责任,故由双方各自承担因工期延误造成的损失,较为公平。对东辰控股公司的该项反诉请求,一审法院不予支持。

二审法院维持了一审法院的观点,认为作为发包方的东辰控股公司对导致案涉工程竣工迟延确有责任。一审法院综合以上因素,以及东辰控股公司在案涉工程竣工后长达三年多时间内一直未要求中建安装公司承担逾期竣工违约责任,直到 2017 年 11 月本案诉讼发生后才以反诉方式提出该项请求,对东辰控股公司的该项诉讼请求不予支持,并无不当。

【案例启示】

对于 EPC/工程总承包项目来说,总承包合同包含设计内容的合同。根据《房屋建筑和市政基础设施项目工程总承包管理办法》第 7 条[①]规定,除政府投资项目原则上应在初步设计完成后发包外,其他项目的工程总承包发包时的设计深度并无相应规定。实践中很多 EPC 项目发包时的设计深度仅局限在概念阶段或方案阶段,发包人往往只提出一些抽象的概念性的东西,或是仅提出性能方面的需求,上述情况可能使得项目设计成果以及性能指标的最终确定需要经过发承包双方反复多次的修改、调整、补充,并且项目履行过程中,发包人往往以要求、指令、通知等方式对项目进行干预,而总承包人又很难拒绝这种干预。此时可能出现因发包人要求导致项目成本增加、工期延误或其他损失的情形,而对于该不利结果的承担往往会导致发承双方履约方面的分歧并引发诉讼纠纷。而 2020 版《示范文本》对于"发包人要求"及其责任作出进一步规定。

2020 版《示范文本》将"发包人要求"定义为:构成合同文件组成部分的名为《发包人要求》的文件,其中列明工程的目的、范围、设计与其他技术标准和要求,以及合同双方当事人约定对其所作的修改或补充,这表明合同履行过程中的发包人指令、要求等文件或意思表示同样可能被认定属于《发包人要求》的组成部分。同时 2020 版《示范文本》中明确将"发包人要求"等文件作为工程总承包合同的组成部分,并将其解释顺序列为与合同专用条件同顺位,高于通用合

---

① 《房屋建筑和市政基础设施项目工程总承包管理办法》第 7 条规定:"建设单位应当在发包前完成项目审批、核准或者备案程序。采用工程总承包方式的企业投资项目,应当在核准或者备案后进行工程总承包项目发包。采用工程总承包方式的政府投资项目,原则上应当在初步设计审批完成后进行工程总承包项目发包;其中,按照国家有关规定简化报批文件和审批程序的政府投资项目,应当在完成相应的投资决策审批后进行工程总承包项目发包。"

同条件、承包人建议书、双方约定的其他合同文件。

对于"发包人要求"的责任后果,2020 版《示范文本》中明确约定如发包人做出相应修改的,或者《发包人要求》或发包人提供的基础资料中的错误导致承包人增加费用和(或)工期延误的,发包人应承担由此增加的费用和(或)工期延误,并向承包人支付合理利润。

上述对于"发包人要求"的约定表明,相比于此前的旧《示范文本》,新版要求发包人对于项目基础资料以及发包人的指令、要求等产生的相应后果承担更重的法律责任。这要求发包人对于项目的要求或干预应更加审慎。同时承包人对于发包人的要求与指令,除过往的工程签证或会议纪要等证据留存外,承包人应通过商业谈判明确发包人指令构成对于合同附件《发包人要求》的补充或修改。

【实务评析】

本案例诉讼的焦点在于工期延误的责任划分问题。对于工程建设项目来说,首先需要计算工期延误,这就要求有一个作为基准的计划,而且要求对影响合同总工期的关键线路工作进行工期延误的分析。

比如,因东辰控股公司提出的大量设计变更、未及时采购设备延误工期的情形,首先要判断是不是影响了关键线路的工作,如果是,再计算具体的延误工期天数。

同样,对于中建安装公司的工期延误的计算,需要以合同约定的工期以及经批准的进度计划为基准,分析实际实施情况对关键线路工作的影响,从而得出具体的延误工期天数。

虽然一审法院判决双方各自承担因工期延误造成的损失,认为较为公平。但更为严肃的做法是按照上述思路准确计算双方各自的工期延误时间,再进行责任的分配。在实务中,对于总承包人,要尤其注意工程实施过程中关键线路工作受到的不利因素影响,及时纠偏,做好进度管理工作。

案例二十一 工程总承包项目中联合体成员的独立诉权

【典型案例】（2020）川 0191 民初 706 号

中冶成都勘察研究总院有限公司与四川三岔湖建设开发有限公司建设工程勘察合同纠纷

【裁判摘要】

联合体成员单独起诉解除合同中与其有关的内容，因原告与其他联合体成员在合同中各自的权利义务不相同，可以进行区分，且费用结算也是分别进行。故不追加联合体牵头人参加诉讼，仅解除 EPC 合同中与原告相关的内容部分原告主体适格。

【案件概览】

2017 年 2 月，发包人四川三岔湖建设开发有限公司（以下简称三岔湖开发公司）就案涉 EPC 项目的项目勘察、设计对外招标，中冶成都勘察研究总院有限公司（以下简称中冶公司）和信息产业电子第十一设计研究院科技工程股份有限公司（以下简称第十一设计院公司）组成联合体进行投标，第十一设计院为投标牵头人。

2017 年 6 月，三岔湖开发公司与承包方中冶公司、第十一设计院公司共同签订《滨湖空间旅游项目勘察设计合同》，并就相关勘察设计合同内容进行约定。

合同签订后，中冶公司于 2017 年 8 月 18 日向三岔湖开发公司转账支付履约保证金。但三岔湖开发公司未依约在合同签订并生效后 5 日内支付第一次勘察费进度款,中冶公司至今未进场勘察。中冶公司于 2019 年 9 月向三岔湖开发公司邮寄律师函,要求三岔湖开发公司依约支付工程款并承担违约责任。

其后,中冶公司向法院提出诉讼请求判决解除原告与被告签订的《滨湖空间旅游项目勘察设计合同》并要求被告承担相应违约责任;三岔湖开发公司认为原告在本案中的主体身份不适格,其诉讼请求不应得到支持。本案的案涉项目牵头人为第十一设计院公司,该公司是代表联合体向被告进行对接、处理相关的一切事务,原告仅是该项目中的实施单位,原告越过第十一设计院公司向被告主张权利与投标文件约定不符。

法院经审理后认为:虽案涉合同是中冶公司及案外人第十一设计院公司组成承包联合体与发包人三岔湖开发公司共同签订,但中冶公司与第十一设计院公司是不同的权利义务主体,合同约定中冶公司履行勘察义务,第十一设计院公司履行设计义务,双方在合同中各自的权利义务不相同,可以进行区分。同时三岔湖开发公司也是分别向设计承包方和勘察承包方支付费用,故即使案外人第十一设计院公司未对三岔湖开发公司提起诉讼,原告仍有权就与三岔湖开发公司之间的合同权利义务内容单独提起诉讼,其原告的主体身份适格。

根据《合同法》第 94 条第 4 项①规定,当事人一方迟延履行债务或者有其他违约行为致使不能实现合同目的,当事人可以解除合同。本案中,被告三岔湖开发公司未按约定支付首期勘察费,致原告中冶公司至今未能进场勘察,案涉合同未实际履行。故原告中冶公司要求解除案涉合同中涉及中冶公司与三岔湖开发公司之间的合同权利义务内容,符合法律规定,应予支持。

【案例启示】

基于工程总承包项目的特点及其对于承包人设计、施工、采购等方面的资质与履约能力的要求,潜在承包主体往往通过联合体的形式,以一个投标人的身份共同投标,并在中标后以联合体身份与发包人签订并履行 EPC 项目合同。然而,联合体成员内部以及联合体与发包人之间复杂的法律关系,可能导致项目合同履行过程中,联合体某一成员因各种原因主张单方退出,本案是一起典型的因发包人违约致使联合体中一个成员要求解除合同的案件,实践中因发包人严重违约或联合体成员内部履约僵局等情况均可能导致联合体成员单独要

---

① 现为《民法典》第 563 条第 1 款第 4 项规定。

求退出的情形。在 EPC 项目中,联合体各成员的履约内容往往能够区分,成员各自的主要合同内容有着一定的逻辑顺序(如设计单位完成主体设计内容后,施工单位才进入主体工程的施工程序),当项目触发合同解除情形时,联合体各成员有可能持有不同的态度。例如,设计单位完成大部分设计内容而发包人迟延付费时,设计单位倾向于主张解除合同以避免损失的进一步扩大,而施工单位则更多考虑与发包人的后续合作,不想与发包人闹僵。

根据《房屋建筑和市政基础设施项目工程总承包管理办法》第 10 条及 2020 版《示范文本》通用合同条件第 4.6 条关于联合体的相关约定,联合体各方应共同与发包人订立合同并为履行合同向发包人承担连带责任,当联合体成员单独解除合同时将影响联合体其他成员及发包人的权利状态,因此当联合体成员单独解除合同并涉及诉讼时,首先面临的问题即诉讼主体资格和诉讼权利问题。本案法院在论述中冶公司是否具有独立诉讼资格时从合同主体和权利义务两个角度与另外联合体成员进行区别,是很好的解决思路。

其次,联合体成员单独解除合同后面临联合体协议事实上的终止以及 EPC 项目合同效力问题。联合体成员单独解除 EPC 项目合同后,联合体协议事实上已因联合体成员退出而终止。对于 EPC 项目合同的效力,因联合体成员的退出,合同实际履行主体与中标的联合体不再是同一主体,同时合同履行主体也因联合体成员的退出将丧失某些承揽中标项目的资质或能力,这些情形都将导致 EPC 项目合同无效或无法履行的风险。

为应对 EPC 项目联合体成员单独退出的法律问题,我们建议联合体协议中应明确约定成员退出或协议解除的法律后果,并且合理设定联合体成员有权单独退出联合体的情形。

【实务评析】

本案是联合体一方因退出其分工导致的法律纠纷。

《房屋建筑和市政基础设施项目工程总承包管理办法》第 10 条规定,工程总承包单位应当同时具有与工程规模相适应的工程设计资质和施工资质,或者由具有相应资质的设计单位和施工单位组成联合体……设计单位和施工单位组成联合体的,应当根据项目的特点和复杂程度,合理确定牵头单位,并在联合体协议中明确联合体成员单位的责任和权利。2020 版《示范文本》通用合同条件第4.6.2条约定,"联合体各成员分工承担的工作内容必须与适用法律规定的该成员的资质资格相适应,并应具有相应的项目管理体系和项目管理能力,且不应根据其就承包工作的分工而减免对发包人的任何合同责任"。具体到地方,《湖北省建筑市场管理条例》第15条规定,"两个以上的承包单位联合承包工程,资质类别不同的,按照各方资质证书许可范围承揽工程……"上述法规及文本内容表明,联合体各成员需共同满足工程要求的各项资质,并完成分工内容。如联合体一方退出,对于其他联合体成员而言,将存在资质缺失以及因分工内容向发包人承担连带责任的问题。

案例二十二　税收政策调整,不影响固定总价合同的履行

【典型案例】(2020)沪 01 民终 1868 号

国基建设集团有限公司与宝钢工程建设有限公司建设工程施工合同纠纷

【裁判摘要】

国家降低增值税税率的直接目的是降低企业的税负,激发企业活力,但并不会对双方所约定的施工合同的固定总价产生任何影响,影响的仅是原告所需要交纳的进项税金额,以及被告可以抵扣的销项税金额,故被告以增值税税率调整、双方尚未进行工程款结算为由拒绝原告开具相应的增值税发票显然不当,被告不能以原告不开具增值税发票作为其拒付工程款的合理抗辩。

【案件概览】

2017 年 8 月,国基建设集团有限公司(以下简称国基公司)与宝钢工程建设有限公司(以下简称宝钢公司),签订《上海××有限责任公司煤场封闭改造上部结构 EPC 总承包工程施工合同》一份,其中合同协议书(安装部分)载明:本合同以业主上海××有限责任公司(以下简称××有限责任公司)与发包人签订的合同有关条款为基础,发包人作为本合同的发包方,承包人作为本合同的承包方,本合同为固定总价合同,安装部分合同总价款为 13,234,500 元(含11%增值税)。合同价款组成见分项价格附件二。除非合同另有规定,本合同总价在合同有效期间固定不变,不因市场变化因素、政策调整或其他任何因素而调整。另合同协议书(设备部分)载明:本合同以业主××有限责任公司与发包人签订的合同有关条款为基础,发包人作为本合同的发包方,承包人作为本

合同的承包方，本合同为固定总价合同，设备部分合同总价款为 7,165,500 元（含 17% 增值税）。合同价款组成见分项价格附件二。除非合同另有规定，本合同总价在合同有效期间固定不变，不因市场变化因素、政策调整或其他任何因素而调整。同时合同就双方工期、进度款、竣工、结算亦进行了约定。

2019 年 1 月 7 日，国基公司作为施工单位向建设单位 ×× 有限责任公司提出《单位工程竣工验收申请报告》一份。该申请报告载明：开工日期为 2017 年 9 月 6 日，竣工日期为 2018 年 12 月 28 日。

2019 年 1 月 8 日，建设单位 ×× 有限责任公司、监理单位 Z 公司上海 A 厂煤厂封闭改造工程监理部、国基公司作为施工单位共同出具《单位工程竣工验收移交签证书》。

2019 年 3 月 12 日，宝钢公司委托律师向国基公司发出的律师函载明：截至发函之日，国基公司已支付 15,216,132.32 元，尚欠工程进度款 3,143,867.68 元未付，宝钢公司多次向国基公司催要，国基公司以种种理由不予支付。望国基公司接函后，在一周内付清价款。

后宝钢公司向上海市闵行区人民法院（以下简称一审法院）提起诉讼，请求判令：国基公司给付工程款人民币 3,143,867.68 元，并自 2019 年 2 月 1 日起按银行贷款利率向原告承担利息。

国基公司对此答辩理由之一：2018 年 4 月 4 日财政部发布了调整增值税税率的通知，从 2018 年 5 月 1 日起，纳税人发生增值税应税销售行为或者进口货物原使用 17% 和 11% 税率的，税率分别调整为 16%、10%。在 2018 年 5 月 1 日之后，业主向被告付款时扣除相应税差，故被告向原告可以在付款时将税率降幅的差额扣除。

一审法院经审理后认为：虽然被告认为因原告未能开具上述金额的增值税发票给被告，故被告拒绝支付相应的工程款。但根据原告一贯的开票记录以及总的已开票金额，原告目前已经开具给被告的增值税发票金额为 17,279,627.90 元，说明对于原告而言开具增值税发票并无障碍，之所以双方对开票产生分歧是由于国家增值税发票税率的调整，双方对总的工程款金额产生争议，但是本院认为即使产生了增值税税率的调整，并不影响涉案施工合同工程款的金额，是因为双方所约定的合同价格为固定总价合同。即使国家针对增值税的税率进行调整，但结合增值税系对销售货物或者提供加工、修理修配劳务以及进口货物的单位和个人就其实现的增值额征收的一个税种,本案原告作为施工单位,发生了增值税应税加工行为,应当缴纳增值税,且增值税纳税义务人是原告。而国家降低增值税税率的直接目的是降低企业的税负,激发企业活力,但并不会对双方所约定的施工合同的固定总价产生任何影响,影响的仅是原告所需要交纳的进项税金额,以及被告可以抵扣的销项税金额,故被告一再以增值税税率调整、双方尚未进行工程款结算为由拒绝原告开具相应的增值税发票显然不当,被告不能以原告不开具增值税发票作为其拒付工程款的合理抗辩。但是针对增值税发票的开具问题,由于增值税发票抵扣具有一定的时效性,为了避免原告开具的增值税发票因被告拒绝接收而产生额外的争议,本院认为若原告在收到被告支付的工程款之后,拒绝开具相应的增值税发票,作为被告可以依据施工合同的约定向原告主张要求开具相应的增值税发票。

一审法院据此并结合相关论述支持了宝钢公司的诉讼请求。一审判决作出后,国基公司表示不服,上诉至上海市第一中级人民法院(以下简称二审法院)。

二审法院经审理后认为:"双方合同约定的总价款为包含增值税的固定总价,该价格不因市场变化、政策调整或其他任何因素而调整,为双方合同另行约定。对于工程竣工验收后,国基公司应当支付的工程款数额,双方合同亦存在明确约定,即国基公司应支付至合同总额的90%。因此,宝钢公司主张竣工验收后约定的工程款,原则上无须另行提供所谓结算资料。就国基公司于本案中主张扣除的费用而言,本身金额不大,相关材料实际由国基公司掌握,显然亦不存在宝钢公司怠于提供结算资料的问题。关于发票开具问题。宝钢公司于合同履行过程中,并无拒绝开具发票的情况,实际未开具部分发票亦是国基公司就应付工程款提出异议所致。在非因宝钢公司原因未实际开具部分发票的情况下,明显不能视为宝钢公司未履行合同义务。据上而言,国基公司主张所谓先履行抗辩权,缺乏依据。"

最终,二审法院在查明事实的基础上,调整一审法院判决数额后支持了宝钢公司的请求。

【案例启示】

2018年4月4日,财政部、国家税务总局颁布《关于调整增值税税率的通知》,规定自 2018 年 5 月 1 日起,纳税人提供建筑服务,适用税率由原来的 11% 调整为 10%。2019 年 4 月 1 日,财政部、税务总局、海关总署颁布《关于深化增值税改革有关政策的公告》,进一步将建筑业的适用税率降低至 9%,新税率自 2019 年 4 月 1 日起开始适用。税率下调有利于建筑企业减负增效,对于相关产业而言具有积极的推动作用。本案是较为少见的情况,即在合同签订后税率政策发生调整,发包人以此进行抗辩拒绝支付合同价款。

实践中,如合同约定为固定总价,在未明确不含税价和税金时,基于此类约定并未违反任何强制性法律、法规的规定,也未造成税款流失,一般而言认定该约定合法有效,即使在税率调整的情况,仍按照固定总价约定确认价款。以税收政策调整导致的税差主张扣减、返还的,较难获得人民法院支持。

【实务评析】

借鉴《建设项目工程总承包合同》示范文本以及工程实践,总承包合同中,总承包合同价格一般为固定总价,能引起合同价格变化的主要有设计变更、法律变化、市场价格波动等。业主和总承包单位在签订总承包合同的时候,要根据工程特点、工期、市场变化,在专用合同条款中约定合同价格调整条件。比如工程有不少地下工程,地下工程地质资料不是很详细和准确,这个时候总承包单位就需要坚持重大设计变更可以调整合同价格;比如工程工期比较长(大于 2 年),政策法规变化、市场价格波动风险就很大,这个时候就可以双方协商政策法规变化是否影响合同价格,市场价格变化达到什么程度(如超过 10%)就可以调整合同价格等。

本案属于因税收政策变化引起争议,值得思考的是在总包合同中能否将税收政策的变化归类到法律变化,如果双方在合同中明确约定政策变化属于法律变化,并进而约定变化后的处理方式,则此类争议可以较大程度避免。

案例二十三　固定总价合同解除后工程价款的计算

【典型案例】(2019)浙民终220号

浙江省一建建设集团有限公司、清华大学建筑设计研究院有限公司、中国联合工程有限公司与平阳县旅游发展投资有限公司建设工程设计采购施工合同纠纷

【裁判摘要】

本案系固定总价合同,对于总价合同解除的鉴定方法,《建设工程鉴定造价规范》(GB/T 51262—2017)第5.10.7条规定:"1. 合同中有约定的,按合同约定进行鉴定;2. 委托人认定承包人违约导致合同解除的,可参照工程所在地同时期适用的计价依据计算出未完工程价款,再用合同约定的总价款减去未完工程价款计算;3. 委托人认定发包人违约导致合同解除的,承包人请求按照工程所在地同时期适用的计价依据计算已完工程价款,鉴定人可采用这一方式鉴定,供委托人判断使用。"如前所述,本案系承包人违约解除合同,省一建主张按照工程所在地同时期适用的计价依据计算已完工程价款,相当于按照发包人违约解除合同的情形进行鉴定,该主张与前述《建设工程鉴定造价规范》(GB/T 51262—2017)的规定不符,难以支持。由于本案情形无法计算未完工程价款,且经鉴定本案建安工程费的投标下浮比例为8.24%,原审确定工程造价下浮8.24%,相对合理,更能保护守约方的利益,并无明显不当。

【案件概览】

2017年3月,平阳县发展和改革局作出《关于同意调整平阳星际科幻谷文

化园主体工程项目可行性研究报告的批复》,确定总投资 103,850 万元,其中工程费为 54,984 万元。

2017 年 4 月 20 日,浙江省一建建设集团有限公司(以下简称省一建)、清华大学建筑设计研究院有限公司(以下简称清华建筑设计院)、中国联合工程有限公司(以下简称联合工程公司)签订《联合体投标协议书》,同意组成联合体,共同参与平阳星际科幻谷文化园主体工程设计采购施工总承包投标,省一建为牵头人。

2017 年 4 月 28 日,联合体以 51,500 万元中标平阳县星际科幻谷文化园主体工程设计采购施工(EPC)总承包项目。

2017 年 5 月 22 日,各方签订总承包合同约定,合同价 51,500 万元,其中建安工程费 325,743,939 元,设备费 169,256,081 元,设计费 2000 万元。工程承包范围:以设计采购施工总承包方式对平阳星际科幻谷文化园主体工程实行全过程的工程总承包,包含于该项目有关的所有建安工程相关的建设内容。

2017 年 6 月 22 日,各方人员召开平阳项目方案设计综合会议,结论:各方共同明确工程目标,总体不得超过招投标设定的工程总投资目标,相应不同分部、分项依照总造价综合控制。

2017 年 9 月 30 日,天工监理向省一建项目部发出《告知函》称,发现施工进度缓慢,与合同要求的时间节点、计划工期相比明显滞后,要求尽快落实有关施工图的设计与审查事项,提供施工组织设计和施工总进度计划。

2017 年 10 月 23 日,省一建向平阳旅投发送电子邮件称"财务部门告知贵司尚有 3800 万元预付款至今尚未支付,如贵司继续拖延,我司保留解除合同的权利"。平阳旅投回复"3800 万元预付款事宜我公司一直未收到贵司的支付票据"。

2017 年 10 月 30 日,省一建向平阳旅投发送电子邮件《关于飞越平阳场馆加快施工进度事宜的洽商》称"陈经理:贵司要求我司对飞越平阳场馆加快施工进度,我司已充分理解。但目前前期方案优化、施工图审查尚未完成,完整的地勘报告也未正式提供,工程无法完成开工审批。请贵司与有关部门积极沟通,早日解决这些问题。在贵司积极配合并按约付款的情况下,我方可以合理安排人员,加快施工节奏"。

2017 年 11 月 9 日,省一建即向平阳旅投发送电子邮件称"贵司在合同履行过程中,未按合同约定按时支付预付款和工程进度款,故我司发出《解除 EPC 总承包合同通知函》内容详见附件,请查收。附件:解除 EPC 总承包合同通知函"。

2017 年 11 月 14 日,天工监理向平阳旅投发函告知省一建已经退场。

后因工程价款支付、逾期利息问题,省一建将平阳旅投诉至法院。平阳旅投在诉讼中向省一建、清华建筑设计院、联合工程公司提起反诉,要求连带承担工程款返还、赔偿损失等责任。

本案经历了一审和二审,二审由浙江省高级人民法院进行审理。审理中,各方争议焦点之一:关于合同解除后的结算清理问题。

省一建认为:首先,总价下浮是针对费率合同而言,本案 EPC 总承包合同不适用下浮的概念,且与招标限价进行对比下浮也没有依据;其次,根据最高人民法院(2014)民一终字第 69 号民事判决的裁判要旨,发包人违约导致合同中途解除,可以根据政府部门发布的定额计算已完工程价款;最后,根据《建设工程造价鉴定规范》(GB/T 51262—2017)第 5.10.7 条第 3 款规定,认定发包人违约导致合同解除的,承包人请求按照工程所在地同时期的计价依据计算已完工程价款,鉴定人可采用这一方式鉴定,供委托人判断使用。故原判计算下浮率没有依据。

平阳旅投认为:(1)省一建主张的财务费用、预结算编制费、招投标费用、增值税费用等均系其自身违约不履行合同所致,该费用由其自行承担合情合理合法。(2)工程下浮 8.24% 是按工程惯例计取,EPC 总承包合同无特殊之处,应当按照普通工程合同计算下浮,一审认定下浮合理合法。

浙江省高级人民法院经审理后认为:本案系固定总价合同,对于总价合同解除的鉴定方法,《建设工程鉴定造价规范》(GB/T 51262—2017)第 5.10.7 条规定:"1. 合同中有约定的,按合同约定进行鉴定;2. 委托人认定承包人违约导致合同解除的,可参照工程所在地同时期适用的计价依据计算出未完工程价款,再用合同约定的总价款减去未完工程价款计算;3. 委托人认定发包人违约导致合同解除的,承包人请求按照工程所在地同时期适用的计价依据计算已完工程价款,鉴定人可采用这一方式鉴定,供委托人判断使用。"如前所述,本案系承包人违约解除合同,省一建主张按照工程所在地同时期适用的计价依据计算已完工程价款,相当于按照发包人违约解除合同的情形进行鉴定,该主张与前述《建设工程鉴定造价规范》（GB/T 51262—2017）的规定不符，难以支持。由于本案情形无法计算未完工程价款，且经鉴定本案建安工程费的投标下浮比例为8.24%，原审确定工程造价下浮8.24%，相对合理，更能保护守约方的利益，并无明显不当。

【案例启示】

　　EPC工程总承包模式下，为限制承包人随意扩大设计，增加项目成本，通过采用固定总价的方式，平衡发包人与承包人间的权利、义务。换一种角度看，固定总价也是将风险转嫁给有管理经验、风险控制能力更强的承包人，承包人也在接受这种风险转嫁时获取相应的利益。

　　关于固定总价，《房屋建筑和市政基础设施项目工程总承包管理办法》第16条第1款规定："企业投资项目的工程总承包宜采用总价合同，政府投资项目的工程总承包应当合理确定合同价格形式。采用总价合同的，除合同约定可以调整的情形外，合同总价一般不予调整。"2020版《示范文本》通用合同条件第14.1.1条也约定，本合同为总价合同，除根据第13条变更和合同价格的调整，以及合同中其他相关增减金额的约定进行调整外，合同价格不做调整。

　　因此，不论是从承包、发包双方还是从法律规范角度，固定总价都有着现实性和必要性。但同时我们也看到，固定总价也存在弊端。因为固定总价的确定以完成全部工程为前提，若项目因故中途终止，则无法适用固定总价进行结算，也因此导致现实中相关争议的发生。

　　对于固定总价合同履行过程中终止，价款的调整与认定问题。司法裁判的观点也存在变化。

　　早期部分裁判意见是按照承包人已完工程量据实结算。根据该种方法，完全抛开合同约定的固定总价，背离双方签订合同之初的真实意思表示。并且对于"工程造价"与"工程价款"存在混淆。我们知道，工程价款属于承包、发包双方通过多轮磋商，根据自身利益、风险评估考虑作出的综合判断并形成合意。而依照定额的工程造价只能反映一定时期、一定区域下工程价值，忽略了当事人的意思自治，也忽略了案件本身的情境，甚至有时鉴定结果与当事人在订立合同时预期相差较大，造成双方利益的失衡。

　　在认识到上述观点的弊端之后，一些法院在审判实践中采用已完工程价款比例或工程量比例进行折算的方式确定未完工程的价款。即以固定总价合同为基础，按照已完工程价款所占比例或者已完工程量所占比例进行折算确定工程款。该种观点，在计算时综合考量了当事人的意思自治，区分了"工程造价"与"工程价款"。

一些高级人民法院在总结上述观点的同时发布了指导意见：

2011 年，广东省高级人民法院《关于审理建设工程施工合同纠纷案件若干问题的指导意见》（已失效）第 5 条规定：建设工程施工合同约定工程款实行固定价，如建设工程尚未完工，当事人对已完工工程造价产生争议的，可将争议部分的工程造价委托鉴定，但应以建设工程施工合同约定的固定价为基础，根据已完工工程占合同约定施工范围的比例计算工程款。当事人一方主张以定额标准作为造价鉴定依据的，不予支持。

2012 年，北京市高级人民法院《关于审理建设工程施工合同纠纷案件若干疑难问题的解答》第 13 条规定：建设工程施工合同约定工程价款实行固定总价结算，承包人未完成工程施工，其要求发包人支付工程款，经审查承包人已施工的工程质量合格的，可以采用"按比例折算"的方式，即由鉴定机构在相应同一取费标准下分别计算出已完工程部分的价款和整个合同约定工程的总价款，两者对比计算出相应系数，再用合同约定的固定价乘以该系数确定发包人应付的工程款。

2018 年，江苏省高级人民法院《关于审理建设工程施工合同纠纷案件若干问题的解答》第 8 条规定：建设工程施工合同约定工程价款实行固定总价结算，承包人未完成工程施工，其要求发包人支付工程款，发包人同意并主张参照合同约定支付的，可以采用"按比例折算"的方式，即由鉴定机构在相应同一取费标准下计算出已完工程部分的价款占整个合同约定工程的总价款的比例，确定发包人应付的工程款。但建设工程仅完成一小部分，如果合同不能履行的原因归责于发包人，因不平衡报价导致按照当事人合同约定的固定价结算将对承包人利益明显失衡的，可以参照定额标准和市场报价情况据实结算。

在 2018 年 3 月 1 日之后，随着《建设工程鉴定造价规范》的实施，上述处理方式又出现了一些新的变化。如该规范第 5.10.7 条中规定："总价合同解除后的争议，按以下规定进行鉴定，供委托人判断使用：1. 合同中有约定的，按合同约定进行鉴定；2. 委托人认定承包人违约导致合同解除的，可参照工程所在地同时期适用的计价依据计算出未完工程价款,再用合同约定的总价款减去未完工程价款计算;3.委托人认定发包人违约导致合同解除的,承包人请求按照工程所在地同时期适用的计价依据计算已完工程价款,鉴定人可采用这一方式鉴定,供委托人判断使用。"相较前述,该观点着重提出了违约方的过错问题,并给予过错不同,采用不同的鉴定方式。本案例就采用了上述方式。

【实务评析】

目前,工程总承包合同价格的确定主要有两种方式,一种是根据批复的初步设计概算下浮费率确定合同价格,另一种是承包单位自己编制投标费用清单确定合同价格。

在 2020 版《示范文本》通用合同条件第 16 条关于合同解除的规定,里面明确了"由发包人解除合同"和"由承包人解除合同"的原则性规定,可以作为发包人、承包人处理合同解除的原则,但仍建议在专用合同条件中进一步明确约定当工程未完成,而合同解除后的工程结算规则。建议对于以初步设计概算下浮费率确定总承包合同价格的模式,以初步设计概算清单为计算依据,根据下浮率进行下浮来核定完成的合同价款及未完成的合同价款。对于承包单位自己编制投标清单确定的总承包合同价格的模式,在刨除明显的不平衡报价后,以投标清单为基础进行工程量、工程单价核定,确定已完成合同价款及未完成的合同价款。

如果过错方属于总承包单位,为方便后期工程建设,发包单位也可以考虑根据《建设工程鉴定造价规范》中规定的,参照工程所在地同时期适用的计价依据计算未完成工程价款,再用合同总价减去未完成工程价款计算。

如果过错方属于发包单位,考虑到项目前期需要做很多管理工作,比如项目策划、施工单位或者设备招投标、管理体系文件建立、技术方案编制等,总承包方可以获得未完成价款一定比例的管理费或利润,比如获得未完成价款 50%对应的管理费等。

案例二十四　工程总承包项目无法通过竣工试验或试运营,导致合同解除

【典型案例】(2015)赣民一终字第 165 号

江西新凌能源有限公司与上海齐耀动力技术有限公司建设工程施工合同纠纷

【裁判摘要】

因承包人导致项目调试期间发生质量安全事故,致使 EPC 项目无法竣工验收合格,发包人因合同目的无法实现,可请求解除合同。

【案件概览】

2008 年 12 月 2 日,浙江新凌(甲方)与谱赛科(江西)生物技术有限公司(乙方,以下简称谱赛科公司)签订《生物质制沼气发电项目合同》,就甲方租赁乙方场地并使用乙方工业废品甜叶菊废渣进行厌氧发酵,利用所产生的沼气进行发电的有关事宜签订了《生物质制沼气发电项目合同》。

2009 年 6 月 26 日,浙江新凌为了履行其与谱赛科公司的《生物质制沼气发电项目合同》,注册了具有独立法人资格的项目公司即新凌公司(该公司为浙江新凌的子公司),并与上海齐耀公司签订《江西赣县(谱赛科)生物质发电项目建设工程总承包合同》(以下简称《项目总承包合同》)。双方商定采取 EPC 模式(交钥匙工程),由齐耀公司"一揽子"承包该项目的勘察、设计、采购、施工和试运行服务,但土建、照明、给排水、暖通、消防监控系统,安防监控系统、电网接

入系统等辅助工程,齐耀公司仅负责工艺设计或技术协调,不负责具体施工。为履行《项目总承包合同》中约定的齐耀公司的采购义务,新凌公司(甲方)与齐耀公司(乙方)还于2009年7月签订了《产品购销合同书》。

2009年9月,为推进项目合作,上海齐耀公司(甲方)、江西新凌公司(乙方)与案外人浙江新凌公司、杨建富、陈华阳签订《项目合作协议》。约定了内部竣工验收程序及标准,即"进行验收前30日起连续日进料量根据乙方和谱赛科签订的日供料合同和一期设计标准的前提下,沼气发电机组按照国家相关标准达到72小时全功率谱测试上网条件"。

2011年7月,齐耀公司安装及调试期间,案涉工程相继发生事故。赣县安全生产监督管理局分别于2011年7月24日、7月26日向新凌公司发出《责令限期整改指令书》及《关于责令赣县(谱赛科)生物质发电项目立即停止试生产进行隐患整改的通知》。此后案涉项目停止发电。

2012年1月,新凌公司向齐耀公司发出要求解除《项目总承包合同》《产品购销合同书》《项目合作协议》三份协议的通知。齐耀公司回函称不同意解除。其后双方因解除合同及赔偿事宜产生争议,后诉至法院。

本案经历一审、二审,两审法院均认同江西新凌公司观点,认为争议工程项目的合同目的已无法实现,发包人有权解除三份合同。理由如下:

首先,新凌公司提交的专家意见比齐耀公司提交的专家意见更具有可信度。齐耀公司提交的专家意见中四名专家均与其具有一定的利害关系,且在出具意见之前未到实地现场勘察,新凌公司提供的专家意见中的专家与其没有直接利害关系,还到现场进行了现场勘察。

其次,齐耀公司负责技术服务,而本项目在调试过程中多次发生事故。经赣县安全生产监督管理部门停止试生产进行隐患整改,并要求整改方案经专家组论证。齐耀公司在修复过程中并没有另行雇请专家对修复方案进行论证,整改之后也没有经过安全生产监督管理局验收。

再次,从该发电项目调试运行过程中的发电上网供电数据来看,该项目的发电量远未及双方合同约定的标准或者技术数据。

最后,新凌公司2011年11月14日给齐耀公司的复函中,原文为"第三,关于原料问题。新凌公司已提供了足够的原料给齐耀公司用于该项目,即使现在存在原料不足,也是由于齐耀公司的各种原因所造成的,其责任在于齐耀公司",该段文字并不构成新凌公司自认原料不足,也不能依此认定由于原料不足导致无法经过内部竣工验收。

综上,齐耀公司总承包的该项目没有完成内部竣工验收程序,且由于UASB 厌氧发酵工艺处理固化物的致命性工艺缺陷,达不到合同约定的标准,也无法通过整改达到合同约定的标准,齐耀公司的行为构成根本性违约,不能实现新凌公司的合同目的,符合《合同法》第 94 条规定①的法定解除合同的情形。

【案例启示】

试车是指对已完工的设备、电气、管线等工程进行试运行、试生产,以检验工程是否运转正常,是否满足设计及规范要求的过程。早在 1999 版《施工合同示范文本》通用条款中即有"试车"之约定,之后的施工合同示范文本对"试车"的内容进一步细化。2017 版《施工合同示范文本》对试车分类、试车程序、试车责任等内容进行了具体约定。

2020 版《示范文本》通用合同条件虽未明确体现"试车"一词,但"试车"的内容已包含在合同附件一,同时也在合同目的性文件的《发包人要求》中。《发包人要求》第六部分"竣工试验"中载明,"(一)第一阶段,如对单车试验等的要求,包括试验前准备。(二)第二阶段,如对联动试车、投料试车等的要求,包括人员、设备、材料、燃料、电力、消耗品、工具等必要条件。(三)第三阶段,如对性能测试及其他竣工试验的要求,包括产能指标、产品质量标准、运营指标、环保指标等"。结合 2020 版《示范文本》通用合同条件中"竣工试验""竣工后试验"的相关内容可知,《发包人要求》中"试车"的内涵与外延要大于 2017 版《施工合同示范文本》通用条款第 13.3 条的"试车"。

另外需注意的是,2020 版《示范文本》明确约定了竣工(后)试验失败,且工程的任何部分和(或)整个工程丧失了主要使用功能、生产功能,将导致合同解除的后果。这表明工程总承包相比于传统模式的施工类型,更加重视竣工验收

---

① 现为《民法典》第 563 条:"有下列情形之一的,当事人可以解除合同:(一)……(三)当事人一方迟延履行主要债务,经催告后在合理期限内仍未履行;(四)当事人一方迟延履行债务或者有其他违约行为致使不能实现合同目的;(五)法律规定的其他情形。

以持续履行的债务为内容的不定期合同,当事人可以随时解除合同,但是应当在合理期限之前通知对方。"

合格前的"试验""调试"阶段,确保项目工程达到合同约定的使用性能。

因承包人导致工程总承包项目无法通过竣工试验或试运营,进而导致项目无法通过竣工验收合格。无论是基于《民法典》第563条有关合同目的无法实现的规定,还是2020版《示范文本》通用合同条件中关于未能通过竣工(后)试验的约定,都将导致工程总承包合同被解除的后果,承包人须对此承担相应责任。

本案中,法院在认定案涉工程无法竣工验收合格的责任归属时,综合考虑了合同主体间的约定及往来函件、双方当事人提交的专家意见、监管部门关于工程的相关意见及通知、项目运行情况等多种因素。当面临类似纠纷时,建议工程总承包合同主体可从上述几方面收集相关证据,维护自身权益。

【实务评析】

首先,案例工程安装调试期间发生事故,被安全生产监督部门责令限期整改和停止试生产进行隐患整改,这一事件不应视为解除合同的必要条件。

试运行(试生产)的目的之一就是通过分系统调试、分部试运、整套启动试运,检验和发现项目工程设计、工程设备、施工安装方面存在的安全质量隐患,从而避免和减少工程正式投产后发生安全质量事故。

也就是说,在工业项目调试和试运行期间,发现安全质量隐患是目的之一,并且理论上也很难避免在试运行期间发生某些安全质量事故。

安全监督部门在安全质量事故进行处罚表明承包人在安全质量"管理"方面存在隐患,责令停工整顿属于正常的行政监督,与是否满足合同约定的"合同中止"和"合同终止"条件没有必然的因果关系。

工程试运行期间由于安全质量隐患整理或发生安全质量事故导致的工期延误当然是总承包商的责任,但工期延误在一定范围内仅适用工期延误罚款条款,业主有权依据合同对总承包商罚款,但同时总承包商交纳工期延误罚款即可视为总承包商已实行了工期履约。

只有工期延误的严重程度已触发了合同约定的合同终止条款,业主才有权提出解除合同。

其次,对于有性能考核条款的工业类总承包项目,总承包合同中应科学约定相关合同条款。

应对案例中《项目合作协议》中约定的内部竣工验收程序中"达到72小时全功率谱测试上网条件"进行专业定义和约定。

对于发电厂工程,电力行业规定对于案例项目这类发电项目需进行"72小时满负荷试运行"。72小时满负荷试运行的目的是检验发电机组连续稳定运行(可靠性)和连续满负荷运行(性能)的能力。通过试运行验证发电机组满足电网"上网协议"中的相关要求,从而为获取投入"商业运行"创造条件。

因此合同应约定机组72小时满负荷试运行的相关条款。

1.要约定进入72小时满负荷试运行的"前提条件":如应取得电力质监站组织的联合验收以满足电力行业标准提出的要求。

2.要约定进入72小时满负荷试运行的"时间要求":总承包商在自验合格的基础上应提前××天提出进入72小时满负荷试运行的申请,业主在此期间应组织完成质监站联合验收并与电网公司协调确定进行72小时满负荷试运行的时间,由于验收不合格导致的延误由总承包商负责,由于电网原因或业主生产准备导致的延误,总承包商有权获得工期顺延。

3.要约定72小时满负荷试运行期间出现连续运行"中断"和/或不能在满负荷状态下连续运行的责任条款:

(1)由于电网原因(电网事故或调度指令),在72小时满负荷试运行期间中断连续运行而需要重新进行试验,总承包商有权获得工期顺延。

(2)由于业主原因(燃料供应量和燃料品质)导致72小时满负荷试运中断,总承包商有权获得工期顺延。

(3)由于电网调度原因导致机组无法将负荷控制在满负荷区间内,应视为总承包商履约。

(4)由于业主燃料供应量不足或燃料品质不满足合同约定,导致机组无法在满负荷区间连续运行,责任由业主承担,总承包商有权获得工期顺延。

4.要搞清楚"72小时满负荷试运行"与"性能试验"(竣工后试验)的区别,并在合同中约定性能试验的相关条款。

72小时满负荷试运行是为了验证机组满足电网的要求,通过72小时满负荷试运行是电厂/机组投入"商业运行"的前提;而性能试验是合同双方对全厂/机组性能目标方面的约定,两者不可混为一谈。

案例中业主以试运行期间机组无法以全功率持续发电、不得不断断续续发电以及试运期间发电量未达到合同约定的标准或技术数据,主张解除合同需要一定的前提条件。

第一,要看机组是否投入商业运行?

如果由于总承包商原因造成 72 小时满负荷试运行失败,导致机组无法投入商业运行,或投入商业运行时间严重滞后触发工期延误解除合同条件,则业主有权提出解除合同,双方争议的焦点在于划分责任。

如果 72 小时满负荷试运行相关指标不满足合同双方的约定,但满足电网公司相关要求,或者电厂/机组已实质性"投入商业运行",这时不应轻易认为满足合同解除条件,而应视双方"性能试验"相关条款的约定。

本案例显然是合同双方甚至是法院均不清楚"72 小时满负荷试运行"与"性能保证"/"性能试验"的区别。

(1)合同中应规定"性能保证项""性能保证值""最低可接受性能"

确定性能保证项比较专业,对电厂/机组性能保证项而言,通常有机组出力、机组热耗、厂用电率、机组可用率(强迫停机小时数)等指标。

在国际惯例中,"最低可接受性能"可以直接触发"合同解除"相关条款,因为如果不满足最低可接受性能,将会导致项目/机组无法投入商业运行或业主方投入商业运行后严重亏损。

如果不满足最低可接受性能,国际惯例是按照"如同再建"(as rebuild)对总承包商进行处罚,处罚条件比常规施工项目合同解除严厉得多:达不到最低可接受性能,总承包商的赔偿应足以让业主再重新建造这个项目。也就是说,总承包商赔偿上限可超过合同总价,国际上总承包商触发该条款,严重时会导致总承包商破产。

但对本案例而言,估计双方并未约定"最低可接受性能",但从最低接受性能的定义来看,可将是否满足电网公司投入商业运行相关技术指标视为最低可接受性能。

如果在审判期间,该项目已实质性进入"商业运行",则应视为总承包商已满足最低可接受性能要求,双方争议的焦点转向"性能保证值"是否满足合同约定。

如果性能试验的结果达不到性能保证值,总承包商可以有两个选择:第一个选择是爽快按合同约定交纳罚款,总承包商如数交纳罚款视为在性能保证方面已实现合同履约;第二个选择是由总承包商进行整改,整改完毕申请进行第二次性能试验,但业主不会让你没完没了进行试验,通常重复性能试验不超过二次。

（2）合同应明确约定"性能保证条件"、"性能试验标准"、"性能修正条件"和"性能试验程序"

性能保证条件是与"性能保证值"相对应的外部边界条件,如燃料品质、自然水文气象条件(海拔、大气压力、环境温度、水温等)。因为这些条件的变化会直接影响全厂/机组的性能,且这些条件的变化是一个有经验的承包商所无法控制的。

例如,本案例中燃料由业主提供,如果业主在性能试验期间提供的燃料达不到合同约定的"性能保证条件"规定的品质,机组性能当然也不可能达到合同约定的"性能保证值"。

也就是说,客观而言,总承包商承诺的性能保证建立在一定条件的基础上,无论合同是否约定性能保证条件,总承包商都无法满足"全工况"条件下达到性能保证值的要求。

对于本案例而言,估计合同并未约定"性能保证条件",但初步设计提出并经业主批准的"性能热平衡图"中的相关计算输入条件(数据)可视为双方认可的"性能保证条件"。因此,本案例中法院以"利害关系"不采纳总承包商提交的专家意见是不妥的,应允许总承包商提请独立第三方(大学或电网科学院)对双方提出的证据进行验证,提出独立意见。

第二,有了性能保证条件,还应在合同中规定相关修正条款,因为谁也无法保证在进行性能试验时的实际外部条件(燃料品质、海拔、气压、湿度、水温等)与性能保证条件"完全一致"。

这些修正条件通常以公式或曲线的形式,在性能试验取得实测值后,性能试验单位应根据修正条件将性能试验现场条件修正到性能保证条件,然后将修正后取得的性能值与"性能保证值"相比较(而不是将现场实测值与性能保证值直接对比)。

第三,双方要约定性能试验标准和性能试验程序,不同的性能试验标准可能会导致不同的试验结果,这在国际工程方面尤为重要。

客观而言,无论是案例中的业主还是总承包商,恐怕都无法在合同签订时明确"性能试验条件""性能修正条件""性能试验标准和程序",但双方完全可以请一家有资质的"性能试验单位"作为独立第三方负责性能试验，性能试验单位编制的《性能试验大纲》一定会覆盖上述内容。

估计本案例中双方未聘请有资质的性能试验单位规范地进行性能试验，而是草率地以"72 小时满负荷试运行"期间的性能"实测值"作为结果，这样的性能实测值作为性能考核显然缺乏科学性。

如果本案例中的总承包商申请有资质的试验单位作为独立第三方进行性能试验，也许最终判决会出现逆转。

案例二十五　竣工后试验应关注环境 原因引发的责任承担

【典型案例】(2015)德民三终字第 165 号

伊戈尔电气股份有限公司与青海天益冶金有限公司买卖合同纠纷

【裁判摘要】

　　虽然鉴定意见认为天益公司提供的设备运行环境存在问题,本案中,双方签订的合同的内容是电气公司根据双方协商的技术要求,以自己生产及采购的设备、自己的技术和劳力为天益公司提供并安装四套无功补偿成套设备,电气公司应当知道设备运行的环境,且该工程是交钥匙工程。因设备未能通过验收,故电气公司应承担相应的法律责任。

【案件概览】

　　2012 年 3 月 2 日,天益公司(需方)与电气公司(供方)签订《工业品买卖合同》。合同主要约定如下内容:由电气公司向天益公司按照双方同时签订的《技术协议》约定的标准提供并安装四套无功补偿成套设备,每套单价 66 万元,合同总价 264 万元,合同签署后,需方支付合同总额的 30% 作为定金,需方支付定金后本合同生效;质量要求、技术标准:按供需双方所签订的《技术协议》及相关现行国家标准和行业标准为准,若有冲突以较高标准为准;《技术协议》约定:安装、调试、性能试验、试运行和验收规定:本工程为交钥匙工程,安装、调试由电气公司完成。

　　2012 年 3 月 15 日,天益公司通过银行转账,向电气公司支付合同定金 79.20 万元。

2012 年 6 月至 11 月,电气公司为天益公司提供并安装了四套无功补偿成套设备。

2013 年 7 月 25 日,天益公司传真致电气公司联系函载明:自 2012 年 7 月第一套试运行至 2012 年 11 月第四套试运行以来,出现多台电抗器爆裂,电容器变形,互感器炸裂,更换器件后仍事故频发。现在事故发生速度远大于事故处理速度。已造成两套设备完全退出使用。事故出现在各个装置上,而且重复发生。尔后,天益公司与电气公司就该四套无功补偿成套装置设备的验收、质量问题、技改方案等相互交涉,未达成一致意见,该四套无功补偿成套装置设备至今未能通过验收。天益公司除已于 2012 年 3 月 15 日向电气公司支付合同价款 79.20 万元外,至今未向电气公司支付剩余货款 184.80 万元,电气公司亦未退还已收货款 79.20 万元,故天益公司诉至法院,电气公司反诉至法院。

天益公司、电气公司在诉讼过程中,分别向法院提出委托质量鉴定申请。鉴定意见认为电气公司存在设计不合理的问题,同时认为设备运行环境对结果存在影响。

一审法院经审理后认为:虽然合同名称为《工业品买卖合同》,但从合同内容来看,电气公司根据双方协商的技术要求,以自己生产及其采购的设备、自己的技术和劳力为天益公司提供并安装四套无功补偿成套设备,且双方约定该工程为交钥匙工程。交钥匙工程是 EPC(设计—采购—施工总承包模式)合同的一种表现形式,也可以理解为工程总承包的延伸。交钥匙总承包,是指设计、采购、施工总承包,总承包商最终是向业主提交一个满足使用功能、具备使用条件的工程项目。该种模式是典型的 EPC 总承包模式。本案中,电气公司未举证证明其安装、调试的四套无功补偿成套设备已完成交钥匙工程的钥匙交接和设备已通过验收。电气公司未按合同、技术协议、交钥匙工程表现形式履行其合同义务的违约行为,致使天益公司的合同目的不能得以实现,应承担相应的法律责任。

二审法院认为:虽然鉴定意见认为天益公司提供的设备运行环境存在问题,本案中,双方签订的合同的内容是电气公司根据双方协商的技术要求,以自己生产及采购的设备、自己的技术和劳力为天益公司提供并安装四套无功补偿成套设备,电气公司应当知道设备运行的环境,且该工程是交钥匙工程,由于电气公司不能举证证明安装、调试的四套无功补偿成套设备已完成交钥匙工程,且设备已通过验收,故可以认定电气公司未按合同、技术协议约定,履行合同义务,应承担相应的法律责任。

【案例启示】

案涉项目运行失败的原因既包括供货方的设计问题,也有收货方设备运行环境的问题。法院认定项目性质为 EPC 交钥匙工程,供货方理应对设备运行的环境做到充分知悉,且供货方提供的设备未能通过验收,不满足交钥匙工程的合同标准,故应承担相应责任。笔者认为,法院的论述并未阐明为何供货方应承担项目环境因素的风险,合同内容没有对环境因素及项目基础资料方面的风险进行约定。而 2020 版《示范文本》并未考虑项目特征以及发包人专业、经验方面能否达到合同要求,简单地将上述风险大部分归为发包人一方承担,这同样会对合同的履行埋下隐患。故笔者建议发承双方应事先评估项目特点及自身的专业、经验情况,对于此类风险事先做到公示、约定,做到防患于未然。

根据《建设项目工程总承包管理规范》(GB/T 50358—2017)条文说明 5.3.2 的内容,①项目设计基础数据和资料是在项目基础资料的基础上整理汇总而成的,一般包括下列主要内容:

1. 现场数据(包括气象、水文、工程地质数据和其他现场数据);

2. 原料特性分析和产品标准与要求;

3. 界区接点设计条件;

4. 公用系统及辅助系统设计条件;

5. 危险品、三废处理原则与要求;

6. 指定使用的标准、规范、规程或规定;

7. 可以利用的工程设施及现场施工条件等。

依据上述内容可知,现场数据应当包含在发包人应提供的项目基础材料中。然而,某些工程总承包项目的竣工后试验或试运行考核不能通过,其原因在于项目运行所处环境或其他不能预见的技术性因素,这些因素往往很难体现在业主方提供的基础数据中。发包人作为合同价款支付一方,正因其缺少设计施工方面的经验及能力,因此才需寻找在专业方面有资格、能力及经验的承包

---

① 《建设项目工程总承包管理规范》(GB/T 50358—2017)5.3.2:"设计经理应组织对设计基础数据和资料进行检查和验证。"

商为其设计承建项目。

2017 版《FIDIC 设计采购施工（EPC）交钥匙工程合同条件》关于第 4.10 款现场数据条款①作出如下规定：承包商应负责审查和解释业主提供的现场数据，业主对此类数据的准确性、充分性和完整性不负任何责任（第 5.1 款【一般设计义务】②提出的情况除外）。而作为与国际工程总承包模式接轨而修订的《建设项目工程总承包管理规范》（GB/T 50358—2017），该规范的第 5.3.2 项规定：设计经理应组织对设计基础数据和资料进行检查和验证。上述内容表明，无论是国际通行的做法抑或国家推荐的工程总承包管理规范，由承包商完全承担项目设计基础资料方面的风险有其合理性与必然性，正因为发包人在设计施工方面存在专业及经验方面的欠缺才需有经验的承包商来审查和解释业主提供的现场数据。

与国际通行的《FIDIC 设计采购施工（EPC）交钥匙工程合同》有所不同，2020 版《示范文本》在该部分的规则产生了一些变化，虽然不像 FIDIC 合同条件那样所有的责任都归责于承包商，但提出了要求承包人尽早认真阅读和复核的义务，承包人应对基于发包人提交的基础资料所做出的解释和推断负责，因基础资料存在错误、遗漏导致承包人解释或推断失实的，仍由发包人承担相应责任。上述变化主要体现在 2020 版《示范文本》通用合同条件的第 1.12

---

① 《FIDIC 设计采购施工（EPC）交钥匙工程合同条件》第 4.10 条现场数据："雇主应在基准日期前，将其取得的现场地下和水文条件及环境方面的所有有关资料，提交给承包商。同样地，雇主在基准日期后得到的所有此类资料，也应提交给承包商。承包商应负责核实和解释所有此类资料。除第 5.1 款[设计义务一般要求]提出的情况以外，雇主对这些资料的准确性、充分性和完整性不承担责任。"
② 《FIDIC 设计采购施工（EPC）交钥匙工程合同条件》第 5.1 条设计义务一般要求："承包商应被视为，在基准日期前已仔细审查了雇主要求（包括设计标准和计算，如果有），承包商应负责工程的设计，并在除下列雇主应负责的部分外，对雇主要求（包括设计标准和计算）的正确性负责。除下述情况外，雇主不应对原包括在合同内的雇主要求中的任何错误、不准确、或遗漏负责，并不应被认为，对任何数据或资料给出了任何不准确性或完整性的表示。承包商从雇主或其他方向收到任何数据或资料，不应解除承包商对设计和工程施工承担的职责。但是，雇主应对雇主要求中的下列部分，以及由（或代表）雇主提供的下列数据和资料的正确性负责：（a）在合同中规定的由雇主负责的、或不可变的部分、数据和资料，（b）对工程或其任何部分的预期目的的说明，（c）竣工工程的试验和性能的标准，（d）除合同另有说明外，承包商不能核实的部分、数据和资料。"

款、①第2.3款、②第4.7.1项③的规定内容中。考虑到《建设项目工程总承包管理规范》(GB/T 50358—2017)为推荐性国家标准,并无强制适用效力,实践中如合同主体采用示范文本订立工程总承包合同,当发生此类问题时发包、承包双方必然会产生争议。为应对这种风险,业主方应在招标文件或合同专用条件中对因无法检测的环境或其他不可预见的技术性因素导致项目失败的风险进行充分明示,承包人应实地考察现场并据此作出是否参与投标或缔约的决定。一旦承包人响应,则表明其已充分理解招标文件或合同中的各项条款,应受招标文件或合同内容的约束,承担此类风险。反之,承包人同样可通过专用合同条件来完善或规避相应责任。

【实务评析】

一、设备质量缺陷产生的原因

一般而言,建设项目设备质量缺陷产生的主要原因包括但不限于:

1. 工厂设计存在质量把控不严;

2. 工厂设计的外部设计输入存在错误;

3. 设备外购材料、元件存在质量缺陷;

4. 工厂制造过程质量把控不严;

5. 出厂前未按标准规范完成工厂试验。

此外,土建施工质量也可能导致出现设备质量验收不合格问题,如可能导致转动设备振动等。

---

① 2020版《示范文本》第1.12款 《发包人要求》和基础资料中的错误:"承包人应尽早认真阅读、复核《发包人要求》以及其提供的基础资料,发现错误的,应及时书面通知发包人补正。发包人作相应修改的,按照第13条[变更与调整]的约定处理。"

② 2020版《示范文本》第2.3款 提供基础资料:"发包人应按专用合同条件和《发包人要求》中的约定向承包人提供施工现场及工程实施所必需的毗邻区域内的供水、排水、供电、供气、供热、通信、广播电视等地上、地下管线和设施资料,气象和水文观测资料,地质勘察资料,相邻建筑物、构筑物和地下工程等有关基础资料,并根据第1.12款[《发包人要求》和基础资料中的错误]承担基础资料错误造成的责任。按照法律规定确需在开工后方能提供的基础资料,发包人应尽其努力及时地在相应工程实施前的合理期限内提供,合理期限应以不影响承包人的正常履约为限。因发包人原因未能在合理期限内提供相应基础资料的,由发包人承担由此增加的费用和延误的工期。"

③ 2020版《示范文本》第4.7.1项:"除专用合同条件另有约定外,承包人应对基于发包人提交的基础资料所做出的解释和推断负责,因基础资料存在错误、遗漏导致承包人解释或推断失实的,按照第2.3项[提供基础资料]的规定承担责任。承包人发现基础资料中存在明显错误或疏忽的,应及时书面通知发包人。"

二、设备供货项目与以设备供货为主 EPC 项目的差异

纯设备供货项目与以设备供货为主 EPC 项目的差异主要包括以下几点：

1. 合同工作范围不同。

纯设备供货项目仅负责设备制造供货，EPC 项目还包括勘测（视合同约定）、施工、调试（视合同约定）。

2. 合同技术要求深度不同。

对于纯设备供货项目，业主需通过合同附件中的技术规范书提出详细而明确的技术要求，设备供货商按业主要求制造和供货。

EPC 项目业主在总承包合同中仅会提出整套设备的性能保证值和设备的主要技术参数，通常不会提出详细而明确的技术要求。

3. 合同责任不同。

这是本案例的重点，对于纯设备供货项目，当出现质量事故、质量缺陷时，很容易划分界限：

（1）属于工厂设计、工厂制造原因的由制造商/供货商承担责任；

（2）合同技术规范书中的技术要求错误或施工质量问题导致的由业主承担，业主自行向相关责任方追索。

但对于 EPC 项目，当出现质量事故、质量缺陷时，通常业主的合同责任极少。其仅对合同约定由业主提供的用于工程设计/工厂设计的"基础技术数据"以及投产后的运行维护负责。

三、"基础技术数据"错误责任划分特点

对于纯设备供货项目，由于基础技术数据是由采购方提供，制造商/供货商不承担责任。但对于 EPC 项目，则需要依据合同约定参考行业惯例划分责任，其中"合同约定"尤为重要。

本案例中，总承包商（装备制造企业）认为业主提供的设备运行环境存在问题是设备出现质量事故的重要原因，但合同是如何约定的呢？确实，以下运行环境因数都可能导致电气设备质量事故：

1. 地质烈度、设防烈度和地震加速度。

地质烈度可以在地震局查到，设防烈度相关标准规范有规定，地震加速度通常业主在项目可研阶段从地震局取得或委托有资质的地震研究院通过相关试验取得。

如果业主可研报告中有相关参数并按合同约定提供给总承包商,那么责任由业主承担;如果并未约定相关参数由业主提供,可默认由总承包商自行获取相关参数。

2. 地质资料。

如果合同约定"地质勘探"由业主负责,那么业主应承担地质资料错误导致的设备运行缺陷;如果合同中约定地质勘探由承包商负责,即使业主向总包方提供了可研阶段的地质报告,业主也不承担责任。

3. 自然气候环境。

自然气候环境包括的内容较多,本案例主要是气象条件和地理环境:海拔高度、风/雨/雪环境、大气环境等,建设项目可研报告包括了相关内容。

但对于 EPC 项目而言,业主并不对提供给承包商的可研报告中相关内容的完整性、准确性负责,因为这些自然气候环境参数总包方可通过调研、向气象部门购买相关资料来进行"验证"。

但本案例中"污秽条件要求"中的"污秽等级"出现错误应该由业主承担责任(合同约定是Ⅲ级,实际鉴定为Ⅳ级),因为按照行业惯例,该参数应该在可研阶段确定;一个有经验的承包商无法自行对其进行验证。

4. 外部接口参数。

对于工业项目,外部接口参数非常重要,例如,对于电力项目,总承包商短路电流计算需要应用上级电网提供的电网相关技术参数。

这种参数应该由业主提供并对其完整性、正确性负责,因为总承包商与参数提供方没有合同关系,总包方没有能力也没有义务自行取得这些技术参数。

综上分析,本案例中业主在上述因素中应该对"污秽等级"和"电网技术参数"负责,对总包方可以自行获取和验证的自然气候参数(无论技术规范书如何规定)不承担责任。可惜的是总包方上诉时并非将"污秽等级"和"电网技术参数"作为反索赔的利器(参见本案的全文内容)。

四、案例反思

1. 目前做 EPC 工程总承包业务的主流企业主要包括设计院、施工企业和装备制造企业(工业项目为主),相对而言,施工企业/装备制造企业在"综合技术能力"方面短板明显,需要通过资源整合提高项目履约能力和综合技术风险控制能力。

2. 总包企业要致力于培养合同专家或借助外部专家控制合同风险,本案例中的总包方根本不熟悉相关总包合同范本的要点,也不熟悉国际惯例,导致反索赔的方向发生严重错误。

3. 应重视合同约定和合同评审,对于总包企业而言,合同评审需要法律专家、合同专家(个人认为法律专家不能完全替代合同专家)、项目管理专家、技术专家、财税专家的共同参与。对于高风险项目,当自身能力不够时,总包企业宜花钱购买服务。

4. 对高风险项目应进行综合履约风险研判,通过《项目实施计划》提出切实可行的综合措施,本案例自然环境高风险特点(高海拔、严寒、大气污染严重等)并未引起总包方重视,项目失败有其必然性!

案例二十六 未竣工验收即投入使用，再主张质量问题未获支持

【典型案例】(2017)新民终 86 号

新疆金玛依石油化工有限公司与新疆寰球工程公司建设工程施工合同纠纷

【裁判摘要】

金玛依公司未组织对涉案工程整体竣工验收即投入使用，自 2011 年 11 月涉案工程竣工后已使用较长时间，现在诉讼中要求对设计缺陷和未实际发生的整改费用进行鉴定，与最高人民法院《关于审理建设工程施工合同纠纷案件适用法律问题的解释》第 13 条①的法律规定及已查明的事实不符，因此上述请求不予支持。

【案件概览】

2010 年 11 月 30 日，承包人寰球公司与发包人金玛依公司签订了《新疆金玛依石油化工有限公司 60 万吨/年催化原料预处理装置 EPC 总承包合同》，发包人（甲方）为金玛依公司，总承包人（乙方）为寰球公司。工程范围为新疆金玛依石油化工有限公司 60 万吨/年催化原料预处理装置项目 EPC 总承包其所涉及的所有设施、与项目有关的完整的总承包工程（除罐本体及罐附件）。包括项目基础设计、详细设计、工程采购、建筑工程施工、安装工程施工、工程管理、

---

① 已失效，现为最高人民法院《关于审理建设工程施工合同纠纷案件适用法律问题的解释（一）》第 14 条。

单机试运、中间交接以及在质量保修期内的消缺等全过程的总承包工作。

2011 年 11 月 18 日，案涉项目完成中间交接手续并交付使用。金玛依公司认可其与寰球公司已完成中间交接手续，该项目投产后生产出合格产品。

2013 年 11 月 30 日，寰球公司、金玛依公司召开了催化原料预处理装置问题对接会，会上寰球公司对金玛依公司提出的 15 项问题作出答复并形成了对接会议纪要。当日，双方另签订了《金玛依 60 万吨/年重油深加工项目竣工资料（竣工图）交付及后续工作协议》。该协议约定寰球公司于 2014 年 4 月 30 日前完成会议纪要涉及的 11 项整改内容，最终付款在双方会议纪要整改完成后 30 日内付清。

2014 年 6 月 30 日，金玛依公司验收由寰球公司进行整改的 10 个项目，签字确认了 10 份《单项工程质量验收表》。2014 年 7 月 15 日金玛依公司验收了最后一项整改项目并签字确认了《单项工程质量验收表》。该项目至今未进行整体竣工验收。

其后双方产生争议并诉至法院，寰球公司主张金玛依公司欠付其工程总承包费用，金玛依公司主张案涉项目存在设计施工缺陷，寰球公司应支付相关整改费用。

二审法院认为：关于设计施工缺陷鉴定和维修费用鉴定的问题。《合同法》第 279 条规定①："建设工程竣工后，发包人应当根据施工图纸及说明书、国家颁发的施工验收规范和质量检验标准及时进行验收。验收合格的，发包人应当按照约定支付价款，并接收该建设工程。建设工程竣工经验收合格后，方可交付使用；未经验收或者验收不合格的，不得交付使用。"最高人民法院《关于审理建设工程施工合同纠纷案件适用法律问题的解释》第 13 条②规定："建设工程未经竣工验收，发包人擅自使用后，又以使用部分质量不符合约定为由主张权利的，不予支持；但是承包人应当在建设工程的合理使用寿命内对地基基础工程和主体结构质量承担民事责任。"涉案工程未经整体竣工验收，但于 2011 年 11 月 18 日经建设单位、施工单位、监理单位等签字盖章确认完成对涉案工程的中间交

---

① 现为《民法典》第 799 条。
② 已失效，现为最高人民法院《关于审理建设工程施工合同纠纷案件适用法律问题的解释（一）》第 14 条。

接;2013 年 2 月金玛依公司对涉案工程出具的评价意见为:"该项目自 2012 年 4 月至今运行良好,装置于 2011 年 11 月竣工,并且投料试车一次成功。达到设计的处理能力,并且有一定的操作弹性,工艺合理,产品质量、能耗指标等达到设计要求。"2013 年 11 月 30 日,寰球公司与金玛依公司就涉案工程形成会议纪要,确定 11 项整改内容,截至 2014 年 7 月 15 日,金玛依公司签章确认了 11 份《单项工程质量验收表》并载明符合设计及规范要求,证明寰球公司完成了会议纪要确定的全部整改内容。金玛依公司未组织对涉案工程整体竣工验收即投入使用,自 2011 年 11 月涉案工程竣工后已使用较长时间,现在诉讼中要求对设计缺陷和未实际发生的整改费用进行鉴定,与上述法律规定及已查明的事实不符。金玛依公司作为建设单位委托工程监理单位应尽注意义务,即使存在履行监理义务不到位亦无证据证明应归责于施工方。综上所述,金玛依公司的主张不应予以支持。

【案例启示】

《建筑法》第 62 条①及《建设工程质量管理条例》第六章对工程质量保修内容进行了明确的规定。《建设工程质量管理条例》第 41 条②明确规定,保修期内工程总承包单位应当根据法律法规规定以及合同约定承担保修责任。当发包人未经竣工验收擅自使用工程,虽可推定为工程竣工验收合格,但并不免除承包人的保修义务。

本案中,法院在审理案涉工程是否应启动鉴定程序时,综合考量了发包人擅自使用、项目运行情况、承包人对于保修义务的承担等因素。由此可见,如承包人怠于履行其保修责任,法院有可能会启动鉴定程序来对项目存在的质量问题进行归因,这种情况下很可能出现对承包人不利的后果。因此即使出现发包人擅自使用未经竣工验收工程的行为,承包人依然应积极履行法律法规规定以及合同约定的保修义务。

---

① 《建筑法》第 62 条 建筑工程实行质量保修制度。

建筑工程的保修范围应当包括地基基础工程、主体结构工程、屋面防水工程和其他土建工程,以及电气管线、上下水管线的安装工程,供热、供冷系统工程等项目;保修的期限应当按照保证建筑物合理寿命年限内正常使用,维护使用者合法权益的原则确定。具体的保修范围和最低保修期限由国务院规定。

② 《建设工程质量管理条例》第 41 条 建设工程在保修范围和保修期限内发生质量问题的,施工单位应当履行保修义务,并对造成的损失承担赔偿责任。

　　按照 2020 版《示范文本》通用合同条件第 10 条中关于工程接收的约定,工程总承包模式下的工程接收分两种情况:一是不存在竣工试验或竣工后试验的单项工程和(或)工程,当工程符合合同约定的验收标准时,工程接收与竣工验收同步进行;二是存在竣工后试验以及试运营考核的单项工程和(或)工程,此时的工程接收是为了后续的竣工后试验及试运营考核。项目工程只有通过了后续的试验及考核后方达到竣工验收标准。

　　实践中,发包人会基于某些原因,不遵守合同中关于接收的约定,擅自使用未经竣工验收的单项工程和(或)工程,或者强令接收不符合接收条件的单项工程和(或)工程。根据最高人民法院《关于审理建设工程施工合同纠纷案件适用法律问题的解释》第 13 条的规定,①"建设工程未经竣工验收,发包人擅自使用后,又以使用部分质量不符合约定为由主张权利的,不予支持;但是承包人应当在建设工程的合理使用寿命内对地基基础工程和主体结构质量承担民事责任"。该规定意味着,发包人未经竣工验收擅自使用建设工程,或者强令接收不符合接收条件的建设工程,是对建设工程验收权利的放弃,视为工程质量合格或者愿意承担质量缺陷的风险。除了地基基础和主体结构之外的使用部分不得再请求承包人承担质量违约责任。

　　需要指出的是,实践中也有发承包双方事先约定未经竣工使用工程不免除承包人质量责任的案例,如辽宁省高级人民法院(2015)辽民一终字第 00258 号民事判决书认为:根据《承诺书》第 2 条约定,"厂房先行交付甲方使用,为设备存放性质,不影响乙方承担质量责任"。双方已明确约定了案涉工程可以作为"存放使用",现没有证据证明海派公司已擅自使用案涉工程,龙元公司上诉提出海派公司擅自使用案涉工程 5 年之久,无权主张工程质量责任,缺乏事实及法律依据,其该项上诉理由,本院不予采纳。

【实务评析】

　　本案例的重点是要分清楚"中间移交""单项接收""竣工验收""移交证书""竣工证书""履约证书""质保期""质量缺陷责任期"之间的区别。

---

　　① 已失效,现为最高人民法院《关于审理建设工程施工合同纠纷案件适用法律问题的解释(一)》第 14 条。

一、"中间移交"与"单项接收"

中间移交是合同双方约定在项目整体移交业主之前，部分车间需要投入试运行，在该车间完成分部试运后，双方签置《中间移交证书》，将该车间的照管权移交给业主运行团队。在这种情况下，业主方仅承担照管责任，在项目整体移交之前不免除总承包商合同项下的责任。例如，这种"中间移交"的保修期或质量缺陷期的起点，仍然从整个项目完成竣工验收或取得移交证书开始起算。

但"单项工程接收"则有所不同，这里指的单项工程除了已完成系统调试和分部试运外，更重要的特征：移交业主的需求是业主计划将该单项工程投入商业运行或用于某项商业运行。

例如，某化工厂自备电厂项目的除盐水处理车间，从有利于试运行规范化管理的角度，决定由业主负责试运行，就可以将除盐水处理车间"中间移交"给业主；如果业主是由于电厂投产前，先行启动锅炉系统运行以向化工厂其他装置供应工业蒸汽用于其他装置的商业运行，则这类移交可以定义为"单项工程接收"。

"单项工程接收"的保修期或质量缺陷期的起点应从单项工程移交给业主之日起或移交证书中的时间起算。

二、"竣工验收"、"项目移交证书"与"项目竣工证书"

竣工验收是在总承包商完成了各单位工程验收及相关单项验收（如消防验收）前提下，总承包商向业主申请整个工程的竣工验收，从而为业主接受整个项目创造条件。

竣工验收由总承包商依据合同向业主提出申请，如果业主未能在合同约定的时间内组织竣工验收且未书面指出总承包商不满足竣工验收的事项，可默认业主已完成竣工验收。

竣工验收并不要求承包商完成所有整改项，按照质监站相关规定，只有 A 类整改项属于竣工验收的必备条件，这类整改项通常牵涉重大安全质量缺陷以及不满足合同约定的功能使用要求。

而竣工验收发现的一般问题通常并不影响竣工验收的认定和竣工验收通过时间的认定。通常在竣工验收报告中会提出竣工验收完成后的整改项（如本案例中提出的 11 项整改内容）并明确整改时间要求。

只要不出现 A 类整改项或不满足合同功能使用要求的问题，即可视为通过竣工验收，总承包商可与业主签定《项目移交证书》将项目移交给业主投入商业运行。

业主接受项目并不免除总承包商进行进一步整改的责任，如果总承包商按期完成整改项，竣工时间就是实际进行竣工验收的实际日期，如果总承包商未能按期完成整改项，竣工时间应相应顺延。

竣工验收主要牵涉质保期/质量缺陷责任期起算时间的认定和申请竣工结算的前提条件，但竣工验收并非竣工结算的唯一前提条件，通常还包括竣工资料移交、提交竣工图等。

《项目竣工证书》与《项目移交证书》也有所不同，特别是有性能保证条款的工业项目。

对于房建项目和一般性市政、水利项目，项目竣工证书的时间与《项目移交证书》基本一致，但对于有性能保证的工业项目、特殊市政项目（如污水处理厂）/水利项目（如水电站），宜分别约定项目移交证书和项目竣工证书的相关合同条款。

这类有性能保证的项目通常有"竣工后试验"的要求，也就是说，在项目进行常规竣工验收达到项目移交条件时，双方可签订《项目移交证书》，但只有完成"竣工后试验"后方可签定《项目竣工证书》。

三、"质保期"与"质量缺陷责任期"

在国外，只有质量缺陷责任期而没有"质保期"。但在中国，质保期与质量缺陷责任期可能在相当长一段时间内并存，但质保期与质量缺陷责任期两者有本质的区别。质保期属于行政法规，而质量缺陷责任期属于合同双方的约定。

例如，对于有性能保证条款的总承包项目，质保期与其他项目一样，从实际竣工时间、业主实质接收项目时间或《项目接收证书》中的接收时间起算，质保期长短依据相关法规。而这类有性能保证条款的总承包项目，质量缺陷期应在完成"竣工后试验"、取得《项目竣工证书》后证书中的时间为准，且质量缺陷期的长短由双方依据国际惯例和项目特点自行在总包合同中约定。

有时还可约定几个质量缺陷责任期满的条件，以先满足者为准。

质保期牵涉质量保修，而质量缺陷责任期则牵涉获取《项目履约证书》和"项目最终结清"。

四、《项目竣工证书》与《项目履约证书》

只有总承包商在质量缺陷责任期间完成了合同履约,业主才可启动项目的最终结算(项目最终结清)和获得《项目履约证书》。

但在中国,获得《项目履约证书》并不意味着质保期期满,承包商仍然需要履行质保期合同项下的义务。

需要注意的是,对于有性能保证的总承包项目,获得《项目移交证书》不是申请竣工结算的必然条件,只有获得《项目履约证书》才是申请竣工结算的前提条件。

案例二十七　准确约定工程验收条件，有利于避免因验收产生纠纷

【典型案例】(2019)最高法民终 250 号

山西能投光伏农业发展有限公司与中国葛洲坝集团机电建设有限公司建设工程施工合同纠纷

【裁判摘要】

项目虽然存在待整改问题，但根据质量监督部门的质监结果、建设单位、设计单位、施工单位、监理单位共同的验收情况及项目电站至今的运行状况，项目电站并未发现质量缺陷，光伏农业公司所提出的问题，均属于一般的质量瑕疵而非重大质量瑕疵，未对项目电站的正常运行构成显著不利影响，项目视为竣工验收合格。

【案件概览】

2016 年 12 月 28 日，葛洲坝机建公司(承包方)与光伏农业公司(发包方)签订《阳曲县 20MW 分布式光伏发电项目工程总承包合同》，约定：鉴于承包方承接了阳曲县 20MW 分布式光伏发电 EPC 总承包项目，并接受了发包方以总金额 14,000 万元提供光伏电站工程设计、采购和施工(EPC)交钥匙工程承包工作。本工程在接到发包方开工通知单 7 个工作日开工，并于 2017 年 3 月 31 日之前，达到并网条件(不包括 240 小时试运行)。双方还对其他事项进行了约定。

合同签订后,葛洲坝机建公司按照约定,组织施工,履行承建义务。项目电站于 2017 年 4 月具备送电条件,2017 年 6 月 26 日,山西省电力建设工程质量监督中心站出具《工程质量监督检查并网通知单》,涉案项目电站并网试运前阶段通过质量监督检查,同意办理并网手续,项目电站实现并网发电。同日,山西省电力公司太原供电公司与光伏农业公司签订《购售电合同》,项目电站发电由山西省电力公司太原供电公司收购。

2017 年 6 月 26 日,葛洲坝机建公司向光伏农业公司提交《结算申请报告》,请求按合同约定支付项目合同总价的 75% 即 10,500 万元作为验收款。2017 年 6 月 28 日,葛洲坝机建公司和光伏农业公司在《工程结算表》上签字盖章,确认应支付工程进度款为 10,500 万元。同日,葛洲坝机建公司提交项目电站《竣工验收报告》,建设单位、设计单位、施工单位、监理单位部分签字盖章。2017 年 8 月 18 日,葛洲坝机建公司向光伏农业公司发出《关于尽快支付阳曲项目进度款的函》,要求光伏农业公司支付项目电站工程进度款 10,500 万元。

2017 年 9 月 15 日,建设单位(光伏农业公司)、设计单位(山西安盛泰公司)、施工单位(葛洲坝机建公司)、监理单位(山西鑫昊通监理有限公司)代表召开座谈会,形成《杨兴 20MW 扶贫电站项目竣工验收会议纪要》,认定项目电站已于 2017 年 6 月 26 日成功并网发电,已安全运行 81 天,发电 660 万度,达到竣工验收条件,同意项目竣工验收。

2017 年 10 月 12 日,葛洲坝机建公司与光伏农业公司代表召开座谈会,形成《山西阳曲项目工程款洽谈会会议纪要》,共同确认项目电站于 2017 年 6 月 26 日一次性全额并网成功,安全运行 107 天,项目初步验收合格。并确认光伏农业公司已逾期 3 个月支付进度款 1.05 亿元人民币。

2016 年 12 月 28 日,国际贸易公司向葛洲坝机建公司出具《承诺函》,承诺如光伏农业公司未按总承包合同履约造成葛洲坝机建公司的一切损失由国际贸易公司承担。

2018 年 6 月 1 日,葛洲坝机建公司向光伏农业公司开具发票(金额 1.05 亿元、税率 17%)。

后双方因工程款结算事宜发生诉讼,本案经历一审、二审,本案其中一个争议焦点:涉案项目电站是否已经竣工并移交、是否存在质量问题。

最高人民法院认为:关于涉案项目电站是否已经竣工并移交、是否存在质量问题。光伏农业公司上诉主张项目电站存在质量问题,且至今未正式移交。根据山西省电力建设工程质量监督中心站 2017 年 6 月 26 日出具的《工程质量监督检查并网通知单》,涉案项目电站并网试运前阶段通过该站质量监督检查,同意办理并网手续,项目电站实现并网发电;由建设单位、设计单位、施工单位、监理单位 2017 年 9 月 15 日共同所作的《杨兴 20MW 扶贫电站项目竣工验收会议纪要》,亦认定项目电站已于 2017 年 6 月 26 日成功并网发电,已安全运行 81 天,发电 660 万度,同意项目竣工验收;葛洲坝机建公司与光伏农业公司代表于 2017 年 10 月 12 日形成的《山西阳曲项目工程款洽谈会会议纪要》,再次确认项目电站于 2017 年 6 月 26 日一次性全额并网成功,安全运行 107 天,项目初步验收合格。由以上事实可知,项目电站已初步验收合格,达到竣工验收条件,并已实际移交光伏农业公司,且并网发电成功,至今正常安全运行;同时根据上述会议纪要及附件,项目电站在达到竣工验收条件的情况下亦存在一定的待整改问题,光伏农业公司还称项目电站设计不合理导致光伏组件阴影遮挡面积未达到要求。对此本院认为,根据质量监督部门的质监结果、四大主体共同的验收情况及项目电站至今的运行状况,项目电站并未发现质量缺陷,光伏农业公司所提出的问题,均属于一般的质量瑕疵而非重大质量瑕疵,未对项目电站的正常运行构成显著不利影响,在前述的《杨兴 20MW 扶贫电站项目竣工验收会议纪要》中,各有关单位均未认为有关待整改问题对项目电站达到竣工验收条件造成影响,因此只涉及葛洲坝机建公司的一般质量违约责任及保修责任,不应成为其拒付工程款的抗辩事由。

【案例启示】

建设工程的竣工验收应当具备法定条件。《建设工程质量管理条例》第 16 条第 2 款规定:"建设工程竣工验收应当具备下列条件:(一)完成建设工程设计和合同约定的各项内容;(二)有完整的技术档案和施工管理资料;(三)有工程使用的主要建筑材料、建筑构配件和设备的进场试验报告;(四)有勘察、设计、施工、工程监理等单位分别签署的质量合格文件;(五)有施工单位签署的工程保修书。"而《房屋建筑和市政基础设施工程竣工验收规定》(建质〔2013〕171

号)第5条①对建设工程竣工验收条件作出进一步细化规定。

实践中,如当事人约定的竣工验收条件低于法定条件,以法定条件为准;如当事人约定的竣工验收条件高于法定条件,以当事人的约定为准。对于工程总承包项目的竣工验收,因工程总承包项目相比传统施工模式,更加注重设计与施工的衔接以及对项目运营指标的试验。项目不仅需通过机械、管线、设施等部分的性能性试验,还需通过项目生产和使用的功能性试验。对于诸如水务、电力类工程,实务中常常出现项目通过了性能性测验,硬件设施无问题,但工程无法满足发包方生产及使用要求,或工程虽能够投入生产并使用,但存在其他需要整改的问题,此类问题可能影响发包人与第三方签订的项目工程投产运营协议。

本案中最高人民法院认定项目工程已竣工的理由:(1)书面的竣工验收会议纪要认可了相关事实;(2)质量监督部门的质监结果;(3)项目电站至今的运行状况。而对于项目存在的质量整改问题,因合同双方无约定,法院认为应将其视为保修责任而非竣工验收问题。

【实务评析】

项目进行全竣工试验阶段意味着项目正式进入竣工验收程序。条款内容

---

① 《房屋建筑和市政基础设施工程竣工验收规定》第5条　工程符合下列要求方可进行竣工验收:

(一)完成工程设计和合同约定的各项内容。

(二)施工单位在工程完工后对工程质量进行了检查,确认工程质量符合有关法律、法规和工程建设强制性标准,符合设计文件及合同要求,并提出工程竣工报告。工程竣工报告应经项目经理和施工单位有关负责人审核签字。

(三)对于委托监理的工程项目,监理单位对工程进行了质量评估,具有完整的监理资料,并提出工程质量评估报告。工程质量评估报告应经总监理工程师和监理单位有关负责人审核签字。

(四)勘察、设计单位对勘察、设计文件及施工过程中由设计单位签署的设计变更通知书进行了检查,并提出质量检查报告。质量检查报告应经该项目勘察、设计负责人和勘察、设计单位有关负责人审核签字。

(五)有完整的技术档案和施工管理资料。

(六)有工程使用的主要建筑材料、建筑构配件和设备的进场试验报告,以及工程质量检测和功能性试验资料。

(七)建设单位已按合同约定支付工程款。

(八)有施工单位签署的工程质量保修书。

(九)对于住宅工程,进行分户验收并验收合格,建设单位按户出具《住宅工程质量分户验收表》。

(十)建设主管部门及工程质量监督机构责令整改的问题全部整改完毕。

(十一)法律、法规规定的其他条件。

虽约定的是承包人于竣工试验前应履行的义务，该内容同样可视为项目竣工验收的前提条件。实践中合同双方往往因项目质量问题进而争议项目是否达到竣工验收条件。

本案的情况：工程参建各方均已同意工程竣工验收，但是遗留了一定的待整改问题。不论工程在遗留质量问题未解决前完成竣工验收手续是基于何种考虑，在本应于建设期完成的整改被宽容到质量保修期后，就应该按照质量保修责任书的约定及时予以维修。按照相关法律规定签订质量保修责任书是竣工验收的条件之一。质量整改问题不能及时处理，将给发包人后续的运行投产埋下隐患。

工程总承包模式是基于按照合同约定实现功能、性能的合同模式，因此，从业主方的角度出发，需要对工程最终达到的功能和性能予以细致明确的约定。约定不清，或者没有约定，必然对工程的竣工结算造成重大影响。承包商往往比业主更具专业性，在签订工程总承包合同时，则需要摒弃"尽量含糊，以免限制自己"的老套做法，与业主协商确定明确合理的功能、性能要求。

在会议纪要等工程建设过程重要文件上，除了需明确待办事项外，还要载明具体的时间安排和责任人，如此才能促进遗留问题、整改事项的落实。

案例二十八 "交工试验、工程接收、交工后试验、工程竣工验收"的含义与区分

【典型案例】(2015)渝高法民初字第00005号

中冶赛迪工程技术股份有限公司与成渝钒钛科技有限公司等建设工程合同纠纷

【裁判摘要】

案涉工程的验收顺序:交工试验、工程接收、交工后试验、工程竣工验收。由双方的合同约定可知,"交工试验"时间不等于"投产"时间,"交工试验"时间早于"投产"时间,成渝钒钛公司依据《工程竣工验收报告书》载明的"投产"时间认为中冶赛迪公司存在"交工试验"时间迟延的理由不能成立。

【案件概览】

2011年7月19日,发包人成渝钒钛公司与承包人中冶赛迪公司签订的《冶炼主体工程合同》及其配套合同与《含钒材料压力加工工程合同》及补充协议。其中《冶炼主体工程合同》合同专用条款第4.4.3项约定:"本合同按照承包范围包括交工试验的约定确定竣工日期:第一座高炉为合同生效后的第380天。第二座高炉为合同生效后的第440天"。第8条对交工试验进行了约定;第9条对工程接收进行了约定;第10条对交工后试验进行了约定;第12条对工程竣工验收进行了约定。

另外,《含钒材料压力加工工程合同》第4.6款约定:"(一)总工期。本合

同项下总工期是指合同生效之日至工程竣工日期之间的期间。合金棒材总工期为 380 个日历天,型钢材总工期为 440 个日历天(减定径机组可推迟 60 天),均自本合同生效之日起计算。(二)主要节点……10. 本合同生效之日起 380 日内完成合金棒材交工试验,440 日内完成型钢材交工试验(减定径机组可推迟 60 天)。11. 交工后试验开始后 3 个月内完成功能性考核"。

2011 年 11 月 5 日,成渝钒钛公司与中冶赛迪公司签订《转炉、焦炉煤气柜合同》《高炉煤气柜工程合同》《110kV 变电站及配套供电网络工程合同》《110kV 钢轧变电站及配套供电网络工程合同》。《转炉、焦炉煤气柜合同》专用条款第 4.5.2 项约定:"2012 年 9 月 15 日完成所有煤气柜交工试验并交付(发包方必须于 2011 年 11 月 30 日前具备进场条件,否则工期顺延)"。《高炉煤气柜工程合同》专用条款第 4.5.2 项约定:"2012 年 8 月 15 日完成高炉煤气柜交工试验并交付(发包方必须于 2011 年 11 月 20 日前具备进场条件,否则工期顺延),其余建设工期为合同生效后 10 个月完工并交付使用"。《110kV 变电站及配套供电网络工程合同》的专用条款第 4.5.2 项约定:"2012 年 5 月 31 日完成投运试验并投运(配套供电网络除外)"。第 8 条对交工试验进行了约定,第 9 条对工程接收进行了约定,第 10 条对投运试验进行了约定。《110kV 钢轧变电站及配套供电网络工程合同》的专用条款第 4.5.2 项约定:"上级变电所于 2012 年 5 月 25 日前具备向本工程供 110kV 电源的条件下,本工程应于 2012 年 5 月 31 日完成投运试验并投运(配套供电网络除外)"。

2014 年 4 月 2 日,《110kV 变电站及配套供电网络工程(含 110kV 电缆线路工程)竣工验收报告书》载明:"一、开工日期 2012 年 2 月,验收日期 2014 年 4 月 2 日。……二、(三)工程质量评定,分部工程全部合格。……工程竣工验收结论:工程从 2012 年 2 月破土动工,铁前变电站于 2012 年 9 月 16 日投运成功,钢轧变电站于 2012 年 9 月 23 日投运成功,投产以来运行顺稳。……"

2014 年 7 月 25 日《含钒材料压力加工工程竣工验收报告书》载明:"一、开工日期 2011 年 10 月 18 日,验收日期 2014 年 7 月 25 日。……二、(三)工程质量评定,分部工程全部合格。……工程竣工验收结论:工程自 2011 年 10 月开工建设,2012 年 11 月 4 日中棒生产线投产,2013 年 2 月 1 日小棒生产线投产,2013 年 7 月 16 日高线生产线投产。2013 年 10 月~2014 年 7 月,业主方、总包方及监理方组成工程验收小组,先后对小棒、中棒和高线生产线的工程实体、硬件合规性和功能进行了考核验收,各方确认。"

2014 年 7 月 30 日《3×120 转炉炼钢、连铸工程竣工验收报告书》载明:"开工日期 2011 年 11 月 8 日,验收日期 2014 年 7 月 30 日。……二、(三)工程质量评定,分部工程全部合格。……工程竣工验收结论:成渝钒钛公司 3×120 吨转炉炼钢、连铸工程项目于 2012 年 11 月 23 日 1.2 号转炉和 1 号连铸机投产,2013 年 2 月 25 日 3 号转炉投产,并由业主方、工程总包方及工程监理三方组成了工程验收小组于 2013 年 11 月至 2014 年 6 月多次组织工程预验收。……"

2014 年 7 月 31 日,《煤气柜工程竣工验收报告书》载明:"一、开工日期 2011 年 12 月 25 日,验收日期 2014 年 7 月 26 日。二、(三)工程质量评定,分部工程全部合格。工程竣工验收结论:工程从 2011 年 12 月底开工建设,焦炉、高炉和转炉煤气柜先后于 2012 年 9~11 月成功投运,投产以来情况良好。2013 年 10 月~2014 年 7 月,由业主方组织总包方、监理方对煤气柜项目进行了考核验收、整改,考核验收、整改。……"

2014 年 9 月 19 日《炼铁工程竣工验收报告书》载明:"一、2011 年 10 月 5 日,验收日期 2014 年 7 月 30 日。二、(三)工程质量评定,分部工程全部合格。工程竣工验收结论:7 号高炉于 2012 年 11 月 28 日、6 号高炉于 2013 年 2 月 27 日点火投入生产,2013 年 11 月至 2014 年 6 月,由业主方、工程总包方及工程监理方组成工程验收小组,对工程进行了验收。"

2015 年 10 月 27 日成渝钒钛公司向中冶赛迪公司发出《关于支付逾期违约金的函》,载明:中冶赛迪公司承建的轧钢、炼钢、炼铁、转炉、焦炉煤气柜,高炉煤气柜,110kV 钢轧变电站,110kV 铁前变电站七个合同未按时完成投运,应向成渝钒钛公司支付工期逾期违约金。其后,双方就争议事项诉至法院。

法院经审理后认为:关于中冶赛迪公司是否应承担工期逾期违约责任的问题,根据《冶炼主体工程合同》《冶炼配套工程合同》《3×120 吨转炉炼钢、连铸工程合同》《含钒材料压力加工工程合同》《转炉、焦炉煤气柜工程合同》《高炉煤气柜工程合同》第 4 条约定,其"总工期"均为"交工试验日期"。而根据前述合同专用条款第 8 条、第 9 条、第 10 条、第 12 条约定,工程的验收顺序:交工试验、工程接收、交工后试验、工程竣工验收。结合专用条款第 9 条关于工程接收时间的约定即"发包人确认工程已按合同约定和设计要求完成土建、安装,且全部单项工程交工试验合格及冷试车合格后 24 小时内",以及通用条款第 10 条的约定即"交工后试验,本合同工程包含交工后试验(热负荷车)……"可见"交工试验"时间不等于"投产"时间,"交工试验"时间早于"投产"时间。故成渝钒钛公司依据前述各项工程的《工程竣工验收报告书》载明的"投产"时间认为中冶赛迪公司存在"交工试验"时间迟延的理由不能成立。中冶赛迪公司不应承担工期逾期的违约责任。

【案例启示】

根据 2017 版《施工合同示范文本》通用合同条款第 1.1.4.3 项的约定,工期是指在合同协议书约定的承包人完成工程所需的期限,包括按照合同约定所作的期限变更。这里的工期是指约定的工期,通常约定为从开工到竣工按全部日历天数计算的期间,与实际工期是相对的概念,实际工期是指按约定或法定标准完工并通过竣工验收之日。

案涉工程为 EPC 工程总承包项目,工程的竣工验收包含交工后试验环节,而合同当事人在合同中明确约定,其"总工期"均为"交工试验日期",而交工试验日期在"投产"日期及竣工验收日期之前,故本案的约定工期与实际完成竣工验收的日期并不一致。中冶赛迪公司已按合同约定的工期完成相应义务,并不构成工期逾期。本案中涉及大量时间截点,且包含交工后试验、竣工验收等日期,实践中执行类似合同时当事人易混淆不同日期的含义并对其法律后果产生误解,因此产生的工期、工程价款支付等争议层出不穷。

根据 2020 版《示范文本》通用合同条件的体例安排,完整的工程总承包项目竣工验收程序包括竣工试验、竣工验收、工程接收、竣工后试验,而上述四个程序对应工程竣工验收环节的四个时间节点。根据工程项目实施的行业惯例及相关法律法规的规定,不同的时间节点产生的法律效果不尽相同。例如,竣工试验日期或工程接收日期将影响项目工期的认定;工程竣工验收日期影响工程价款的支付以及工程质保期的起算时间。实践中当项目工程竣工验收程序出现多个日期时,考虑到合同主体会根据项目实际特点在合同专用条件及往来函件(会议纪要)中对于上述时间节点进行特殊约定,合同主体有可能混淆各个日期的认定及法律效果,进而对项目实施过程中诸如工期、合同价款支付等实体性问题产生争议。

【实务评析】

本案例是 EPC 项目进度索赔与反索赔的典型案例,有兴趣的读者不妨去看看本案的全文内容。

下面结合本案例分享一些在 EPC 总承包项目进度合同风险管理的心得。

一、重视合同中的"定义"条款

定义条款中需要进行定义的都是将来合同纠纷中可能出现争议的内容,定义中的"标准用词"都在合同中出现(不出现的应删除),有些定义还会引向某些具体的条款。

合同正文中出现定义的地方,都应采用"标准用词",在英文合同中标准词组首字母都采用大写,目前国内总包合同未能对正文出现定义的地方进行标识,本文建议采用"斜体字"进行标识。例如,对于本案例中发生争议的在合同中都应进行定义。

二、明确"合同工期"的边界条件

例如,本案例中"合同工期"诉讼双方对合同工期的"起始点"发生争议,因此在合同中应明确约定合同工期的边界条件。

对于工业项目,通常有以下与进度有关的重要节点:

(1)合同签订时间;(2)承包商进场时间;(3)现场(施工)开工时间;(4)机械完工时间;(5)单项工程移交"代保管"时间;(6)试运行完成时间;(7)投入商业运行时间;(8)项目竣工移交时间。

相应地,工业 EPC 合同中会规定相应的"证书"及证书颁布的前提条件及证书颁布后双方责任的变化:

(1)机电完工证书;(2)单项工程移交证书;(3)项目移交证书;(4)项目完工证书;(5)项目履约证书。

三、明确承包商"进场条件"及"场地接受条件"

由于 EPC 项目合同工作范围包括勘测设计,合同签订后总包方需要进入项目现场开展水文气象观测、地形测量、地质勘探、试桩等工程设计所需的相关前期工作,总包方能否按合同约定的"进场时间"进场开展工作是项目实施的第一个"关键里程碑节点"。但有些进场条件不是总包方所能控制的,永久性场地征地、施工临时用地的租赁(合同约定由承包人自行负责的除外)、进入现场的交通条件,通常都是业主负责的范围,因此 EPC 合同中应明确业主的责任。

如果合同约定,业主提供的场地是原始场地,场地的清表、场地障碍物迁移、场地平整、地基处理均由总包方负责,这种情况下合同无须约定"场地接受条件"。但如果上述工作,合同约定是由业主负责,那么合同中应明确"场地接受条件",必须有详细的场地技术要求(标高、承载力等),场地接受时双方应进行验收。如果业主未能按合同约定的时间满足总承包商进场条件或未能按合同约定提供满足"场地接受条件"的现场场地,总包方应及时发起工期索赔。

四、合同中应明确由业主负责的关键路径工作节点的开始时间/完成时间

例如,本案例中下述工作节点是由业主负责的,EPC合同中或在项目里程碑进度计划中应明确这些节点的时间要求:

1.业主提供"承包商进入现场"的时间;

2.业主提供满足"场地接受条件"场地的时间;

3.业主开展"初步设计审查"的时间(因为业主迟迟不对总包方提交的初步设计);

4.业主负责的外部施工条件提供的时间(施工电源、施工水源以及本案例中特有的"变电站外部线路送电时间"等);

5.业主负责的用于工程设计/项目实施的相关技术资料/技术数据提供的时间(如地质报告、与外部连接的技术参数)。

鉴于业主在项目招标时的"强势地位",招标文件中往往不会出现上述由业主负责的工作时间节点,总包方宜利用合同谈判机会或在执行阶段向业主提交总体进度计划或相关进度协调会的机会进行书面明确。

五、及时规范地向业主进行"进度催交",保证索赔证据的有效性

首先,应与业主明确来往文件的规则,通过"项目开工会议"、提交《项目沟通协调程序》给业主批准、相关会议纪要中进行详细的描述,以保证在发生诉讼/仲裁时来往文件的有效性,通常包括但不限于:

1.双方用于来往电子文件的"指定邮箱"和"指定传真号"(现在传真很少用了);

2.双方实体纸质文件接受的指定地址和指定接受人。

其次,当业主负责的工作出现延误时,应及时、规范地向业主通过上述渠道发出书面"催交函",催交函应说明业主违约的事实以及对总包方项目实施关键路径工作的影响。

六、关注"不可抗力"条款的严谨性

当出现不可抗力事件时,总包方是有权获得"进度顺延"的,因此如何界定什么是不可抗力事件尤其重要。国际惯例对"不可抗力"的定义如下:不可抗力是指一个有经验的承包商所不能预见和不能控制的事件,包括但不限于……

国内2020版《示范文本》通用合同条件第17.1款中对不可抗力的定义如下:不可抗力是指合同当事人在订立合同时不可预见,在合同履行过程中不可避免、不能克服且不能提前防备的自然灾害和社会性突发事件,如地震、海啸、瘟疫、骚乱、戒严、暴动、战争和专用合同条件中约定的其他情形。

相对而言,本人更倾向于采用国际惯例的定义,例如,某海外总包合同签订后,项目所在国政府发生了更迭,新政府上台后限制外籍劳工的输入,项目由于缺乏熟练的技术工人(项目所在国满足项目需求的技术工人极少)导致工期严重延误,这算不算不可抗力!

按照国内示范文本,这不属于不可抗力,因为范本将不可抗力事件限制在"自然灾害"和"社会性突发事件"。

而按照前述国际惯例对不可抗力的定义,上述由于政权更迭导致工期延误可以认定为不可抗力,理由如下:

1. 作为一个有经验的承包商,可以知道项目履约阶段项目所在国会进行大选,也知道反对派一旦上台会限制外籍劳工输入;

2. 但无论承包商如何有经验,在签订合同时无法预测反对派能否上台执政;

3. 即使承包商可以预测反对派可能赢得大选,承包商也无法影响政府的劳工政策,业主招标时提出的合同工期也未考虑该事件造成的进度风险;

4. 因此,该事件属于不可抗力,承包人有权获得工期顺延。

这是一个真实发生的案例,第一预中标人考虑到这个风险,在合同谈判时坚持将"政权更迭"造成的法律变化纳入不可抗力范围,当业主拒绝时果断放弃这个项目。

另一家中国承包商无视或不清楚这种风险,与业主签订了合同,项目实际执行中由于上述原因造成工期严重延误,业主提出巨额索赔,中国承包商遭受重大损失。

托合同签订时采用国际惯例的福,点评人在某EPC项目中成功将由于"瞬间强风"导致脚手架局部坍塌事故(未造成人身伤亡和财产损失)归因为"不可抗力事件"并得到业主认可。

第二个问题是在合同中如何定义造成不可抗力事件的"自然灾害"以及如何区分这种自然灾害与"异常恶劣的气候条件",本人提供一个解决思路:

"工程一切险"就是为了防范自然灾害及异常恶劣的气候条件的,因此我们可以依据工程一切险保险合同中对可以索赔的自然灾害和"异常恶劣气候条件"的定义。

第三个问题是如何界定"不可抗力"条款中的"骚乱",总包合同不进行界定将导致合同争议,个人认为在合同中应将骚乱定义在"群体性事件",如果群体性事件既不是业主原因也不是承包商原因导致的,可视为不可抗力;如果群体性事件是由业主原因导致的,总包方可对业主索赔(包括工期索赔)。

七、完善"调整与变更"条款对工期的相关责任

对于 EPC 总承包合同,调整与变更类型主要包括:

1. 合同范围变更。

当业主调整合同工作范围时,合同工期应相应调整(如某光伏项目业主扩大了建设规模)。

2. 重大技术变更。

合同签定后,业主对合同约定的重大技术要求发生了变化(如某光伏项目的光伏组件由业主供货,业主采购时发现如按合同约定的规格采购会导致采购成本增加或供货进度延误,因此业主调整了光伏组件的规格,要求总承包按新确定的规格进行工程设计),总包方有权索赔工期。

建议在总包合同中对设计技术变更进行分类:"变更设计"与"设计变更"。

"变更设计"是指对总承包合同技术要求/初步设计主要技术原则的变更,这类变更往往牵涉合同变更。

"设计变更"是在满足总承包合同技术要求/初步设计主要技术原则的设计变更,对于总承包商而言,这类变更通常属于内部变更。

3. 承包人建议书。

在国际惯例中,承包商可向业主提出"承包人建议书",对合同约定的工作范围、技术要求、施工措施等提出合理化建议,前提是这些合理化建议有利于业主实现"综合经济效益"。"承包人建议书"提出的合理化建议有可能减少工期

也可能增加工期,合同中应约定相关工期与合同价格调整条款。

4.因法律法规和标准规范变化导致的调整。

在 2020 版《示范文本》通用合同条件第 13.7 款对"法律变化引起的调整"提供了示范性约定,但未约定"基准日期后"项目适用标准规范发生变化后如何调整的规则。

对总承包商而言,合同价格和合同工期都适用于"基准日期"前最新颁布的适用标准规范,基准日期后或合同签订后适用标准规范的调整当然有可能影响项目实施成本和项目进度,因此在合同中应增加"标准规范变化引起的调整"(包括工期的调整)。

总包方防范"标准规范变化"风险的主要措施包括但不限于:

1.某些特别重要的适用标准规范,宜在合同中明确(如工业项目"性能保证"条款中关于"性能试验"采用的标准);

2.基于"基准日期"前或合同签订前相关标准规范,编制《项目适用标准规范清单》并提交业主批准(获得业主批准非常重要,因为这样可以大幅避免双方对适用标准规范产生争议);

3.专人跟踪"基准日期"后适用标准规范的变化(新标准或旧标准的升版与作废),建立标准升版、作废和新标准"适用性评审"机制;

4.及时与业主就"基准日期"后标准规范的变化的适用性达成一致,必要时启动合同变更。

国际工程从小签合同到合同生效往往周期比较长,总包企业应高度重视小签合同到合同生效期间可能发生的适用法律法规变化和/或适用标准规范变化,评估和研判这类变化对项目实施成本与项目工期的影响,及时启动合同生效前与业主的合同谈判。

八、重视"工期条款"与其他合同条款的互动

本案例中双方对工期争议的焦点是如何确定合同工期的起始时间。

合同工期开始起算时间很明确,就是 EPC 合同生效时间,某些项目约定了合同生效条件,则从满足生效条件之日起算。

本案例中中冶赛迪认为工程总工期计算截止点应为"交工试验日期"而非工程正式投产的时间,因为对于工业项目,在交工试验完成后,还需经过工程接收、交工后试验、试运行考核等阶段后,才可能实现整个项目的正式投产运行,

因此业主方主张以"工程正式投产运行的时间"为合同总工期计算截止点并据此向总承包商索赔"不成立"。法院依据相关证据支持了中冶赛迪的主张。

此外,本案例中治赛迪在同一工程中与业主签订了多个工程总承包合同,这些合同工作的进度要求是相互关联的(如只有 110kV 变电站投产,其他合同的装置才能进入试运行),因此在案涉《110kV 变电站及配套供电网络工程合同》及《110kV 电缆线路工程合同》合同协议书第 10 条约定:"当总工期逾期但不影响下级单元用电时,发包方应免于承包方的逾期考核。"

点评人估计该约定不是业主招标文件提出的,而是中冶赛迪在合同谈判时争取加上去的,该约定有效、合理地保护了总承包商。但工业项目的总工期计算截止点也不是一成不变的,具体双方应在合同中详细约定。

通常工业 EPC 项目的总工期以工程投入商业运行为总工期截止点,但工程投入商业运行需要满足一定的条件。例如,对于钢铁厂,工程投入商业运行的前提条件可以约定为达到最低产能并能够稳定运行,而发电厂项目投入商业运行的前提条件更为复杂:完成可靠性试运行、完成满负荷试运行、达到最低可接受性能。因为只有这样才能满足业主与电网公司在《售电协议》中的约定。

某些发电厂业主为了保护自身利益,转移综合风险,在总包合同中对合同工期及工期延误罚则提出了更为苛刻的要求。例如,有些发电厂总包合同约定,只有当承包商通过了"性能试验"(承包商交纳性能保证罚款,视为通过性能试验)才是合同总工期计算的截止日期。但采用这样的约定总承包商应在合同中规定性能试验的"最迟时间",因为总承包商无法确定何时开始做性能试验,性能试验的时间需要业主与电网公司协商确定。

某些工业项目业主为了防范"市场机会风险"和"市场竞争力风险",在总承包合同中设置了进度延误"拒收"条款:当工期延误达到合同约定的高限时(如 6 个月),总承包商的合同责任适用于合同中的"拒收"条款。

业主设置这样的条款也有一定的道理:如果工期严重延误可能导致投资方丧失市场进入机会。例如,新疆有多个西电东送发电项目,但其电力需求容量是有总额度控制的,先发电的项目可以具有"先发优势",后发电的则比较被动,严重时可能丧失并网发电的权利。

但对于总承包商而言,这样的条款可不能轻易答应,因为这样的"拒收条款"可能导致企业破产!

九、关于合同履约过程中双方协商达成一致进度调整文件的法律效应

最后也得为业主说说话,本案例中冶赛迪在答辩中提出:"对于各种原因导致的工期延误,通过监理协调会等形式,成渝钒钛公司同意对工期予以调整。针对调整后的工期,中冶赛迪公司并没有延误。"

点评人认为中冶赛迪的主张并不成立。2020版《示范文本》通用合同条件第1.5款规定组成合同的各项文件应互相解释,互为说明。除专用合同条件另有约定外,解释合同文件的优先顺序如下:

1. 合同协议书;

2. 中标通知书(如果有);

3. 投标函及投标函附录(如果有);

4. 专用合同条件及《发包人要求》等附件;

5. 通用合同条件;

6. 承包人建议书;

7. 价格清单;

8. 双方约定的其他合同文件。

上述各项合同文件包括合同当事人就该项合同文件所作出的补充和修改,属于同一类内容的文件,应以最新签署的为准。

在合同订立及履行过程中形成的与合同有关的文件均构成合同文件组成部分,并根据其性质确定优先解释顺序。

2020版《示范文本》中并未对那些"在合同订立及履行过程中形成的与合同有关的文件"明确优先解释顺序,而是应"根据其性质确定",这对业主/甲方存在重大风险。

例如,承包商的进度已实质性延误,业主方当然要召开进度协商会,根据项目实施现状对执行进度进行调整,包括对项目合同中相关里程碑节点的时间进行调整(如本案例中的"交工试验"完成时间),双方会议纪要确定的最新时间当然会晚于合同约定,难道这个会议纪要应该优先于合同约定吗?(中冶赛迪在本案例中就是这样主张的)

当然不能。因此建议业主/甲方在签订合同时,应该明确界定"合同补充协议"与双方在实际执行中双方就工作安排形成的其他书面文件(如会议纪要)的区别:

1. 只有双方签订"合同补充协议"并经法人代表或法人明确授权的代表人签署,同时加盖"合同专用章"的文件,才能优先于合同签订时签订的合同文件[包括 2020 版《示范文本》中第 1~7 项文件]。

2. 其他未满足上点规定的双方项目管理人员签订的会议纪要等并不必然视为双方就合同约定的调整,并不免除合同当事人合同项下的责任。

3. 在合同中应明确对"业主代表"和"项目经理"的授权,如果合同未明确规定,实施过程中应以书面方式通知对方。

4. 合同中宜明确"项目部章"的权限和法律地位,如果合同未明确规定,实施过程中应以书面方式通知对方。

5. 合同中应对"合同变更流程"进行比 2020 版《示范文本》更为详细的约定。

案例二十九　发包人对工程质量缺陷责任的承担

【典型案例】（2020）鲁民终 2592 号

　　天津宇昊建设工程集团有限公司与山东焦化北海冶金科技有限公司建设工程施工合同纠纷

【裁判摘要】

　　案涉工程总承包项目拖尾至今,发承包双方对于已完工工程所存在的部分质量问题、维护问题、停工问题均有责任。涉案工程质量鉴定及最终已完工工程造价和修复工程造价结论已获法院认可,对于已完工工程所存在部分质量修复费用,发承包双方应各自承担 50%。

【案件概览】

　　2012 年 3 月 30 日,发包人山东焦化公司与承包人天津华厦设计公司签订《北海公寓楼工程总承包合同》。同日,山东焦化公司与天津华厦设计、天津宇昊公司(施工单位)签订"北海公寓楼工程三方协议书"及"北海公寓楼工程三方协议书补充协议"。

　　2012 年 4 月,天津宇昊公司与山东焦化公司签订《建设工程施工合同》,山东焦化公司将"北海冶金公寓楼与公用建筑工程"发包给天津宇昊公司施工,并对双方的权利义务进行了约定。

　　2013 年 11 月 19 日,因山东焦化公司未取得涉案工程所在海域的海域使用权,滨州北海经济开发区与渔业局向山东焦化公司下发了"责令停止违法行为通知书",导致涉案工程停工。

2015 年 11 月 2 日,天津宇昊公司向一审法院提起诉讼,要求山东焦化公司支付工程款。天津宇昊公司于 2018 年 1 月 24 日向一审法院申请撤回起诉,一审法院裁定准许天津宇昊公司撤回起诉。

2019 年 4 月 17 日,天津宇昊公司再次向一审法院提起诉讼。

一审审理期间,经协商一致同意,一审法院委托山东省建筑工程质量检验检测中心有限公司、山东鑫诚工程咨询有限公司,对涉案已完工的工程质量及工程造价和涉案工程的修复费用进行司法鉴定。工程质量鉴定报告认定部分工程存在不满足设计和规范要求,且存在质量问题。工程造价鉴定意见书对案涉工程的造价及工程修复费用进行了认定。

一审法院认为:因山东焦化公司未取得涉案工程所在海域的海域使用权,滨州北海经济开发区与渔业局向山东焦化公司下发了责令停止违法行为通知书,导致涉案工程停工,结合鉴定意见可知,导致涉案工程拖尾至今,对于导致已完工工程所存在的部分质量问题、维护问题、停工问题,双方均有责任。对于已完工工程所存在部分质量的修复问题,因当事人均有责任,根据本案的实际情况,发承包双方各承担 50%。

一审判决后,双方对一审判决结果均不服,均提起上诉。

山东焦化公司上诉认为:工程总包合同与施工合同性质和纠纷处理原则有所不同,天津宇昊公司应当对工期、质量负完全责任,对发包人指示负有审查辨识的义务,并承担设计、施工质量缺陷责任。质量鉴定的是质量缺陷责任,而非停工责任。EPC 总承包合同中非因甲供材或者指定分包造成的质量缺陷责任应当全部由承包方承担。涉案工程没有任何指定分包和甲供材,山东焦化公司不应承担责任。

一审判决对质量缺陷因果关系、责任范围认定不清,混淆了停工损失和质量缺陷修复费用。不论一审认定发包方对停工存在过错是否成立,停工与质量缺陷之间均不存在因果关系。加固修缮费用属于因工程质量不合格发生的修复费用,不属于停工损失。一审对责任范围认定不清。

综上,对于工程质量缺陷责任,山东焦化公司对于责任比例平均分配不予认可。

天津宇昊公司上诉认为:一审法院对涉案工程质量问题、维护问题、停工问题等责任认定事实不清。一审认定对已完工程所存在的质量、维护、停工问题,双方均有责任,属认定事实不清。停工是因山东焦化公司建设工程手续不全造成的,与天津宇昊公司无关。天津宇昊公司在国家有关部门勒令停工后被迫离场,此后由山东焦化公司自行看管,因其未采取有效措施对已完工程进行合理保护,故应自行承担因维护不周引起的质量问题责任,故全部修复费用应由山东焦化公司承担。

二审法院认为:对于已完工工程所存在部分质量的修复问题,因当事人均有责任,既有施工中存在的问题,也有维护不到位的问题,对于具体责任,无法明确判断。鉴于本案建设工程停工是发包方原因所致,一审判决认定天津宇昊公司与山东焦化公司各承担50%修复费用,符合本案实际,并无不当,最终二审法院判决:驳回上诉,维持原判。

【案例启示】

对于工程总承包项目发包人承担质量缺陷责任的法定情形,根据最高人民法院《关于审理建设工程施工合同纠纷案件适用法律问题的解释(一)》第13条规定,"发包人具有下列情形之一,造成建设工程质量缺陷,应当承担过错责任:(一)提供的设计有缺陷;(二)提供或者指定购买的建筑材料、建筑构配件、设备不符合强制性标准;(三)直接指定分包人分包专业工程。承包人有过错的,也应当承担相应的过错责任"。2020版《示范文本》通用合同条件关于发包人质量缺陷责任的承担并没有专项约定,而是间接地散见在发包人义务中的各项条款中,例如《发包人要求》中的设计、技术等要求,第6.2.1项【发包人提供的材料和工程设备】等条款,上述条款关于发包人的质量缺陷责任与施工合同司法解释一的规定基本一致。实践中,发包人往往想当然地认为总包单位应对工程全部质量责任负责;或者因项目出现发承包双方无法预料的情况如长时间停工导致的工程质量缺陷责任的归属产生争议。

对于案涉工程质量缺陷责任的承担,本案发包人援引建设工程司法解释以及《房屋建筑和市政基础设施项目工程总承包管理办法》的规定,认为工程总承包项目的施工单位应对其施工工程的质量负责,且发包人并没有最高人民法院《关于审理建设工程施工合同纠纷案件适用法律问题的解释(一)》第13条规定的过错责任,以及《建筑法》与《建设工程质量管理条例》中诸如发包人要求承包人降低工程质量等禁止性规定的情形,因此发包人认为其并不应当承担工质量缺陷责任。但本案工程因停工时间较长,对于工程质量缺陷的具体责任已无法判断,且合同履行过程中对于施工单位撤场及维护并没有专门约定,故因停工维护不适当导致的工程质量缺陷责任,人民法院认定发包人也应承担50%的责任。

针对工程总承包项目的工程质量缺陷责任,2020版《示范文本》通用合同条件中约定了缺陷调查的内容,对于工程质量缺陷的调整程序、修复费用以及修复后的检验内容均有明确约定,且在第15.2款承包人违约中明确约定如承包人在缺陷责任期及保修期内,未能在合理期限对工程缺陷进行修复,或拒绝按发包人指示进行修复的,将构成违约。该约定赋予了发包人启动工程质量缺陷调查的权利,有利于尽早明确工程质量缺陷的具体责任。除上述约定外,发承包双方也应根据项目特点与实际情况在专用条款中对工程质量缺陷责任,尤其是发包人工程质量缺陷责任予以明确。

【实务评析】

通常合同版本中都有"暂停工作""违约""合同解除"等条款。不管工程是暂停施工还是合同解除永久停工,在工程移交之前,都是由承包人负责对工程、工程物资及文件等进行照管和保护,并提供安全保障。

本案因发包人未取得工程所在海域使用权,主管政府机关向发包人下达停止施工通知导致工程停工,此种情形构成因发包人原因导致工程停工。实践中因发包人原因导致工程停工主要有以下几类情形:一是因工程未取得相关许可被政府主管部门责令停止施工,例如未办理土地使用权证、建设用地规划许可证、建设工程规划许可证、建设工程施工许可证等;二是发包人未经承包人同意擅自更改工程内容或其他干涉承包人施工的行为;三是发包人提供的设计地勘技术等资料出现错误;四是发包人未按约定支付工程进度款或未按约定提供材料、设备等。此外,发包人未按合同约定保障工程实施所需便利条件致使工程无法正常推进的各种行为均可能构成因发包人原因导致工程停工。

对于出现案例中"业主方建设工程手续不全造成永久性停工",承包单位应第一时间给业主报告,提请移交已完成的永久性工程及负责已运抵现场的工程物资,申请支付相应款项。业主方应组织监理单位根据合同条款对现场工程进行验收和工程结算。

案例三十 "竣工后试验"对于"缺陷责任期"的影响

【典型案例】（2019）豫 03 民终 3606 号

青岛昌盛日电太阳能科技股份有限公司与中国核工业二三建设有限公司建设工程施工合同纠纷

【裁判摘要】

关于工程款的支付条件是否具备问题。昌盛公司上诉主张涉案项目未通过性能验收且存在消缺事项，性能验收款支付条件未达成，涉案项目质保期还未经过，质量保证款条件也未达成。二三建设公司提交的工程竣工验收单证实涉案项目已于 2017 年 10 月 25 日竣工验收，涉案项目已经实际投入使用，全额并网发电，应视为涉案工程已经通过性能试验。对昌盛公司该项上诉主张，本院不予采纳。关于质量保证款，涉案合同约定质保期自验收合格之日起 1 年，涉案项目于 2017 年 10 月 25 日竣工验收，质保期于 2018 年 10 月 24 日届满，故昌盛公司关于质量保证款支付条件未达成的主张，本院不予采纳。

【案件概览】

2017 年 4 月 28 日，承包人中国核工业二三建设有限公司（以下简称二三建设公司）与发包人青岛昌盛日电太阳能科技股份有限公司（以下简称昌盛公司）签订《总承包合同》一份，约定二三建设公司承建河南孟津金彭车业 12.72MW 分布式光伏发电项目，合同约定固定单价为 2.37 元/瓦，工程预估总价款为 30,146,400 元。《总承包合同》对工程承包范围、计价原则、工程款支付、验收程序、质量标准、违约责任及双方的权利义务等内容均进行了约定。

　　2017 年 10 月,二三建设公司与昌盛公司签订《补充协议》,约定将《总承包合同》中约定的固定单价变更为 2.44 元/瓦,合同总价相应变更为 31,036,800 元。合同签订后,二三建设公司组织人员进场施工。2017 年 10 月 12 日,涉案项目经竣工验收合格。

　　2017 年 11 月 14 日,二三建设公司将涉案工程交付昌盛公司。昌盛公司已经支付的工程款金额为 19,216,650 元。

　　关于质量保证金,双方在总承包合同专用条款第 14.3.5 项中约定:总价款的 5% 作为质保金,本项目质保期的第 12 个月后,运行无质量问题,在承包人提交下列单据(支付申请函、最终验收证书、相应金额的收据)并经发包人审核无误后 10 日内,发包人支付给承包人相应的质保金,承包人承诺收到款后 3 个工作日内开具相应付款金额的财务收据,质保期自验收合格之日起 1 年。

　　后因工程款(含质量保证金)支付问题二三建设公司提起诉讼。本案二审由河南省洛阳市中级人民法院进行审理。二审审理中,本案的主要争议焦点之一:质量保证金是否符合支付条件。对于该争议焦点,发包人昌盛公司主张,二三建设公司施工项目未通过性能验收,存在诸多消缺事项未完成,工程尚未通过竣工后试验验收,尚未进入质保期,未达到质量保证款的支付条件。

　　对此,二审法院经审理后认为:关于质量保证款,涉案合同约定质保期自验收合格之日起 1 年,涉案项目于 2017 年 10 月 25 日竣工验收,质保期于 2018 年 10 月 24 日届满,故昌盛公司关于质量保证款支付条件未达成的主张,本院不予采纳。最终,二审人民法院依据前述论断作出相应裁判。

【案例启示】

　　工程总承包项目中为检验竣工项目能否满足“发包人要求”中的产能标准、性能标准等发包人建设目的,部分工程总承包合同会在项目竣工验收后设置“竣工后试验”环节。因“竣工后试验”环节中承包人对于不能满足指标要求的部分仍具有修补义务,以达到合同约定要求,仍属于合同履行环节,因此部分观点认为项目的“缺陷责任期”应自“竣工后试验”实现合同约定运行期限、标准后开始起算。与之相应的“质保金”的返还期限亦应当顺延。

　　通过本案我们看到,二审人民法院并未支持发包人关于“工程尚未通过竣工后试验验收,尚未进入质保期(缺陷责任期),未达到质量保证款的支付条件”

的主张。但对于相关原因并未详细论述,因对案件审理过程无详细了解,因此对于案件结果不作评论。但就本案反映出的问题,我们认为应当深入探讨。

对于"缺陷责任期"是否应从"竣工后试验"合格之日起算,我们认为在未进行特别约定的情况下,不应当如此计算。

首先,《建设工程质量保证金管理办法》第 8 条规定:"缺陷责任期从工程通过竣工验收之日起计",而"竣工后试验"是竣工验收后方才进行。因此,"从竣工后试验合格之日起起算缺陷责任期"的观点与《建设工程质量保证金管理办法》规定相冲突。

其次,2020 版《示范文本》通用合同条件第 12.4.1 项约定:"工程或区段工程未能通过竣工后试验,且合同中就该项未通过的试验约定了性能损害赔偿违约金及其计算方法的,或者就该项未通过的试验另行达成补充协议的,承包人在缺陷责任期内向发包人支付相应违约金或按补充协议履行后,视为通过竣工后试验。"也由此可见,住建管理部门也认为"竣工后试验"合格并非缺陷责任期起算的前提。

如是看,是不是"竣工后试验"对于"缺陷责任期"就不产生任何影响呢?也不尽然。

首先,"缺陷责任期"中的缺陷是指按照《建设工程质量保证金管理办法》第 2 条第 2 款的规定,"建设工程质量不符合工程建设强制性标准、设计文件,以及承包合同的约定"。因此,对于不符合承包合同约定事项导致的缺陷,仍可设置缺陷责任及期限。

其次,我们理解《建设工程质量保证金管理办法》第 8 条应属于管理性规范,因此合同双方当事人对于缺陷责任期起算点的约定,不当然无效。如最高人民法院在杭州神通交通工程有限公司、贵州省公路工程集团有限公司建设工程施工合同纠纷二审民事判决书[①]中关于质量保证金是否应返还一节论述:"合同第 1.1.4.4 条约定涉案项目缺陷责任期为 2 年。但合同第 19.1 条约定缺陷责任期起算时间以项目业主、项目公司、监理人确定的起算时间为准,但本案中项目业主、项目公司、监理人并未确定缺陷责任期的起算时间。《建设工程质量保证金管理办法》第 8 条规定,'缺陷责任期从工程通过竣工验收之日起

---

① （2018）最高法民终 337 号。

计'。因涉案工程为道路交通工程,杭州神通公司上诉主张自工程交工验收合格之日起算缺陷责任期,符合建筑行业的一般规范和行业惯例,本院予以支持。因涉案工程于 2013 年 12 月 30 日交工验收,缺陷责任期已经届满,质保金应予退还。一审法院认定涉案工程质保金的支付条件尚未满足,系事实认定错误,本院予以纠正。"可以看出在该案中,双方对缺陷责任期的起算时间进行了另行约定,最高人民法院未直接评价该约定无效,而是因本案项目业主、项目公司、监理人并未确定缺陷责任期的起算时间,判决应予返还。

另外,2020 版《示范文本》通用合同条件第 11.2 款也载明:"缺陷责任期原则上从工程竣工验收合格之日起计算",并未禁止双方当事人通过专用合同条件进行约定。

综上,因"缺陷责任期"涉及质保金返还的问题,发包、承包双方应当根据法律规定、工程项目实际情况酌情确定"缺陷责任期"与"竣工后试验"的关系,并应当在专用合同条件中准确约定。

【实务评析】

"缺陷责任期"涉及工程缺陷责任期限和质保金返还问题,业主方更关注的是工程缺陷责任期限,承包方更关注的是质保金返还,双方关注点、立场不一样,所以理解和选择也可能会不一样。通用的做法是"缺陷责任期从工程通过竣工验收之日起计"。对于业主方,如果有竣工后试验的,可以考虑在专用合同条件中约定"缺陷责任期从工程通过竣工后试验之日起计"。对于承包方,尤其是施工承包方,最好在合同谈判的时候争取"缺陷责任期从工程通过合同工程完工验收之日起计"。

关于质保金,住建部、国家发改委等部委公布《关于加快推进房屋建筑和市政基础设施工程实行工程担保制度的指导意见》,提出"加快推行投标担保、履约担保、工程质量保证担保和农民工工资支付担保"。质保金在业主方账户也没有多大的效益,但是对施工单位资金会有很大的影响,因此,在合同谈判的时候,双方可以约定采用见索即付的银行保函替代质量保证金。

案例三十一 工程质量保修书对竣工验收的影响

【典型案例】（2019）甘民终 192 号

临洮县宏陆新能源科技有限公司、裴某等与深圳市科陆电子科技股份有限公司建设工程施工合同纠纷

【裁判摘要】

虽然合同约定，承包人未能提交质量保修责任书、无正当理由不与发包人签订质量保修责任书，发包人可不与承包人办理竣工结算，但没有证据证明本案质量保修责任书未能签订因承包人原因所致。结合相关材料及事实情况可以认定涉案工程已经竣工验收，临洮宏陆公司应承担相应付款责任。

【案件概览】

2015 年 12 月 18 日，临洮宏陆公司作为发包人与承包人深圳科陆公司签订了《临洮县 1.5MW 光伏电站项目工程 EPC 总承包合同》，合同约定深圳科陆公司承建临洮宏陆公司位于甘肃省定西市临洮县 1.5MW 光伏电站项目工程，承包范围包括施工图设计、设备采购、电站场区内工程建设。合同工期 6 个月，合同价款为 1196 万元。合同第 9.1.2 项约定："承包人未能提交质量保修责任书、无正当理由不与发包人签订质量保修责任书，发包人可不与承包人办理竣工结算，不承担尚未支付的竣工决算款项的相应利息，尽管约定了延期支付利息。"2016 年 6 月 30 日，该工程竣工。

2016 年 9 月 22 日，工程经参建单位最终验收交付建设单位临洮宏陆公司使用，双方均未进行结算，亦未签订《质量保修责任书》。

2016 年 4 月至 2017 年 6 月,临洮宏陆公司向深圳科陆公司陆续支付工程款,合计 600 万元。此后双方就案涉工程是否已竣工验收以及剩余工程款、利息是否达到支付条件等问题产生争议,并诉至法院。

本案经历一审及二审,二审法院经审理认为:虽然双方合同的第 9.1.2 项约定:"承包人未能提交质量保修责任书、无正当理由不与发包人签订质量保修责任书,发包人可不与承包人办理竣工结算,不承担尚未支付的竣工决算款项的相应利息。"然而《质量保修责任书》属双方共同签订,临洮宏陆公司亦未提交证据证实其曾向深圳科陆公司要求签订,而深圳科陆公司拒绝签订提交。目前双方未签订《质量保修责任书》的责任无证据证实系深圳科陆公司单方原因造成,因此,不符合无正当理由不与发包人签订质量保修责任书,不承担利息的约定。同时双方约定的政府行政主管单位仅是备案,而非由行政主管部门进行竣工验收。故可以认定涉案工程已经竣工验收。工程款支付条件已成就。

【案例启示】

1. 签署工程质量保修书是工程竣工验收条件之一。

工程质量保修书是指发包人与承包人在工程竣工验收前共同签署的对工程质量保修范围、保修期限、保修责任等进行约定的协议,是建设工程施工合同约定的双方权利义务的延续,是承包人对竣工验收的建设工程承担保修责任的法律文件。

工程质量保修书是法律法规规定的承包人申请工程竣工验收必备文件,且是法律、行政法规规定的竣工验收条件之一。《建设工程质量管理条例》第 16 条规定:"建设单位收到建设工程竣工报告后,应当组织设计、施工、工程监理等有关单位进行竣工验收。建设工程竣工验收应当具备下列条件:……(五)有施工单位签署的工程保修书。"《房屋建筑和市政基础设施工程竣工验收规定》第 5 条规定:"工程符合下列要求方可进行竣工验收:……(八)有施工单位签署的工程质量保修书。"

2. 实践中一些项目竣工验收时间的认定受工程质量保修书影响。

如最高人民法院在杭州信达建设集团有限公司建设工程施工合同纠纷再审审查与审判监督民事裁定书[1]中,关于案涉项目竣工时间问题认为:

---

[1] (2019)最高法民申 6112 号。

首先，国务院《建设工程质量管理条例》第 16 条第 2 款规定："建设工程竣工验收应当具备下列条件：……（二）有完整的技术档案和施工管理资料……（五）有施工单位签署的工程保修书。"根据原审法院查明的事实，2018 年 8 月 27 日，案涉工程资料验收合格，此前杭州信达公司未向重庆西子公司提交包括土建在内的完整备案资料；2018 年 9 月 5 日，杭州信达公司才向重庆西子公司出具《工程质量保修通知书》，该通知书上载明工程竣工验收合格时间为 2018 年 9 月 5 日。杭州信达公司申请再审未就上述事实提出异议。因此，2016 年《建设工程竣工验收意见书》作出时，案涉工程包括土建工程在内，并不具备《建设工程质量管理条例》所要求的竣工验收条件。即便按照杭州信达公司的主张仅以合同约定的施工范围确定其竣工验收时间，也不能认定 2016 年 11 月 28 日为竣工时间。其次，杭州信达公司在上述《工程质量保修通知书》中，自认工程竣工验收合格时间为 2018 年 9 月 5 日。最后，在 2018 年 9 月 4 日《备忘录》中，建设、监理、设计、勘察单位均不认可 2016 年的两份《建设工程竣工验收意见书》所载明的竣工验收时间为案涉项目的竣工验收时间，其中设计单位明确表示其在该竣工验收意见书上盖章是为了配合建设方提前准备竣工验收资料。

上述案例表明，工程质量保修书作为法定的竣工验收材料，对于竣工验收时间的认定有着重大影响，合同主体应按法律法规及合同要求及时签署工程质量保修书，避免由此衍生的相关问题。

与最高人民法院在审理杭州信达建设集团有限公司建设工程施工合同纠纷中的论述不同，本案法院在认定《质量保修责任书》与竣工验收之间的关系时并未援引《建设工程质量管理条例》第 16 条第 2 款的规定，而是从案件事实及证明责任的角度出发，认为案涉工程已交付使用，且无证据证明未能签订《质量保修责任书》的责任应归属于承包单位，因此发包人援引合同中关于《质量保修责任书》的条款作为其不履行相关付款义务的抗辩理由法院不予支持。对于 EPC 工程合同主体而言，虽然 2020 版《示范文本》通用条款中约定了签订《质量保修责任书》的相关义务及法律后果，一旦未能签署，则要求合同主体通过工程联系函等形式收集未能签订《质量保修责任书》的相关证据，规避相关风险。

【实务评析】

对于本案，从法律角度前文已经做出解释。从管理的角度，本案实质上是合同双方履行"通知义务"的问题。也就是说，如果一方没有履行合同约定的通知义务，那么需要承担相应的法律和合同责任。

借此案例我们对 2020 版《示范文本》中重要通知条款进行分类总结：

2020 版《示范文本》中关于通知的时间要求分三类：第一类：通用合同条件中有明确的时间要求；第二类：通用合同条件中有时间要求，但双方可以在专用合同条件中另行约定时间；第三类：通用合同条件中没有时间要求，也没说明可以在专用合同条件中约定。

一、第一类合同通知管理要点

在建设工程合同中，这类通知的时间要求具有通用性，往往仅出现在通用合同条件中。在进行合同管理时，要注意以下两点：

第一，宜在专用合同中规定发出通知的前提条件；

第二，重视通知发出后的后续应用及后续工作要求。

例如，总包示范文本"开始工作通知"规定：经发包人同意后，工程师应提前 7 天向承包人发出，经发包人签认的开始工作通知。

由于"开始工作通知"中载明的时间往往是合同工期的起算点，因此宜在合同专用条款或合同附件中约定开始工作的"前置条件"和当事人在前置工作的分工。这样当出现实际开始工作时间延误时，就可以划分延误的原因及责任方。

二、第二类合同通知管理要点

对于第二类合同通知，不仅要重视与第一类相同的管理要点，还应针对通用条件中出现"除非专用合同条件另有约定……"的条款，在专用合同条件中根据项目实际需求，对通用合同条件中的相关时间要求进行修正。

例如，对于总包示范文本中对业主或工程师审批承包人文件这类时间如下：除专用合同条件另有约定外，自工程师收到承包人文件以及承包人的通知之日起，发包人对承包人文件审查期不超过 21 天。承包人的设计文件对合同约定有偏离的，应在通知中说明。承包人需要修改已提交的承包人文件的，应立即通知工程师，并向工程师提交修改后的承包人文件，审查期重新起算。

对于某些工期比较紧的 EPC 项目，如果总包方放弃在专用合同条件中对通用合同条件工期时间要求进行"修正",则会出现由于发包人对承包人文件"审查期"过长严重影响项目进度的风险,且由承包人承担责任。

三、第三类合同通知管理要点

第三类合同通知在合同中没有具体的时间要求,例如在总包合同范本中:

1.6.3　文件错误的通知

任何一方发现文件中存在明显的错误或疏忽,应及时通知另一方。

对于这类通知事项,当事人应及时向另一方发出通知。

例如,总包合同规定地质勘探由业主负责,业主向总包方提交地质报告并对地质报告的正确性负责。当由于地质报告错误导致设计错误、施工返工造成工期延误时恐怕法院/仲裁庭会依据上述条款考虑承包人未对地质报告中明显错误及时通知发包人的责任。

因此点评人认为,总包方应在相关项目管理制度中建立对外部关系人提交的文件"限期验证"机制,例如,在收到业主或地勘单位提交的地质报告后,发出"勘测任务书"的设计专业主设人应在3天内完成对地质报告的"验证"并填写"文件验证单",如发现地质报告存在问题,文件验证单经专业主任工审核、设计总工程师批准后,由"接口控制工程师"通过邮件发到业主或地勘单位指定的邮箱,同时接口控制工程师应通过微信、电话等方式通知对方指定的接受人。

四、通知条款中"放弃权利"专项管理要点

合同当事人应将合同条款中有关接到通知后,在约定的时间内视为放弃权利的这类条款作为合同重大风险来进行专项管理。

例如,2020版《示范文本》第3.6.3项规定:任何一方对工程师的确定有异议的,应在收到确定的结果后28天内向另一方发出书面异议通知并抄送工程师。除第19.2款[承包人索赔的处理程序]另有约定外,工程师未能在确定的期限内发出确定的结果通知的,或者任何一方发出对确定的结果有异议的通知的,则构成争议并应按照第20条[争议解决]的约定处理。如未在28天内发出上述通知的,工程师的确定应被视为已被双方接受并对双方具有约束力,但专用合同条件另有约定的除外。

承包商宜采取以下管理措施:

1.进行"合同二次评审",将合同中的这类条款以表单的方式逐一梳理出来,并对所有项目管理人员进行宣贯(期待管理人员自行熟悉合同并有效执行是"不切实际"的)；

2."合同工程师"应对相关管理岗位执行合同要求进行"督查"（对风险项必须实现"多方关注"和"外部监督"）。

案例三十二　竣工结算审核条款的重要性

【典型案例】(2014)民一终字第256号

云南省设计院集团与贵州博宏实业有限责任公司建设工程合同纠纷

【裁判摘要】

涉案工程于2010年7月23日即验收合格,而博宏公司组织的工程终审决算于2013年6月20日方完成。双方虽未在合同中约定工程终审决算的时间节点,但在2010年7月22日《竣工验收会议纪要》第9条记载:"2010年内完成转固和结算",该次竣工验收会议双方均参加,应当视为双方对结算完成的时间作出了约定。据此约定,博宏公司应于2010年年底即完成工程结算。

【案件概览】

2007年11月14日,博宏公司作为发包人与云南设计院作为承包人签订《建设工程总承包合同》,工程承包范围:博宏公司建设新型干法回转窑生产线工程的设计、设备(材料)采购、工程施工、设备安装、调试、试生产、人员培训、相关技术服务、工程检测、质量保修等(EPC\交钥匙工程方式),并承担最终的性能保证责任。交工验收合格、总承包工程终审决算完成、交工资料达到归档条件后支付合同总价的95%。性能考核合格后间隔一个月凭合同总价5%的质量保证金保函和性能考核合格证书付至合同总价的100%。

2007年11月28日,博宏公司批准云南设计院的开工报告;

2009年6月30日本案工程进行了工程初步验收;

2010年4月27日,云南设计院向博宏公司报送本案工程结算材料;

2010 年 7 月 22 日,监理单位贵州正业工程技术投资有限公司、博宏公司、云南设计院、贵州省冶金质监站水钢分站等与本案工程相关的 21 家单位和部门召开验收会议,与会各相关单位根据施工单位的自评报告结合业主对该工程运行以来的综合评价,一致同意验收。同时会议纪要约定:"2010 年内完成转固和结算。"

2013 年 6 月 20 日,案涉工程最终完成结算。其后双方就欠付工程款及利息支付等问题产生争议,并诉至法院。

本案经历一审和二审,二审为最高人民法院,二审法院经审理后认为:涉案工程于 2010 年 7 月 23 日即验收合格,而博宏公司组织的工程终审决算于 2013 年 6 月 20 日方完成。双方虽未在合同中约定工程终审决算的时间节点,但在 2010 年 7 月 22 日《竣工验收会议纪要》第 9 条记载:"2010 年内完成转固和结算",该次竣工验收会议双方均参加,应当视为双方对结算完成的时间作出了约定。博宏公司称是因云南设计院的原因导致终审决算拖延,没有有效的证据证明。据此约定,博宏公司应于 2010 年年底即完成工程结算,除可扣留 5% 保修金之外的其余工程款应支付给云南设计院。一审法院依据合同关于"发包人竣工验收合格一年后,将保修金一次性支付给承包人"的约定,认定博宏公司应于 2010 年 7 月 23 日之后的一年内支付全部工程款,故利息应当从 2011 年 7 月 23 日起算。

【案例启示】

结算资料是形成于发承包双方之间用于确定工程最终结算造价的文件资料。工程结算资料在实务中的表现形式多样,除发承包双方共同签字确认的结算书以外,通常还应包括建设工程合同结算条款、承包人或发包人单方发出但对方接受的结算承诺函、工程量确认资料、签证、变更、洽商、工程设计文件及相关资料、投标文件等可反映并用于结算工程造价的文件资料。

实践中关于结算资料应包含的具体内容,主要有以下两种观点:一种观点认为,结算资料应包括结算报告与完整的结算资料。例如,《建设工程价款结算暂行办法》第 14 条第 3 款规定:工程竣工结算审查期限单项工程竣工后,承包人应在提交竣工验收报告的同时,向发包人递交竣工结算报告及完整的结算资料,发包人应按以下规定时限进行核对(审查)并提出审查意见。2020 版《示范文本》通用条款采纳了该种观点。

另一种观点认为,结算资料就是最终的工程造价结算书。例如,2013 版《清单计价规范》第 11.3.1 项规定:合同工程完工后,承包人应在经发承包双方确认的合同工程期中价款结算的基础上汇总编制完成竣工结算文件,应在提交竣工验收申请的同时向发包人提交竣工结算文件……

EPC 项目在定性上通常被认为交钥匙工程,实践中一些项目虽已竣工,但发包人有时以工程质量不符合交钥匙工程标准等质量问题,不予办理结算。因此结算资料审核及办理结算的期限认定问题尤为关键。实践中如合同双方对结算审核期限有约定的,一般从其约定,如合同双方对结算审核期限未约定或约定不明,裁判机关可酌情确定办理结算的期限。

本案中案涉合同并未对结算的程序及时间节点进行明确约定,工程于 2010 年已竣工的前提下,结算事宜直至 2013 年方告完成。法院在认定案涉工程"应当"的结算时间点时综合考虑案件事实及双方意思合意,认定结算应于 2010 年年底完成,进而对工程欠付款及利息起算点等问题进行认定。这要求合同主体在办理结算时,应按合同约定的程序及时间进行,如合同无明确约定,则应参照行业惯例及相关行业标准规定的合理期限内进行结算,不应拖延,否则将承担相应风险。

【实务评析】

工程竣工结算是建设单位与总承包单位之间在工程竣工以后对该工程发生的应付、应收款项作最后的清理结算。关于竣工结算,发承包双方关注的焦点之一是竣工结算审核时间。

根据 2020 版《示范文本》通用条款第 14.5.2 项竣工结算审核条款的约定,除专用合同条件另有约定外,工程师应在收到竣工结算申请单后 14 天内完成核查并报送发包人。发包人应在收到工程师提交的经审核的竣工结算申请单后 14 天内完成审批,并由工程师向承包人签发经发包人签认的竣工付款证书。工程师或发包人对竣工结算申请单有异议的,有权要求承包人进行修正和提供补充资料,承包人应提交修正后的竣工结算申请单。

发包人在收到承包人提交竣工结算申请书后 28 天内未完成审批且未提出异议的,视为发包人认可承包人提交的竣工结算申请单,并自发包人收到承包人提交的竣工结算申请单后第 29 天起视为已签发竣工付款证书。

因竣工结算对发承包双方十分重要,因此一般总承包合同的专用合同条件或通用合同条件中,都会有相应的竣工结算审核条款,明确竣工结算审核时间,但也有一些合同忽略了上述约定或者约定不明确,而此时审核时间则可以参照国家有关政策的规定。

根据《建设工程价款结算暂行办法》(财建〔2004〕1369 号)第 14 条的规定,发包人对承包人提交的工程竣工结算文件核对审查的时间规定如表 3-4 所示。

表 3-4　发包人对承包人提交的工程竣工结算文件核对审查的时间规定

序号	工程竣工结算书金额	核对时间
1	500 万元以下	从接到竣工结算书之日起 20 天
2	500 万~2000 万元	从接到竣工结算书之日起 30 天
3	2000 万~5000 万元	从接到竣工结算书之日起 45 天
4	5000 万元以上	从接到竣工结算书之日起 60 天

实践中另外一种多发的情形是项目使用财政资金,面临财政评审或审计,由于财政评审或审计的不确定性,竣工结算审核时间经常会出现超过合同约定或者国家有关政策约定期限。对于需要财政评审或审计的项目,发包人往往会在结算付款方式中加入如下条款:“按规定需进行财政评审或审计的,结算总价以评审或审计结果为准,支付时间视政府资金到位情况确定。”这样就给发承包单位对于竣工结算留下空间,发包单位在合同约定的时间内,先完成对竣工结算的审核,支付应付金额。等财政评审或审计完成后,以评审或审计结果修正之前的竣工结算和应支付金额。

案例三十三 工程总承包模式下的 索赔救济与违约救济 的"权利竞合"

【典型案例】(2019)最高法民终 491 号

湖南省第四工程有限公司与上诉人洪洞县交通运输局建设工程施工合同纠纷

【裁判摘要】

双方在案涉合同中既约定了索赔程序,也约定了违约情形和对应责任,一方选择依照双方关于违约的约定及法律规定,主张另一方承担违约责任,并无不当。

【案件概览】

2013 年 9 月,洪洞县交通运输局对涉案临汾市滨河东路贯通工程洪洞段公路工程进行招标。

2014 年 1 月 3 日,湖南四公司中标临汾市滨河东路贯通工程洪洞段第一标段。

2014 年 1 月 5 日,湖南四公司与洪洞县交通运输局签订了《临汾市滨河东路贯通工程洪洞段公路工程第一标段施工合同协议书》及《补充协议》。

2014 年 8 月 3 日,洪洞县滨河东路贯通工程指挥部向临汾市交通运输建设工程质量监督站提交路基交工验收申请报告。

2015 年 6 月 25 日,湖南四公司与洪洞市政公司签订备忘录,将临汾市滨河东路贯通工程洪洞段第一合同段项目所有剩余工程交由洪洞市政公司完成。

2015年9月22日,临汾市滨河东路工程(含洪洞段)全线正式建成通车。

2017年,湖南四公司因案涉工程款支付、利息及损失赔偿事宜将洪洞县交通运输局诉至山西省高级人民法院,要求洪洞县交通运输局支付工程款、利息及损失(窝工)等。双方在本案中的的争议焦点之一:窝工损失索赔超期是否可主张损失。

洪洞县交通运输局辩称:湖南四公司的请求(窝工损失赔偿),属于索赔事项范围,但其至今没有按约定的索赔程序提出索赔。

山西省高级人民法院一审认为:双方当事人签订的合同文件中既有工程索赔也有违约责任的约定,上述窝工损失符合合同中关于发包人违约的约定,湖南四公司要求洪洞县交通运输局承担违约责任赔偿其损失的诉请有法律及合同依据,洪洞县交通运输局关于湖南四公司应按照索赔条款主张权利而不能按违约条款主张权利的观点没有法律及合同依据,法院不予采信。

最高人民法院二审认为:洪洞县交通运输局上诉称湖南四公司未按约定的索赔程序提出索赔,对此本院认为,双方在案涉合同中既约定了索赔程序,也约定了违约情形和对应责任,湖南四公司选择依照双方关于违约的约定及法律规定,主张洪洞县交通运输局承担违约责任,并无不当。最终法院判决洪洞县交通运输局赔偿湖南省第四工程有限公司损失16,962,900元。

【案例启示】

"索赔",通常是指在施工合同履行过程中,合同当事人一方因非自身因素或对方不履行或未能正确履行合同而受到经济损失或权利损害时,通过合法程序向对方提出经济或时间补偿的要求。根据2020版《示范文本》的约定,索赔具有程序性、期限性。而"违约"通常是指合同当事人因违反合同约定而不履行债务所应当承担的责任。相较而言,索赔既可以根据相对方违约行为要求承担违约责任,也可以根据非相对方违约行为,如工程变更、不利物质条件或恶劣气候条件、不可抗力等情形向对方主张经济补偿或工期顺延。

索赔救济和违约救济类似于权利竞合,[①]理论界一般认为权利竞合是指同

---

① 因为索赔救济不是一个单独的法定请求权所以此处用"类似于",更为恰当,所以标题的权利竞合也是加引号的。

一权利人对于同一义务人,就同一给付享有数个请求权的情形,具有以下几个方面的特征:第一,必须是同一个事实引起的;第二,必须存在数个权利;第三,行使权利是为了达到一个目的;第四,这种权利义务关系必须是在同一当事人之间存在;第五,如果选择其中一个权利,其他权利归于消灭。在相对方存在违约行为时,守约方权利产生竞合。守约方既可以选择按合同约定向违约方提出索赔,也有权选择按法律规定或合同中有关违约责任的约定追究违约方的违约责任。

本案中最高人民法院认为:"双方在案涉合同中既约定了索赔程序,也约定了违约情形和对应责任,湖南四公司选择依照双方关于违约的约定及法律规定,主张洪洞县交通运输局承担违约责任,并无不当。"

同样在最高人民法院审理中国电建集团新能源电力有限公司与贵州赤天化桐梓化工有限公司建设工程施工合同纠纷案件①中也体现了工程总承包项目中未依约索赔不影响司法救济的观点精神,最高人民法院在该案中阐述如下:"当事人一方提出索赔请求不符合合同约定的方式导致的后果是不能自行结算,但不能据此排除其自行结算未果后转而寻求司法救济进行强制结算的权利。即使电建公司提出的索赔请求形式不合约定,并不当然导致其索赔权利的丧失,也不影响索赔约定目的的实现。人民法院应当依照法律规定,对索赔事由和请求进行实体审查并作出判断。"

虽然本案中人民法院在诉讼程序中支持了承包人的请求,但我们仍建议承包人在合同有明确约定的情形下,依照合同约定提出索赔,进而为后续诉讼提供更为充分的证据支持;承包人也应在停工期间搜集整理相关损失的证据,并根据合同要求(或自行)一段时期内发送索赔通知并附有关材料,避免长期停工损失规责争议的产生。

【实务评析】

在工程总承包合同中,通常情况下都会有"违约"和"索赔"条款。"违约"条款一般主要约定违约的情形(包括承包人违约和发包人违约)、违约的处理程序、违约的后果等。在总承包合同的其他条款中,也有涉及违约的情形和约定,主要包括:

---

① (2019)最高法民终 1356 号。

　　1. "承包人"条款中，会有总承包人员管理方面的违约条款，比如某总承包合同中约定：在监理人向总承包方颁发（出具）工程接收证书前，项目经理不得同时兼任其他任何项目的项目经理。未经发包方书面许可，总承包方不得更换项目经理，否则发包方将对总承包方处以 10 万元的违约金。总承包方的主要施工管理人员离开施工现场连续超过 3 天且未征得监理人同意的，对总承包方处以每天每人次 2000 元的罚款。

　　2. "开始工作和竣工（工期）"条款中会约定工期违约条款，比如某总承包合同中规定：在履行合同过程中，由于发包人的原因造成工期延误的，承包人有权要求发包人延长工期，但不增加费用。由于承包人原因造成工期延误，承包人应支付逾期竣工违约金。逾期竣工违约金为 10,000 元/天，违约金的最高限额为不超过签约合同价的 10%。

　　3. "安全管理"条款中，对于现场的安全隐患、不安全行为会有惩罚条款。比如，某总承包合同中规定：对项目施工过程中出现的违章，采用"四个1"罚则要求进行连带考核。考核原则依次如下：个人违章每次罚款 100 元；所在专业队（班组）罚款 1000 元；分包单位罚款 10,000 元；总包单位罚款 10,000 元，并对受罚单位和个人进行曝光。

　　"索赔"条款一般主要约定索赔的程序、索赔的期限。违约有可能会导致合同价格变化，发生违约情形，当事方需要通过索赔的方式向对方主张权利。实践中，业主、总承包单位对"索赔"都比较敏感和排斥，少数总承包项目执行过程中，发出过"索赔意向通知"。

　　在总承包实践过程中，业主单位处于"甲方"的优势地位，总承包单位处于"乙方"的劣势地位，业主单位在总承包合同中，会将工程的绝大部分风险强加给总承包单位，业主单位只承担征地协调、资金支付等很少的违约风险，甚至有的总承包规定对于业主的违约，总承包单位只能索赔工期，不能索赔费用。

　　在总承包合同执行过程中，对于总承包单位的进度滞后、工程质量出问题、安全存在隐患等违约行为，业主单位一般通过监理下发考核单、工程联系单要求总承包单位履约，并根据合同条款对违约行为进行处罚。对于业主单位征地协调、资金支付滞后等违约行为，总承包单位为了争取业主单位支持，推进工程，一般通过报告单、工程联系单等方式提醒业主单位及时履约，否则会对总承包单位的工作开展造成影响。当然，作为有经验的总承包单位，还会通过施工日志记录业主单位的违约行为;通过施工周报和周例会反映业主违约影响工程进展的情况(监理周例会纪要能记录更好);通过施工月报和月例会反映业主违约影响工程进展的情况;甚至总承包单位觉得有必要时,提请业主、监理就资金困难或者征地困难等召开专题会议,形成会议纪要,多个层次、多个维度记录业主合同执行过程中的违约行为,为日后合同谈判、索赔或者诉讼准备好基础材料。

案例三十四　发包人签发《最终验收证书》导致索赔权利丧失

【典型案例】（2016）最高法民再 192 号

国电阳宗海发电有限公司与中建中环工程有限公司建设工程合同纠纷

【裁判摘要】

从国电公司（发包人）签署的《最终验收证书》所载明的"验收试验值"数值和南京电力设备质量性能检验中心出具的《检验报告》看，可以认定国电公司于2009 年 5 月 5 日签署《最终验收证书》时就已经知道案涉工程存在石灰石耗量及噪音超过保证值的情况，但其没有向中环公司（承包人）提出索赔和赔偿，而是直接签署了《最终验收证书》。因此，可以认定国电公司在签署《最终验收证书》时已确认案涉工程除"真空皮带机出力外"，其他各项技术指标包括讼争的石灰石耗量及噪音指标在内，均符合合同要求。故国电公司以案涉工程石灰石耗量及噪音指标超过保证值为由主张中环公司违反合同约定，应承担违约责任的反诉请求不能成立，应予驳回。

【案件概览】

2006 年 2 月 15 日，发包人国电阳宗海发电有限公司（以下简称国电公司）与承包人中建中环工程有限公司（以下简称中环公司）签订《总承包合同书》，由中环公司承包国电阳宗海 2×300MW 工程烟气脱硫岛工程，内容包括但不限于设计、制造、采购、运输及储存、建设、安装、调试试验及检查、竣工、试运行等

全部工作。合同中对于验收程序、质量保修、索赔等事项作出约定。其中第
11.4款约定：合同规定的保证期满后，由业主在15天内出具合同设备保证期满
最终验收证书交给承包商。条件：承包商已经完成业主在保证期满前提出的索
赔和赔偿。但承包商对非正常维修和误操作以及由于正常磨损造成的损失不
负责任。第11.5款约定：在保证期内，如发现设备、材料、承包商所做的工作或
提供的技术服务有缺陷，不符合本合同规定时，属承包商责任，则业主有权向承
包商提出索赔。如承包商对此索赔有异议按第9.3.3项办理。否则承包商在
接到业主索赔文件后，应立即无偿修理、更换、赔款或委托业主安排大型修理。
包括由此产生的设备的制造、检验、运费及保险费、到安装现场的更换费用等由
承包商负担……如果承包商不能派遣人员到工作现场，或承包商不能在业主限
定期限内修复有缺陷的合同设备，业主有权自行请其他合格供货商消除缺陷或
不符合合同之处，由此产生的一切费用和风险均由承包商承担……

2008年5月4日，双方完成项目交接，试运行整体合格，2009年2月16日，
双方完成结算，确定工程造价。2009年5月5日，双方签署《最终验收证书》，根
据性能验收报告检验结论除真空皮带机出力外，其他各项技术指标符合合同
要求。

2010年至2011年，国电公司与案外人签订相关工程合同，约定对《总承包
合同书》的相关工程内容进行修复、更换，并支付了相应的工程款。

2012年双方就工程款支付及违约责任产生争议。其后，中环公司起诉至法
院主张工程质保金，国电公司反诉主张因工程质量而向案外人支出的工程费用
及违约责任。

本案经历了一审、二审及再审，一审、二审法院均认可中环公司应向国电公
司支付维修工程款及违约金，中环公司不服向最高人民法院申请再审。

中环公司申请再审称：一审、二审判决认定石灰石耗量和噪音值超过保证
值缺乏证据支持，判令中环公司承担违约责任和维修责任无事实依据。虽然
《检验报告》出具的时间是2009年7月，但测试时间是2009年3月18日至25
日，2009年5月5日国电公司签署《最终验收证书》中引用的测试数据，正是
《检验报告》中的数据。根据《总承包合同书》第11.4款约定，最终验收证书签
发的前提条件是"承包商已经完成业主在保证期满前提出的索赔和赔偿"，国电
公司即使索赔也应该在2009年5月5日之前提出，而国电公司直至2013年7

月26 日提起反诉，在长达四五年的时间内国电公司从未提及并主张石灰石耗量及噪音超标索赔，既超过了合同约定的索赔期限，也远远超过了诉讼时效。案涉系统设备已经运营超过 6 年，期间国电公司已多次对设备进行技改、修改、升级改造，系统及设备性能经过多年的运转已经有了重大变化，判决中环公司对系统进行完善、更换设备，对中环公司极为不公平。故不应要求其承担违约责任。

国电公司辩称：国电公司签署《最终验收证书》属于带病验收。根据《检验报告》，涉案工程石灰石耗量及噪音超过保证值，根据《总承包合同书》约定中环公司构成违约，应向国电公司支付违约金，并对系统进行完善、更换设备直至达到规定的噪音水平为止。

最高人民法院认为：关于中环公司是否应承担违约责任的问题。在本案一审过程中，国电公司反诉请求中环公司支付违约金数额为 710.9707 万元。《总承包合同书》第 10.10 款约定："不管合同设备性能验收试验进行一次或二次，业主将于初步验收证书签发之日起至一年并按照 11.4 款的规定完成索赔后止 15 天内签发最终验收证明书"；第 11.1 款约定："保证期是指脱硫岛签发初步验收证书之日起一年或工程竣工验收通过之日起 24 个月。二者以先到日期为准。……"第 11.4 款约定："合同规定的保证期满后，由业主在 15 天内出具合同设备保证期满最终验收证书交给承包商。条件是：承包商已经完成业主在保证期满前提出的索赔和赔偿。……"从国电公司签署的《最终验收证书》所载明的"验收试验值"数值和南京电力设备质量性能检验中心出具的《检验报告》看，可以认定国电公司于 2009 年 5 月 5 日签署《最终验收证书》时就已经知道案涉工程存在石灰石耗量及噪音超过保证值的情况，但其没有向中环公司提出索赔和赔偿，而是直接签署了《最终验收证书》，并载明"经过初步验收后一年多的质保期运行来看，国电阳宗海发电有限公司 2×300MW 工程烟气脱硫工程质量良好，FGD 装置试生产情况良好，系统运行稳定，根据性能验收报告检验结论除真空皮带机出力外，其他各项技术指标符合合同要求，据此根据合同特签订此最终验收证书"。因此，可以认定国电公司在签署《最终验收证书》时已确认案涉工程除"真空皮带机出力外"，其他各项技术指标包括讼争的石灰石耗量及噪音指标在内，均符合合同要求。故国电公司以案涉工程石灰石耗量及噪音指标超过保证值为由主张中环公司违反合同约定，应承担违约责任的反诉请求不能成立,应予驳回。

最终最高人民法院对国电公司主张中环公司承担违约责任的反诉请求予以驳回改判了一审、二审判决。

【案例启示】

参考 2013 版《建设工程工程量清单计价规范》,索赔一般指工程合同履行过程中,合同当事人一方因非己方的原因遭受损失,按合同约定或法律法规规定应由对方承担责任,从而向对方提出补偿的要求。索赔作为一项正当的权利要求,它是业主、监理和承包商之间一项正常的、大量发生而普遍存在的合同管理业务。索赔的程序与时限内容通过当事人合同进行约定,索赔及时能够督促当事人积极行使权利,及时对所造成的损失进行确认,避免对相关事实产生争议。同时,当事人发出的索赔意向通知书和索赔报告等书面文件,能够将事实固定下来,形成证据,作为处理纠纷的依据。

此外,索赔期限与诉讼时效和除斥期间并不相同。首先,从索赔期限设立的目的分析,在施工合同纠纷中,由于合同当事人怠于索赔,时间较长容易导致证据灭失,使得索赔事件的真实情况难以查清,增加了合同当事人的时间和金钱成本。引入索赔制度可以通过索赔意向通知书和索赔报告等书面文件,将事实固定下来形成证据,为日后纠纷处理提供依据。其次,索赔期限系由当事人约定时间及后果,而诉讼时效与除斥期间制度均系法律规定,实体权利的消灭应由强行法作出规定,当事人约定并不足以产生效果。最后,诉讼时效届满当事人丧失胜诉权,除斥期间届满,当事人的实体权利消灭。索赔期限届满,当事人未必丧失胜诉权和实体权利。

虽然索赔程序作为合同双方意定内容,并不影响合同一方向另一方主张违约责任,但司法实践中,仍有部分裁判观点认为,如未按合同约定期限、程序或合理期限内未提出索赔,同时又签订了"终结性文书"将丧失实体性胜诉权。如本案中,双方约定《最终验收证书》作为索赔程序的终结性文书,一旦签署既丧失索赔权,且国电公司未在合理期限内向中环公司提出相关索赔,故法院综合合同约定及项目实际状况认为国电公司无权向中环公司主张违约责任。可见审判实践中,人民法院在认定索赔效力时着重考察双方对于索赔程序与索赔时限的遵守程度,合同主体如未按约定程序及时限行使索赔权利,将可能导致权利丧失,这一点风险应引起发包人及承包人的重视。

【实务评析】

虽然,索赔作为一项正当的权利要求,是业主、监理和承包商之间一项正常的合同管理业务,但是,索赔的做法其实与中国的文化有较强的冲突。当事人往往不愿以索赔意向通知书或索赔报告的"严肃"方式提出,因此,超出索赔期限的情况屡有发生。

索赔意向通知书或索赔报告的主要目的在于将事实固定下来形成证据,因此,从工程实践的角度出发,对于涉及金额小的索赔事项,提倡当事人可以采取其他的书面形式予以明确,如通知、函、会议纪要等,一来避免"索赔"这一敏感词汇对双方的良好的合作局面造成不利影响,二来以备作为事后纠纷的证据或是诉讼的筹码。严格地说,这是一种"放弃索赔,积极保留证据"的做法。对于涉及金额大的索赔事项,在与另一方当事人充分的口头沟通后,建议按照合同约定的索赔期限及时提出,以免形成被动局面。

对于总包企业而言,为避免同类事件发生应保持强有力的索赔证据。

一、要有书面证据说明合同履约过程中发包人应履行的义务

最好在总包合同中可以清楚描述发包人(业主)在项目实施过程应履行的义务,总包方宜充分利用合同谈判的机会,在合同附件中进一步细化。

但在国内总包项目中,往往由于合同签订前业主的强势地位以及总包企业经营团队获取合同的"迫切性",总包合同及其附件中往往未能充分说明发包人为保证承包人顺利实施项目应履行的业务,这就需要项目实施团队(EPC项目部)采取下列措施来控制和减轻风险:

1.组织"合同二次评审",系统认别合同风险;

2.编制并提交给业主批准的《项目实施计划》中包括对业主义务的要求;

3.编制并提交给业主批准的《项目进度计划》中细化业主负责的工作项及工作项的时间要求;

4.利用工程会议对业主提出要求并力求在会议纪要中反映业主负责的工作项及工作项的时间要求。

二、动态、适时向业主提出书面诉求

不少总包项目管理人员习惯于通过非书面方式向业主提出诉求,不愿以书

面方式明确,这样当发生合同争议时,总包方难以提出书面证据。

当业主出现违约事项或总包方认为业主某项工作对项目实施有影响时,EPC 项目部各级管理人员应养成以书面方式(备忘录、工程联系单、催交函)等向业主提出诉求。

例如,某业主召开工程例会,在会上双方就业主负责的工作进度进行了讨论,但业主在会议纪要中对此避而不谈,而点评人作为总包方项目经理就向业主发出"备忘录",以书面方式将工程例会中双方讨论但未在会议纪要中反映的事项通报给业主方。

所谓动态、适时,就是总包方要及时以书面提出来,例如,业主按进度计划向总包方提交现场场地,但总包方通过质量检验发现业主负责的场地平整达不到合同约定或场平设计文件的技术要求,总包方应及时书面提出,必要时可以拒绝接受场地。

图书在版编目（CIP）数据

图解工程总承包：示范文本指南与实务案例解析 /
李超，邹田，朴正焕编著. -- 北京：法律出版社，2021

ISBN 978 - 7 - 5197 - 5857 - 8

Ⅰ. ①图… Ⅱ. ①李… ②邹… ③朴… Ⅲ. ①建筑工
程 - 承包工程 - 合同 - 范文 - 中国 - 图解 Ⅳ.
①TU723.1 - 64

中国版本图书馆 CIP 数据核字（2021）第 169233 号

图解工程总承包:示范文本指南与实务案例解析	李 超		策划编辑 朱海波
TUJIE GONGCHENG ZONGCHENGBAO：SHIFAN WENBEN	邹 田 编著		责任编辑 朱海波
ZHINAN YU SHIWU ANLI JIEXI	朴正焕		装帧设计 鲁 娟

出版发行 法律出版社	开本 710 毫米 ×1000 毫米 1/16	
编辑统筹 法律应用出版分社	印张 21.5	字数 400 千
责任校对 邢艳萍	版本 2021 年 9 月第 1 版	
责任印制 吕亚莉	印次 2021 年 9 月第 1 次印刷	
经 销 新华书店	印刷 三河市兴达印务有限公司	

地址：北京市丰台区莲花池西里 7 号（100073）

网址：www.lawpress.com.cn	销售电话:010 - 83938349
投稿邮箱:info@ lawpress.com.cn	客服电话:010 - 83938350
举报盗版邮箱:jbwq@ lawpress.com.cn	咨询电话:010 - 63939796

版权所有·侵权必究

书号:ISBN 978 - 7 - 5197 - 5857 - 8	定价:78.00 元

凡购买本社图书,如有印装错误,我社负责退换。电话:010 - 83938349